JN006167

図解でわかる 改訂新版

はじめての

材料力学

有光 隆［著］

技術評論社

改訂版はしがき

このたび改訂版を出版する機会に恵まれ，著者として喜びを感じている．初版から20年超の間，多数の読者に支えられてきたことに感謝申し上げる．新たに材料力学を学ぼうとしている読者諸氏に初版のはしがきの内容を含めてアドバイスを申し上げる．初版のはしがきには以下のようなことを書いていた．

初版はしがき（抜粋）

「材料力学は難しい」という学生の感想をよく耳にする．私自身も学生時代を振り返ると例外ではなかった．現在，材料力学を研究する身となって，この理由を考えてみると次の点にあるように思う．

高等学校あるいは大学の１年次までに修得する質点と剛体の力学では，力とかモーメントのようにベクトルで記述できる物理量が取り扱われるので，学生たちはこのような物理量について十分な概念と知識を持っている．ところが主要な物理量である応力やひずみはテンソル量であり，はじめてテンソル量を取り扱う教科が材料力学である．伝統的な材料力学の教科書ではこの点をあまり強調していない．一方，弾性力学の教科書ではこれらのことは既知のごとく記述されているために初学者が「材料力学は難しい」という印象を持つのであろう．

本書の特徴は，テンソルを議論するまえの早い段階で，力やモーメントが作用する面の方向について注意を向けるようにしたことである．このような考えを基に，馴染みの薄いテンソル量を容易に導入できるよう心がけたつもりである．本書は初学者を対象に，テンソル量としての応力やひずみの概念を理解してもらうことを目標にしている．そのため部分的にはいくぶん難しい内容を含んでいるかもしれない．また，説明抜きで結果のみを公式化して示したところもあるので，本書で材料力学や弾性力学に興味を持たれた方が，本文中に示した参考書などで本格的に勉強されるならば，望外の喜びである．

（中略）

また，所々にかなり私見の入った囲み記事を挿入したが，講義の合間の雑談と思っていただきたい．これも本書の特徴と言えるだろう．

（後略）

設計者を取巻く環境がどのように変化しても，材料力学の考え方は不変でありその知識は設計に必須であることには今日も変わりない．したがって初版のはしがきに書いたことについても全く変わっていない．しかし，考えてみると科学技術の進歩とともに設計プロセスにおいてコンピュータの利用が一般的になってきている．私が学んだ材料力学よりも昔のテキストを見ると扱っている内容が難しい印象を受ける．これは材料力学の基礎となる微分方程式をコンピュータの利用なしに解くために，数学的な難しさが前面に出てくるためであろう．本書においても，「はりの曲げ」や「柱の座屈」の問題は軸線の変形を表す微分方程式を解析的に解いている．このような手計算を通して得ることは少なくない．たとえば，柱の座屈では微分方程式を解いて初めて解が複数存在する場合があることを理解できる．また，式を見渡せば，変数間の関係を網羅的に把握できる．これらのような経験はエンジニアとしてのセンスを磨くことにつながるので，一度は手計算で問題を解くことをお勧めする．コンピュータを利用した複雑な問題のモデル化や得られた結果の理解につながると考える．

初版と改訂版を出版するに際し，大変お世話になった技術評論社の淡野正好氏をはじめ編集部の方々に厚くお礼申し上げる．

最後に，私を工学の道へ方向づけた，父　章にこの書を捧げる．

2021年2月

著 者

目次

第6章 真直はりのたわみ 117

第7章 組み合わせ応力 141

目次（column）

第1章

序論

材料力学は変形する物体を扱う力学である．材料に関する知識および力学についての考え方を修得する必要がある．この章では「応力」，「ひずみ」の定義と「フックの法則」とが重要である．

1.1 材料力学とは

学問としての力学の歴史は古く，アリストテレスの「てこの原理」で有名なギリシャ時代に，その起源があったと考えられる．他方，人類は古代より巨大な神殿や壮麗な教会などの構造物を造り，経験的に力学に基づいた技術を蓄えてきた．16世紀のガリレオや17世紀になるとニュートンの登場により力について理解が深まり，自然科学としての力学の基礎が確立された．今日のような**材料力学**（strength of materials）は，18世紀にコーシー（A.Cauchy）が連続体の概念を導入して応力やひずみについて議論するようになってからである．その後，金属材料を幅広く利用する技術的素地ができてから，応力が材料の破壊と特に密接に関わりがあることがわかり，機械部品や構造物を設計する場合に材料力学は欠くことができない重要な学問分野となってきた．現代の航空機，自動車の発達は，材料力学ぬきにはあり得なかったであろう．

材料力学に関連する学問分野と材料力学の位置付けとについて考えてみよう．19世紀から20世紀初頭にかけて，材料力学の分野で理論展開の根拠となった**弾性学**（theory of elasticity）に関する基礎式や原理が数多く提案された．しかし，弾性学の取り扱いは数学的に厳密であり適用範囲が狭く，もっぱら数学者や物理学者の研究対象であった．より適用範囲を広げ工学的に有用な結果を得るためにさまざまな近似が提案され，今日の材料力学となった．したがって材料力学では，暗黙のうちにさまざまな事柄について仮定されている．解析対象をモデル化する際には，材料力学におけるこのような仮定を十分理解しておく必要がある．本書では，弾性力学の知識を必要とする場合には結果だけを引用し，式の導出を省略した．これらに興味のある方は弾性力学の参考書を参照されたい．

20世紀後半からコンピュータが著しく発達して，複雑な形状や外力が作用する問題に対しても，コンピュータを利用することにより応力や変位を求めることが可能になった．このように，計算機を用いて力学問題を解く分野を**計算力学**（computational mechanics）と称し，材料力学の分野では，**有限要素法**（finite element method）が強力な解析手法として広く利用されている．11章でとりあげるトラスの解析は，部材を多くすることにより多様な形状に対応することができ，計算力学の導入を念頭においている．初期の有限要素法はマトリックス力学として発展してきた経緯があり，このようなトラスに関する問題に親しむのは有益と考えられる．

表1-1に材料力学と関連分野の特徴をまとめておく.

▼表1-1　材料力学と関連分野

分野	数学的取扱いと解	適用範囲
弾性力学	解析的　　厳密解	狭い
材料力学	初等解析 近似モデルによる近似解	基本的な構成要素 （軸，はり，板など）
計算力学	数値的 数値計算の誤差を伴う近似解	極めて広い

弾性力学の名著

材料力学の分野で理論的基礎となる「弾性力学」のテキストには，弾性論，固体力学，連続体力学と表記されているものが多くある．それらがカバーする内容は厳密には異なるが，多くは弾性力学を含んでいる．弾性力学には，いわゆる名著と呼ばれている本が多く，じっくり読むとなかなか味わいがある．ここで取り上げる参考書は古典の部類に入るので，興味のある方は図書館などで探す必要があるが，是非一読をお勧めする．

◎Y.C.ファン著，大橋義夫他訳；連続体の力学入門　改訂版，培風館，1980.

タイトルに入門とあるが，内容は大学院程度の高度なものである．しかし，読みやすく書かれている．

◎Y.C.ファン著，大橋義夫他訳；固体の力学／理論，培風館，1970.

弾性問題以外にも非常に幅広い項目が詳しく取り上げられており専門家向きである．

上記2つとも原著は入手可能だが，残念ながら日本語版は絶版である．

◎S.P. Timoshenko and J.N. Goodier; Theory of elasticity, McGraw-Hill, 1951.

S.P.ティモシェンコ，J.N.グーディア著，金多 潔 監訳；弾性論，コロナ社，1973.

私がここでこの本を取り上げたのは内容がすばらしいこともあるが，原著の英語が大変分かりやすく英語の勉強にもよい教科書となると思ったからである．原著は世界中に読者がいるため現在でもペーパーバックス版で（日本語版も）入手できる．以前は材料力学を勉強したことがある人はティモシェンコの名を知らない人はいないといわれるほど有名であったが，最近は彼の名前を知らない学生が多くなり少々淋しく思っている．

1.2 力学の基礎

力学（mechanics）は物体が静止した状態を問題にする**静力学**（statics）と，運動状態を問題にする**動力学**（dynamics）とに大別できる．さらに力学は，対象となる物体に適用する考え方により，**質点の力学**，**剛体の力学**，**変形体の力学**の3種類に分類できる．材料力学は変形体の力学に含まれるが，それぞれの力学との関連を明らかにするために，これらの力学における基本的な原理を静力学の観点から図1-1のようにまとめてみる．図1-1(a)に示す質点の力学では力のつりあいのみを論じる．もし力が平衡しなければ，質点は並進運動する．図1-1(b)に示す剛体の力学では，力のつりあいとモーメントのつりあいとの両方を論じ，もしモーメントが平衡しなければ剛体は回転運動することになる．系全体の自由度は質点の力学に比べて増える．これに対して変形体では，系全体としては力のつりあいとモーメントのつりあいとを必要とし，さらに系全体の変形のようすや内部に生じる応力の分布について論じる（図1-1(c)参照）．図1-1(b)と(c)とはよく似ているが，物体を剛体として扱うときはその内部の状態を問題とせずに，境界条件あるいは運動に興味の対象を置いている．また，図1-1(d)に示される問題では，力のつりあいとモーメントのつりあいとの2式を連立させても，3つの未知支点反力R_A，R_BおよびR_Cを求めることはできない．このような問題を**不静定問題**といい，材料力学では変形を考慮することにより解くことができる．これも剛体の力学と大きく異なる点である．

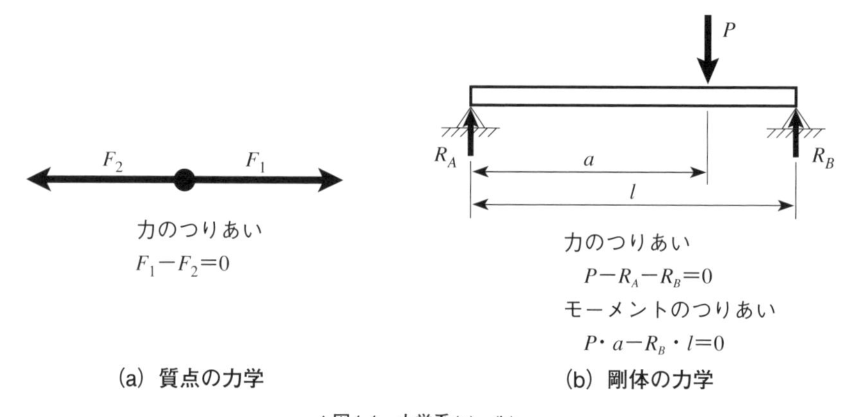

▲図1-1　力学系(a)，(b)

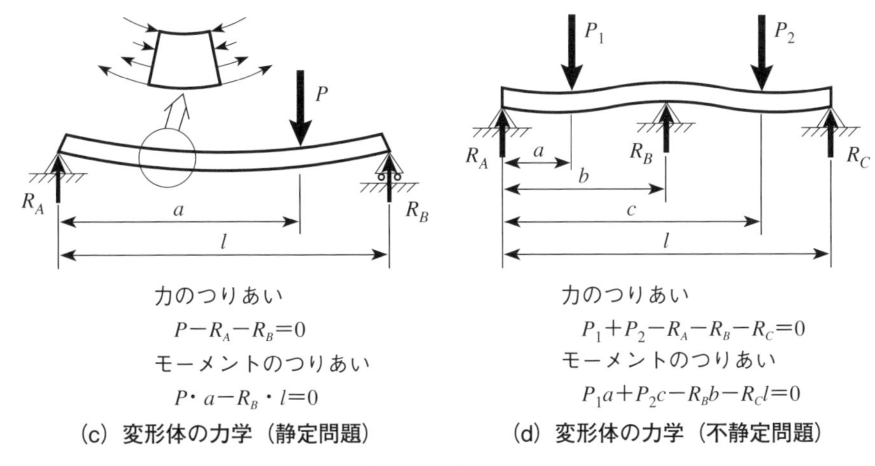

▲図1-1　力学系(c)，(d)

初等的な力学などで力をベクトルで表すことができることはよく知られているが，モーメントについても同様にベクトルで表される．図1-2のように数学的には，モーメントベクトル**M**は位置ベクトル**r**と力のベクトル**P**との外積**r**×**P**で表すことができる．本書ではモーメントベクトルを二重矢（→→）で表して力のベクトルと区別する．つりあいのみを論じる場合は，力ベクトルあるいはモーメントベクトルのつりあいを考えればよい．このように，モーメントを力のようなベクトルとして理解すれば力学に対する視野が広がっていく．

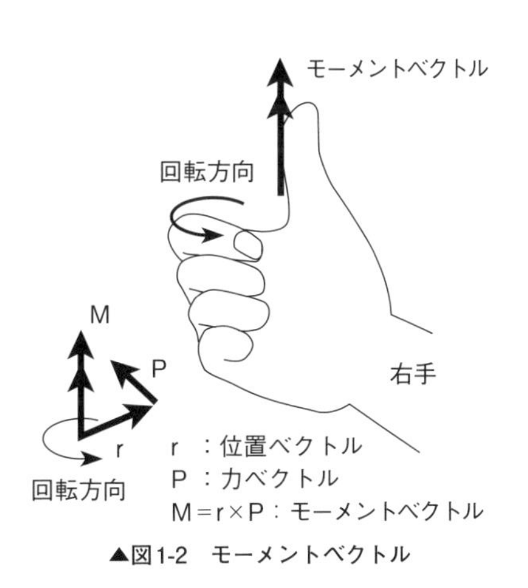

▲図1-2　モーメントベクトル

内力と外力

物体の変形を議論するためには，物体の内部に働く力について考察する必要がある．そのために，図1-3に示すように系全体をある仮想的な断面で分割して，その仮想表面に作用する力を考える．この仮想表面に作用する力Nを**内力**(ないりょく)(internal force)と呼び，外から系に加えた力Pを**外力**(がいりょく)(external force)と呼び区別する．図1-3の例では仮想表面に作用する内力Nは，表面に対して垂直に作用する．図1-3において仮想断面ABとCDとで分割すると表面が2つずつ現れる．すなわち，外向きの法線ベクトルがx軸の正方向に向くx^+面(A'B'，C"D")と，x軸の負方向に向くx^-面(A"B"，C'D')の2つの仮想表面である．図1-3(a)において内力Nは，x^+面に作用するx軸正方向の力とx^-面に作用するx軸負方向の力となり，これらの力は要素A"B"C"D"に引張りを与えるため共に正として取り扱う．これに対して，図1-3(b)に示すように力のベクトルがx^+面にはx軸の負方向に，x^-面にはx軸の正方向に作用する場合，内力は要素A"B"C"D"に圧縮を与えるため負として取り扱う．このように内力は，力が作用する面の方向と力ベクトルの方向との両方を考えて符号を決定する．これに対し，外力は通常の力のベクトルであり力の方向のみで符号が決まる．このように外力と内力とは大きく異なるものである．図1-3の場合，内力Nは仮想断面に垂直な力が物体の軸方向と一致するために**軸力**(じくりょく)(axial force)と呼ばれている．

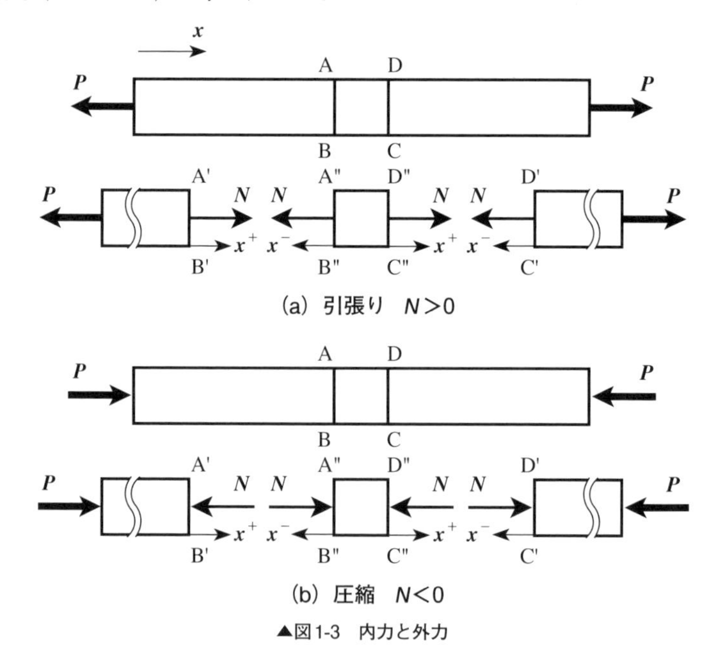

▲図1-3 内力と外力

自重や遠心力，電磁力のような力は，物体の内部に作用してもこれらは系に加わる外力である点に注意しなければならない．つまりこれらの力は仮想断面に関係するものではない．内力はあくまでも物体を仮想的に切断して，それぞれの部分物体において力のつりあいが満たされるように仮想表面に作用する力である．

たとえば自重の場合では，(物体内部の) 物体を構成している原子が (物体外部の) 地球から外力 (重力) を受けている．外力・内力の違いは「力を受ける部分が物体の外側 (表面) か内部か」ではない．

図1-3において面A'B'に作用している力は面A"B"から受ける力であり，逆に面A"B"に作用している力は面A'B'から受ける力である．つまり，内力は常に作用－反作用の法則を満たす力の対になっている．自重や遠心力のように物体内部に作用する外力を**物体力** (body force) と呼び，物体の外部に (表面に) 加わる外力を**表面力** (surface traction, traction) と呼ぶことによって両者を区別することもある．

さて内力には図1-3で考えたような仮想断面に垂直な力以外に図1-4に示すような仮想断面に平行な力 F がある．これを**せん断力** (shearing force) という．せん断力も面の方向と作用する力の方向との両方によって符号が決まるが，詳しくは4章で解説することとし当面はその大きさだけを考える．たとえば，図1-4(a)では面 A'B'に作用する下向きのせん断力 F は，物体の左側に作用している上向きの外力 P とつりあっている．この下向きのせん断力 F は面 A"B"から受ける力であり，作用－反作用の関係から面 A"B"には上向きのせん断力が作用している．一般に仮想断面には，断面に垂直な力と平行な力との合力が作用しており，仮想断面のとり方にも任意性がある．しかし，材料力学で取り扱う物体のうち，棒状の物体では軸線に垂直な断面について検討することが多い．

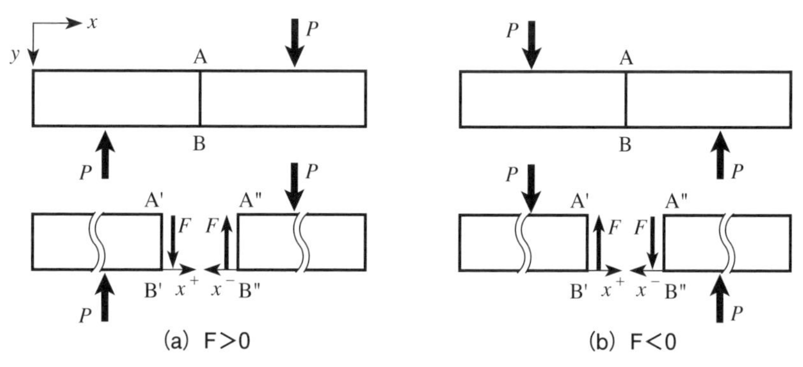

▲図1-4　せん断力

力のベクトル（矢印の向きと符号）（1）

ベクトルを矢印と記号で書いた場合しばしば混乱するのがベクトルの向きと符号である．力学の教科書にはよく図1のような絵があり，材料力学の教科書には図2のように描いてある．ベクトルの符号はどのように決めたらよいのであろうか．

図1においてFはベクトルで記号自身に方向があるのに対して，図2におけるPは大きさだけを示し方向を矢印の向きで表している．したがって，図2のように描いた場合には，この図を見ながらつりあい式（$P-P=0$）を立てる必要がある．

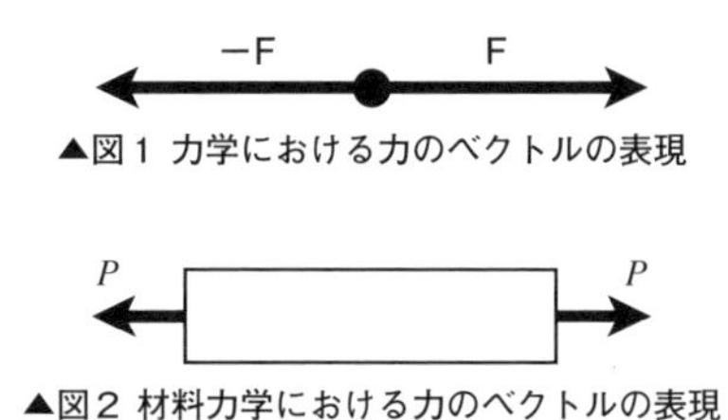

▲図1　力学における力のベクトルの表現

▲図2　材料力学における力のベクトルの表現

応力

単位面積当たりの内力を**応力**（おうりょく）(stress) という．仮想断面に垂直な内力N（図1-3参照）を断面積Aで割った値を**垂直応力** (normal stress) σ；

$$\sigma=\frac{N}{A} \quad (1.1)$$

といい，図1-5に示すように微小要素の面に垂直に作用する矢印で表現する．通常は図1-5(a)のような引張り応力を正とし(b)のような圧縮応力を負と定義する．

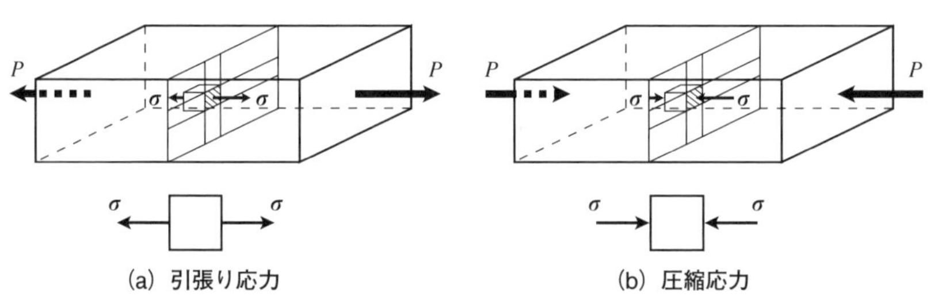

(a) 引張り応力　　(b) 圧縮応力

▲図1-5　垂直応力

一方，仮想断面に平行な内力F（図1-4参照）を断面積Aで割った値を**せん断応力** (shearing stress) τ；

$$\tau=\frac{F}{A} \quad (1.2)$$

といい，図1-6に示すように微小要素の面に平行に作用する矢印で表現する．数学的に応力は，**テンソル**と呼ばれる物理量でベクトルのように矢印のみで表現できない．つまり内力のように作用する面の方向と応力の向き（矢印の方向）とが関係する物理量であるため，微小要素による作用面と矢印による応力の方向とで表現する．また，仮想断面はx^+面とx^-面との2つが必ず出現するため，応力を表す矢印は微小要素の両面に必要で，それら2つの矢印を1組の応力として考えるべきである．応力の数学的取り扱いについては7章で詳細に検討する．

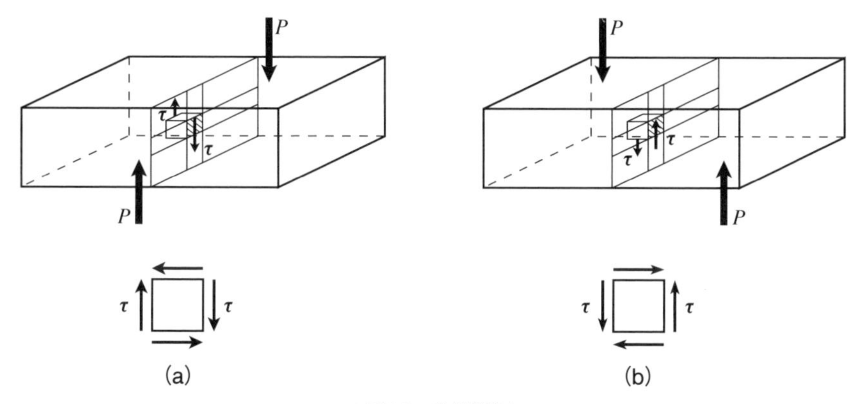

▲図1-6　せん断応力

ところで，図1-5において垂直応力σが2面に作用する1対の応力で表現されているのに対して，図1-6においてせん断応力τがなぜ4つの面に作用する2組の応力で表現されているのか詳しく考えてみよう．図1-7に示すように，せん断応力τが各辺の長さdx，dy，dzの微小体積要素のx^+面とx^-面とに作用している状態を考える．ここで，面の符号はそれぞれの面における外向きの法線ベクトルの方向により決定する．この状態で応力τと面積$dydz$との積が，x^+面とx^-面とに作用する力の大きさとなるので両面に作用する力はつりあう．しかし，$\tau\, dydz \times dx$の大きさのモーメントMが生じる．モーメントのつりあいを満たすためにy^+面とy^-面とにせん断応力τ'が必要となり，このせん断応力により$\tau' dzdx \times dy$の大きさのモーメントM'が生じる．この2つのモーメントはつりあうため，τとτ'とが等しいことがわかる．このようにせん断応力については必ず直交する2つの面に大きさが等しい応力が，モーメントのつりあいを満足するように生じる．これらの応力は一対と見なすことができ，**共役せん断応力**（complementary shearing stress）という．

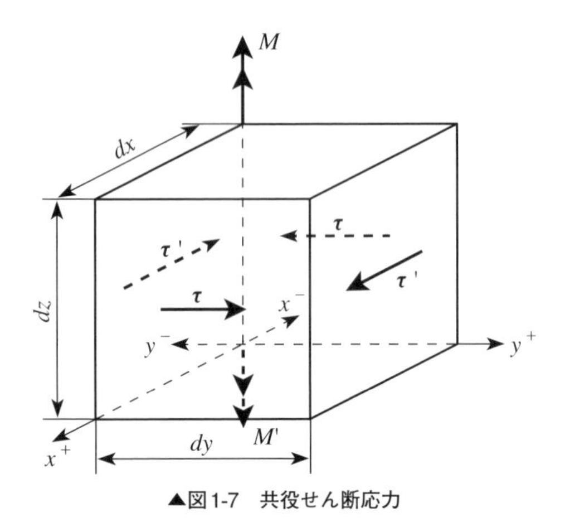

▲図1-7　共役せん断応力

応力は単位面積当たりの力であるので単位はN/m^2であるが，これをPa（パスカル）で表す．固体材料は大きな応力にも耐えることができるので，通常10^6Paを意味するMPa（メガパスカル）を用いる．

ひずみ

材料力学で取り扱う金属などは剛体と異なり，荷重を受けることにより変形する．変形量を基準となる長さで割った無次元量で変形の程度を表し，**ひずみ**（strain）と呼ぶ．数学的には変位がベクトル量であり，ひずみは応力と同様にテンソル量である．しかし，当面はつぎに示す縦ひずみ，横ひずみ，せん断ひずみの定義に従ってひずみを理解するものとする．

縦ひずみ

図1-8に示されるように長さl_0の棒がlまで伸びたとき（λ：伸び），次式のようにひずみεを定義して，

$$\varepsilon = \frac{l - l_0}{l_0} = \frac{\lambda}{l_0} \tag{1.3}$$

これを**縦ひずみ**（longitudinal strain）と呼ぶ．通常は引張りに対応したひずみを正に，圧縮ひずみを負に選ぶ．材料力学では微小変形を仮定しており（通常は1%以下のひずみ），ゴムの変形や塑性変形のように大きく変形する問題を解く場合には，**有限変形理論**（theory of finite deformation）を用いてひずみの定義を変えなければならない．

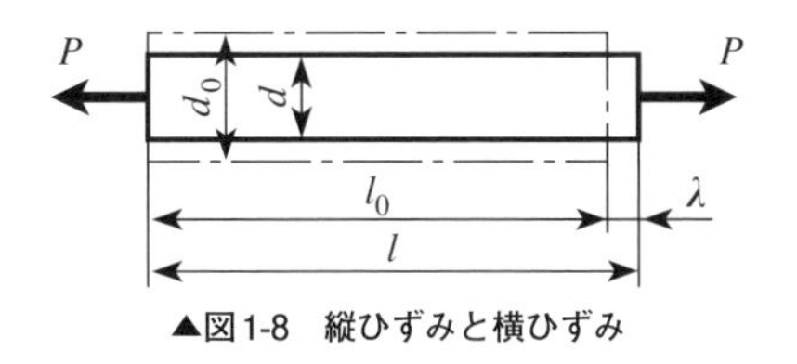

▲図1-8　縦ひずみと横ひずみ

横ひずみ

図1-8に示されるように，引張り方向に伸びるとそれと直角な方向へは縮む．このとき次式のようにひずみε'を定義して，

$$\varepsilon' = \frac{d - d_0}{d_0} = -\frac{\Delta d}{d_0} \tag{1.4}$$

これを**横ひずみ** (lateral strain) という．ここで$\Delta d = d_0 - d$は寸法の変化量を表す．縦ひずみが負 (圧縮変形) の場合は横ひずみは正となる．

せん断ひずみ

図1-9に示されるような変形を**せん断変形**といい，その程度を次式のようにひずみγで定義して，

$$\gamma = \frac{\lambda}{l} \tag{1.5}$$

これを**せん断ひずみ** (shearing strain) という．せん断ひずみは角度変化として現れ，材料力学では微小変形を対象とするのでθが小さく

$$\gamma = \tan\theta \cong \theta \tag{1.6}$$

と考えてよい．また，図1-9よりせん断変形では，体積変化を起こさないことが理解できる．

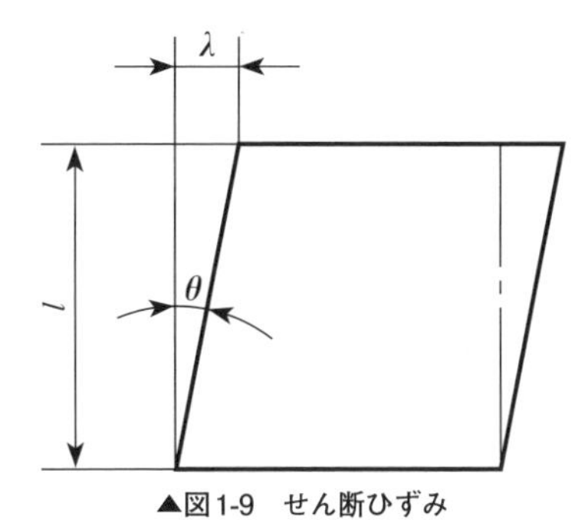

▲図1-9　せん断ひずみ

体積ひずみ

体積V_0の物体が変形して体積Vになると，体積変化率ε_Vを，今まで議論したひずみと同様に次式で定義できて

$$\varepsilon_V = \frac{V - V_0}{V_0} \tag{1.7}$$

これを**体積ひずみ**（volumetric strain）という．ただし，前述の3つのひずみがテンソル量であるのに対して，体積ひずみはスカラー量であり，前述の3つのひずみとは性格を異にする．いま各辺の長さがa，b，cの直方体において，3方向にそれぞれε_x，ε_y，ε_zのひずみが生じたとすれば，体積ひずみは

$$\varepsilon_V = \frac{\left\{a\left(1+\varepsilon_x\right)b\left(1+\varepsilon_y\right)c\left(1+\varepsilon_z\right) - abc\right\}}{abc} \tag{1.8}$$

と表される．ここでε_x，ε_yおよびε_zはせいぜい1%程度なので，ひずみ成分の2次以上の積は高次の微小量となり，これらを無視すると体積ひずみは

$$\varepsilon_V \cong \varepsilon_x + \varepsilon_y + \varepsilon_z \tag{1.9}$$

と近似できる．

材料力学におけるスカラー量，ベクトル量，テンソル量

材料力学で用いられる代表的な物理量を数学的な立場から分類してみよう．

スカラー量…ひずみエネルギー，体積ひずみ

ベクトル量…力，変位

テンソル量…応力，ひずみ

テンソル量である応力やひずみの概念を理解することが本書の1つの目標である．

フックの法則（Hooke's law）

力と応力とはつりあいを満たす力学的な物理量である．一方，変位とひずみとは，隙間ができることのない連続した変形という条件を満たさなければならない幾何学的な物理量である．これらの2種類の物理量は，本来満たすべき条件など基本的な性質が異なるものと考えられる．そしてこれら2種類の物理量間の関係は材料によって異なり，**構成式**（constitutive equation）と呼ばれる関係式で関連付けられる．材料力学では応力とひずみとの間に比例関係があるとして理論を展開する．この関係を**フックの法則**と呼ぶ．

垂直応力σと縦ひずみεとの関係を

$$\sigma = E\varepsilon \tag{1.10}$$

と表す．ここで比例定数Eを**縦弾性係数**（modulus of longitudinal elasticity）あるいは**ヤング率**（Young' s modulus）という．

せん断応力τとせん断ひずみγとの間にも，式(1.10)と同様な関係が成立する．

$$\tau = G\gamma \tag{1.11}$$

ここで比例定数Gを**せん断弾性係数**（shear modulus）または**横弾性係数**（modulus of transverse elasticity）という．

また静水圧（物体の全表面に作用する一様な垂直応力）σ_0と，体積ひずみε_Vとの間にも同様な関係が成立する．

$$\sigma_0 = K\varepsilon_V \tag{1.12}$$

ここで比例定数Kを**体積弾性係数**（bulk modulus）という．

これら3つの弾性定数は応力と同じ次元をもち，金属材料では大きな値をとるので$10^9 N/m^2$を意味するGPa（ギガパスカル）が単位として用いられる．

この他に，縦ひずみと横ひずみの比νを**ポアソン比**（Poisson' s ratio）といい，その逆数mを**ポアソン数**（Poisson' s number）という．

$$\nu = \frac{1}{m} = -\frac{\varepsilon'}{\varepsilon} \tag{1.13}$$

このポアソン比も材料によって決まる弾性係数となり，通常は$0 \leq \nu < 0.5$（理論的には$-1 < \nu < 0.5$）の値をとる．大多数の金属材料では概略1/4～1/3の値となる．

表1-2に代表的な材料の弾性係数を示す．

▼表1-2　主な工業材料の弾性係数

材料	E（GPa）	G（GPa）	ν
軟鋼	206	82	0.28～0.3
硬鋼	200	78	0.28
鋳鉄	157	61	0.26
銅	123	46	0.34
黄銅	100	37	0.35
チタン	103		
アルミニウム	73	26	0.34
ジュラルミン	72	27	0.34
ガラス	71	29	0.35
コンクリート	20		0.2

例題 1.1

直径10mm長さ1mの硬鋼製丸棒を20kNの力で引張るとき，つぎの値を求めよ．①棒に生じる応力，②棒のひずみ，③棒の伸び，④直径の変化量．

解

表1-2より硬鋼の材料定数はE=200GPa，G=78GPa，$\nu=0.28$である．また，断面積$A=\dfrac{\pi}{4}\times 10^2 = 78.5(\mathrm{mm}^2)$である．

① 式(1.1)より応力σは　$\sigma=\dfrac{N}{A}=\dfrac{20\times 10^3}{78.5\times(10^{-3})^2}=255\times 10^6\mathrm{Pa}=255(\mathrm{MPa})$

② 式(1.10)よりひずみεは　$\varepsilon=\dfrac{\sigma}{E}=\dfrac{255\times 10^6}{200\times 10^9}=1.27\times 10^{-3}$

③ 式(1.3)より伸びλは　$\lambda=\varepsilon l_0=1.27\times 10^{-3}\times 1\times 10^3=1.27(\mathrm{mm})$

④ 式(1.4)と(1.13)より直径の変化量Δdは

$$\Delta d=d_0\nu\varepsilon=10\times 0.28\times 1.27\times 10^{-3}=3.56\times 10^{-3}(\mathrm{mm})$$

本書の解説と演習問題の中では基本単位を長さm，質量kg，時間sとするSI単位系を用いた．巻末の付表に単位の換算表をつけたので参考にされたい．

SI単位系

国際単位系（système international d'unités：フランス語）を**SI単位系**という．ナポレオンの欧州制覇によりメートルとキログラムを基本としたメートル法が普及したが，その後さらに多様な状態を測る量が定義されて1960年にSI単位系が制定された．SIがフランス語の略語であることに歴史の重さを感じる．

SI単位系と従来工学の分野で主流であった重力単位系との最大の相違点は力の表し方にある．重力単位系では，質量1kgの重量を1kgfと表記していた．SI単位系では，1kgの質量に1m/s^{2}の加速度が生じるときの力を1Nと定義する．したがって，地球上では重力加速度が物体に作用するため1kgf=9.8Nである．1Nは単1乾電池1個を地球上で測ったときの重力と思えば記憶しやすいかもしれない．日常生活では質量と重力とを区別していないが，誰でも気軽に宇宙旅行ができるようになると，これらの違いを実感できるようになるのかもしれない．飛行機のパイロットは距離，高さ，速度の単位としてそれぞれマイル，フィート，ノットを用いている．換算が大変のように思うが「慣れ」れば簡単なのだそうだ．力の単位としてニュートンを用いることに早く慣れる必要があるだろう．

1.3 材料の機械的性質

材料力学においては材料が次に示すような性質を保有していることを前提にしている．すなわち均質性（場所による性質の変化はない），等方性（方向による性質の変化はない），連続性（内部に欠陥や空洞がない）である．近年，複合材料に代表されるような新しい材料が開発されているが，これらは不均質かつ異方性が認められる材料なので，本書で述べる材料力学の適用には注意が必要となる．

応力-ひずみ線図

材料の機械的性質を調べる際，最も基本的な試験が**引張り試験**（tension test）であり，測定値を比較できるようにJIS（日本工業規格）で試験方法が定められている．図1-10にJISで定められた引張り試験片の一例を示す．この試験片を**万能試験機**（universal testing machine）に取り付けて，引張り荷重を加えながら**標点距離**（gauge length）の変化を測定する．この試験において，試験片に生じる伸びを横軸にとり，荷重（軸力は荷重に一致）を縦軸に描いた図を**荷重-伸び線図**（load-elongation diagram）という．この測定値を基に荷重Pを試験片のはじめの断面積A_0で割った応力を**公称応力**（nominal stress）といい，伸びλをはじめの標点距離l_0で割ったひずみを**公称ひずみ**（nominal strain）という．この公称応力と公称ひずみとの関係を**公称応力-ひずみ線図**（nominal stress-strain diagram）という．材料力学では特に断らない限り公称応力，公称ひずみを単に**応力**，**ひずみ**と呼んでいる．

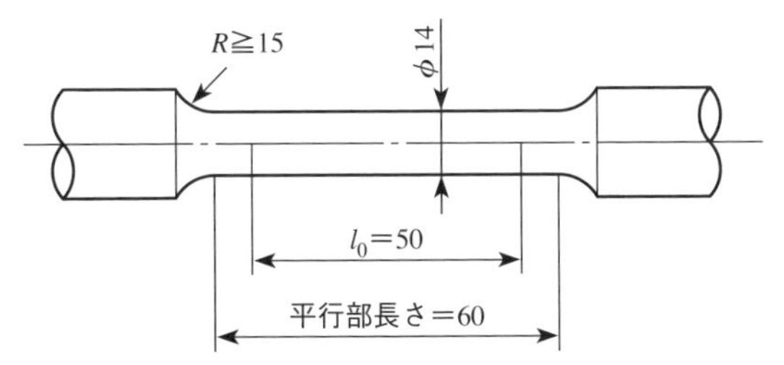

▲図1-10　引張り試験片（JIS 4号試験片）

引張り試験では引張りひずみが増加するにつれて試験片の断面積は減少する．各瞬間の真の応力は変形途中の真の断面積Aで荷重Pを割った値であり，これを**真応力**（しんおうりょく）（actual stress）σ_aという．

$$\sigma_a = \frac{P}{A} \tag{1.14}$$

引張り変形では途中の断面積は，はじめのそれより小さくなるので真応力は公称応力よりも大きくなる．この真応力とひずみの関係を示したものを**真応力-ひずみ線図**（actual stress-strain diagram）という．

また変形量が大きくなると，ひずみを定義する際はじめの長さを基準にとるのではなく，真応力を考えたときと同様に各瞬間のひずみを定義するのが合理的である．つまり長さ l のとき，さらに dl だけ伸びたとすると，ひずみの増分 $d\varepsilon_a$ はひずみの定義より

$$d\varepsilon_a = \frac{dl}{l} \tag{1.15}$$

と表される．標点距離が l_0 から l_1 まで伸びたときの全ひずみ ε_a は，式(1-15)を積分することによって得られ

$$\varepsilon_a = \int_{l_0}^{l_1} \frac{dl}{l} = \ln\frac{l_1}{l_0} = \ln(1+\varepsilon) \tag{1.16}$$

となる．このひずみを**真**（しん）**ひずみ**（actual strain）または**自然ひずみ**（natural strain），**対数ひずみ**（logarithmic strain）という．式(1.16)において ε は公称ひずみであり，真ひずみを ε に関してテーラー展開すると

$$\varepsilon_a = \ln(1+\varepsilon) = \varepsilon - \frac{\varepsilon^2}{2} + \frac{\varepsilon^3}{3} - \cdots \tag{1.17}$$

となる．したがって，ひずみ ε が小さいときは $\varepsilon \cong \varepsilon_a$ と近似してよい．

図1-11に引張り試験の結果得られる軟鋼の応力-ひずみ線図を模式的に示す．荷重を増大させると，初めは応力とひずみが比例関係にある．この関係が成立する限界がP点で**比例限度**（proportional limit）という．さらに荷重を増大させると，除荷しても元の状態に戻らず**永久ひずみ**（permanent strain）が残る．この限度がE点で，**弾性限度**（elastic limit）という．さらに引張り変形を続けると，Y点から応力の値はあまり変化せずにひずみだけが大きくなる現象が現れる．これは，試験片内にすべり変形が起こる現象で，**降伏**（こうふく）（yielding）と呼ばれており，Y点を**降伏点**（yield point）という．この降伏は軟鋼に特有の現象で，降伏を起こす応力を**降伏応力**（yield stress）σ_Y といい，しばしば設計の基準応力として採用される．さらに引張り変形を続けると，T点で引張り荷重が最大となり後は引張り荷重が減少してやがてF点で**破断**（fracture）する．このT点の応力値を**引張り強さ**（tensile strength）または**極限強さ**（ultimate strength）という．引張り荷重はT点を過ぎると減少するので，公称応力-ひずみ線図では引張り強さが最大応力となるが，実際は試験片がくびれて断面積が急激に減少する．したがって，真応力はT点を過

ぎても増大する（図1-11参照）．材料力学では**弾性変形**（elastic deformation）の領域を対象としており，除荷しても変形が残る**塑性変形**（plastic deformation）は対象としない．

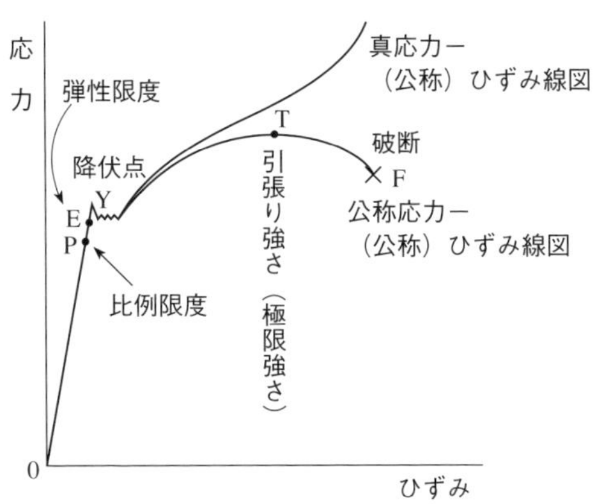

▲図1-11　軟鋼の応力-ひずみ線図

黄銅，ジュラルミンなどの合金や軟鋼は，破断するまでに大きな塑性変形を伴う．このような材料を**延性材料**（ductile material）という．一方，鋳鉄やガラスなどはほとんど塑性変形せずに破断する．このような材料を**脆性材料**（brittle material）という．図1-12に延性材料と脆性材料との応力-ひずみ線図を模式的に示す．また図1-12に示されているように，塑性変形の途中で除荷すると，応力とひずみは比例して減少し，最後に永久ひずみが残る．この状態で再負荷すると，応力とひずみとは比例して増加する．したがって一度塑性加工をした材料でも，再び塑性変形するまではフックの法則が成り立ち，材料力学の適用範囲はかなり広い．黄銅やジュラルミンなどの一般の金属材料は降伏を示さない．このような材料では，0.2%の永久ひずみを生じる応力を**耐力**（proof stress）と呼び，降伏応力に相当する応力として，設計の基準応力として用いる．

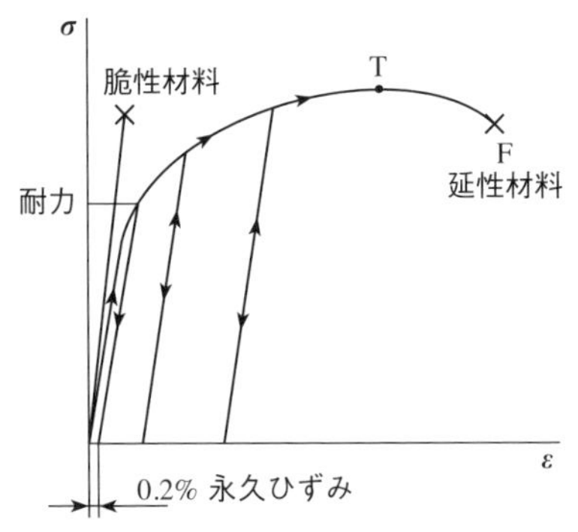

▲図1-12　延性材料と脆性材料の応力-ひずみ線図

引張り試験において，最初の標点距離をl_0，破断後の標点距離を l として**伸び率**（percentage of elongation）φを

$$\varphi = \frac{l - l_0}{l_0} \times 100\% \tag{1.18}$$

と定義する．また，最初の断面積をA_0，破断後のくびれた部分の最小断面積を A として**絞り**（reduction of area）ψを

$$\psi = \frac{A_0 - A}{A_0} \times 100\% \tag{1.19}$$

と定義する．伸び率と絞りとは破断までの変形し得る量を表しており，加工性を評価する指標となる．これらの値は，延性材料では大きく脆性材料では極めて小さくなる．

カップアンドコーン

軟鋼などの延性材料を引張り試験すると，最終的に図1のような形状で破壊する．これはその形状から**カップアンドコーン**（cup and cone）と呼ばれている．このような形状はつぎのような過程を経て形成される．引張り変形が塑性域に入ると，まず図2のようにボイドが徐々に成長し，これらが互いに連結する．最後に，外周がせん断により45°方向（最大せん断応力の方向）にいっきに破壊する．したがって，中心部（カップの底）にはディンプルと呼ばれるくぼみが残り，この部分には光沢がない．外周はすべって形成されるためにこの部分には少し光沢がある．破面解析は**フラクトグラフィ**と呼ばれており，これにより材料の性質や破壊の過程がわかる．

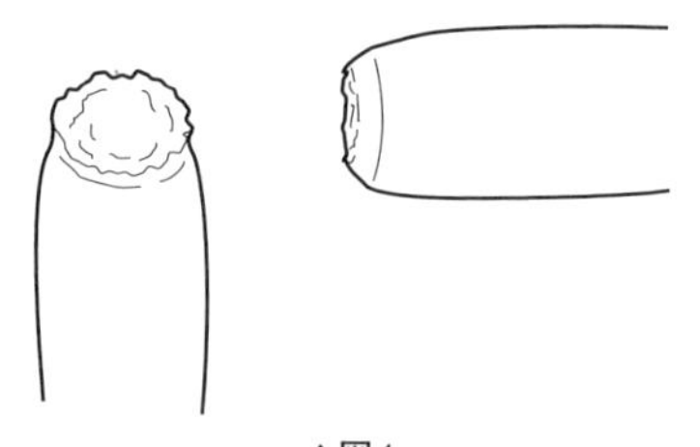

▲図1

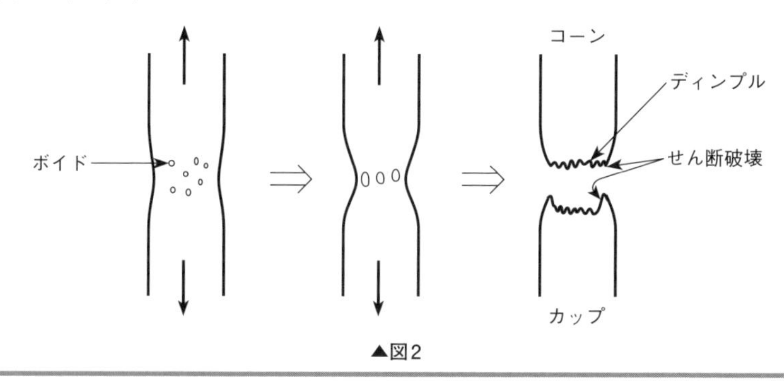

▲図2

1.4 許容応力と安全率

機械や構造物が安全に使用されるためには，各要素が破壊せずに設計どおりに機能する必要がある．この目的にかなうためには，材料に生じる応力が安全な範囲内にあることが要求される．この許しうる最大応力を**許容応力**（allowable stress）σ_aといい，この許容応力を決める基準となる応力を**基準応力**σ_sという．この基準となる応力は材料の性質と負荷のかかり方とで決まる．代表的な基準応力の選び方を表1-3に示す．

▼表1-3　基準応力の選び方

条件	基準応力σ_s
脆性材料	引張り強度
延性材料	降伏強度　耐力
繰り返し荷重を受ける場合	疲労限度
高温での負荷	クリープ限度

さらに材料のばらつきや実際とモデルとの違いなど予測できない危険性を考慮して，**安全率**（safety factor）fを設定する．**許容応力**（allowable stress）σ_aは，基準応力σ_sを安全率fで割った値として次式のように定義できる．

$$\sigma_a = \frac{\sigma_s}{f} \tag{1.20}$$

この安全率を決定する場合には，荷重の種類（複合応力，繰り返し，衝撃など），材料の性質（延性，脆性など），応力集中（穴，みぞ，切り欠きなど），加工精度（表面の仕上程度，表面の処理状態など），使用条件（温度，腐食性など）などから総合的に決定する．また，クレーン，エレベータ，リフトなどに用いられるワイヤロープ（wire rope）は，安全性が直接人命に関わるため，安全率は法令により規定されている．実際に機械や構造物を設計する場合には，さらに経済性，加工性，重量，性能，外観などを考慮して寸法や形状を決定することになる．

演習問題

1 直径1cm長さ2mのアルミニウム製丸棒に質量100kgの物体により引張り荷重を加えた．棒に生じる応力と伸びを求めよ．また，直径はどれだけ変化するか．

2 図1に示されるように，厚さ2mmのアルミニウム板に直径10mmの穴を打ち抜きたい．打ち抜きに必要な荷重 P を求めよ．ただし，アルミニウムのせん断強さを103MPaとする．

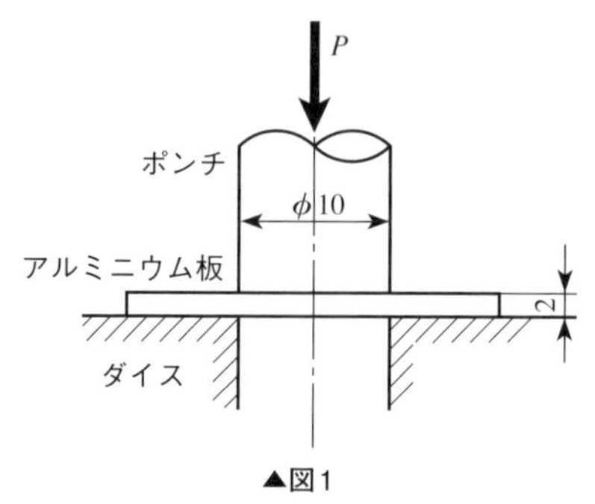

▲図1

3 0.2%耐力が343MPaで，縦弾性係数95GPaの黄銅がある．この黄銅を使用した長さ80cmの棒に50kNの引張り荷重を加えた．次の条件で設計するとき，最小断面積はいくらにすればよいか．

① 棒全体の伸びを1mm以下にする場合．

② 安全率を２として，耐力を基準応力に選ぶ場合．

4 図２のような継手を用いて質量8000kgの物体をつり上げる．棒の許容引張り応力を65MPa，ピンの許容せん断応力を50MPaとする．棒の軸径 D およびピン径 d を求めよ．

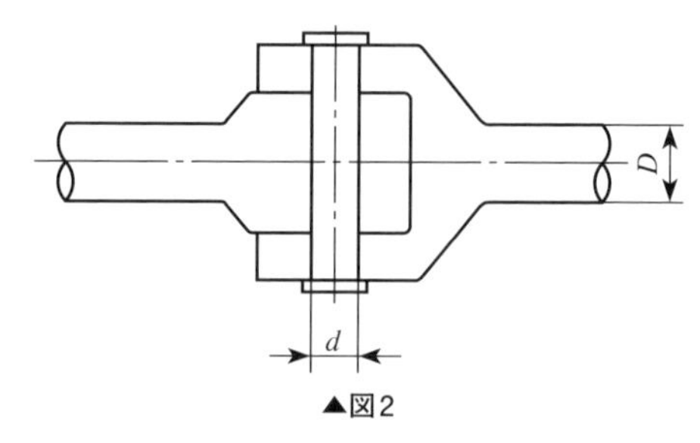

▲図2

5 JIS 4号試験片（標点距離50mm直径14mm）を引張り試験したところ，次のような測定結果を得た．比例限度の荷重75kNとそのときの伸び0.11mm，降伏時の荷重80kN，最大荷重106kN，破断後の標点距離62mm，くびれ部の直径11.5mm．この結果から縦弾性係数，降伏応力，引張り強さ，伸び率および絞りを求めよ．

第2章

棒の引張りと圧縮

引張り（圧縮）荷重が作用する棒の断面には垂直応力が生じる．このとき棒は1次元的に伸びる（縮む）．このような基本的な変形の問題を通して「微小要素に分割して取り扱う問題」や，「不静定問題」に対する考え方を身につける．このような考え方はねじりや曲げなど他の変形においても共通している．

2.1 サンブナンの原理と重ね合わせの原理

棒を一様に引張るという簡単な問題を考えてみよう．まず何らかの方法で棒をつかむ必要があるが，現実には一様な外力を加えることは困難である．しかし，端部（棒のつかみ方）の影響は急激に減衰することが経験的に知られている．一般に棒断面の代表寸法（板の場合は板幅，丸棒の場合は直径）だけ端部から離れると，端部の影響が1％程度にまで減衰する．したがって，「弾性体の一部に力を加えたとき，その力の分布状態がどのようであっても，その合力と合モーメントが等価であれば，力を加えた部分から十分離れたところの応力分布は同じになる」といわれている．これは**サンブナンの原理**（St-Venant' s principle）と呼ばれており，数学的に証明されているわけではないが，経験的に正しいことが確かめられている．この原理を用いると，図2-1に示される荷重のかけ方は等価として取り扱うことができて，棒を「ピン止めする」のか「ネジ止めする」のか「チャックでつかむ」のかということを議論せずに境界条件を単純化することができる．

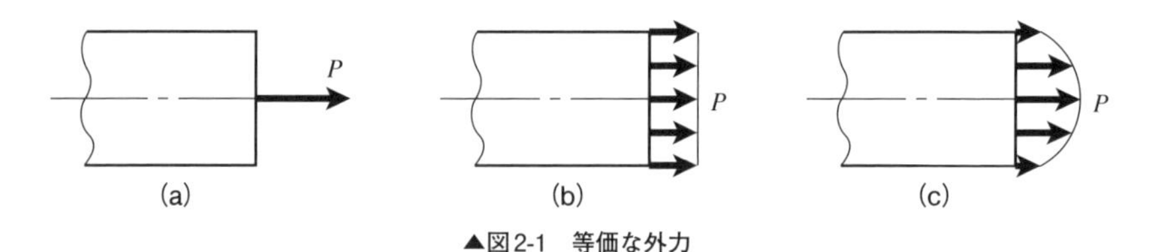

▲図2-1　等価な外力

サンブナンの原理に従うと，棒状の物体は端部に作用する合力，合モーメントのみを考えればよいことになり，図2-2に示されるように引張り圧縮，ねじりそして曲げの3つの基本的な問題に大別できて，さらに複雑な問題はこれら基本となる問題の重ね合わせと考えられる．このように，いくつかの個別の問題を解くことによって得られた結果を合成し，解を得る方法を**重ね合わせの方法**（method of superposition）という．この方法の理論的根拠となる原理を**重ね合わせの原理**（principle of superposition）といい，材料力学ではしばしば用いられる原理である．たとえば，引張りとねじりとを同時に受ける軸については引張りとねじりとの問題を個別に解き，応力や変位はそれぞれの解を重ね合わせることによって得られる．また曲げとねじりとを同時に受ける軸についても同様の手法をとることができる．しかし，この原理は変形が微小であって対応する微小変位が外力の作用に影響を及ぼさない場合に限られており，重ね合わせの原理を適用できない例もある．たとえば，図2-3に示されるような細い棒に曲げと圧縮が同時に作用する場合，曲げによるたわみは圧縮によりさらに大きくなる．したがって，重ね合わせの原理の適用については注意が必要であり，曲げによるたわみを無視できない場合には，引張り圧縮と曲げの問題とは重ね合わせることができない．

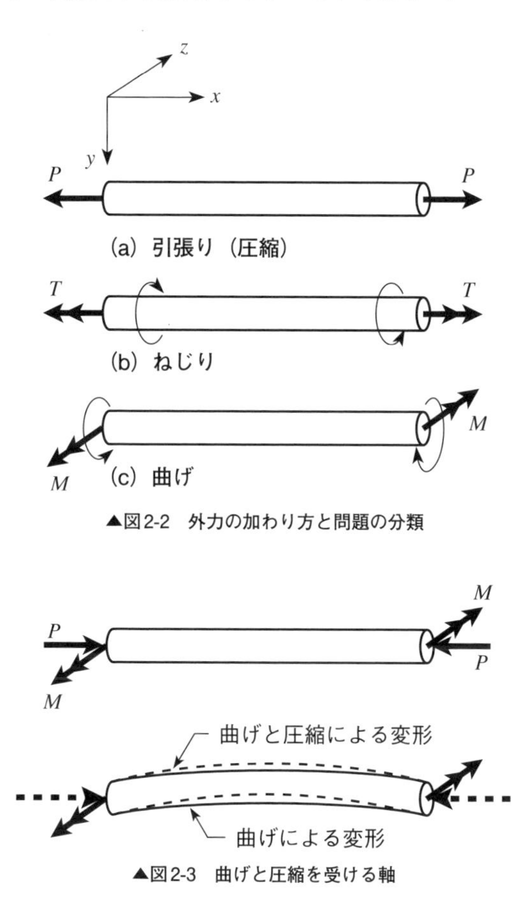

▲図2-2　外力の加わり方と問題の分類

▲図2-3　曲げと圧縮を受ける軸

本書はこれら3つの基本問題の解き方を各章ごとに解説していく．まず本章では引張り圧縮の問題について考える．

サンブナンの原理

サンブナンの原理は大変に奇妙な原理である．本来，普遍性が要求される原理であるにもかかわらず，端部効果の減衰が遅い例もあることが示されている．しかも証明されていない．証明に関する研究と反例に関する研究の両方が存在している．「弾性力学の名著」で紹介したY.C.ファン著「固体の力学／理論」にかなりのページを割いて詳しい説明がある．手前味噌ではあるが，サンブナンの原理に関する私の論文があるので紹介させていただく．

Y.Arimitsu et. al., A Study of Saint-Venant' s Principle for Composite Materials by Means of Internal Stress Fields, Trans. ASME J. Appl. Mech., 62, pp.53-58, 1995.

応力集中（1）

図2-1(b)（p.32）において，端面近傍と内部との応力分布に差がないのに対して，図2-1(a)では荷重を加えた点の近くでは応力が高くなり，明らかに内部の応力分布と異なる．サンブナンの原理は荷重点近傍の応力分布の影響が急激に減衰することを意味するが，荷重点では応力は高くなる．このように応力が高くなることを**応力集中**という．材料力学では端部から少し離れた内部について解析できるが，応力集中については議論できず解析には弾性力学の知識が必要になる．

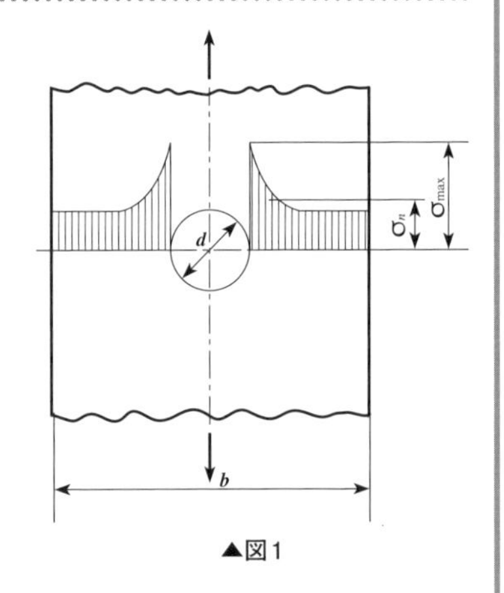

▲図1

このような応力集中は，たとえば図1のように円孔があいている平板を引張った場合にも生じ，引張り応力は円孔付近で高くなり，円孔の縁で最大値 $\sigma_{\max}$ になる．応力の最大値と平均値 σ_n との比 α

$$\alpha = \frac{\sigma_{\max}}{\sigma_n} \tag{1}$$

を**応力集中係数**（stress concentration factor）といい，部材の幾何学的形状と荷重の作用の仕方で定まる．代表的な例として，円孔の直径 d に対して板幅 b が十分大きければ $\alpha = 3$ が得られる．角（かど）部など形状が急に変化している所では応力集中が生じるので，機械部品には必ず角部に丸み（R）をつける．飛行機の窓は角に R がついているのを思い出していただきたい．

応力集中の解析には「弾性力学」のテキストを参照されたい．

2.2 棒を微小要素に分割して取り扱う問題

1章で解説した応力の定義式(1.1)，ひずみの定義式(1.3)とフックの法則(1.10)を用いると，一様な断面積Aの棒を一定の荷重Pで引張るときの応力σと伸びλとの間の関係が得られる．荷重Pと軸力Nが一致することから

$$\sigma = \frac{P}{A} = \frac{\lambda}{l}E \tag{2.1}$$

となる．または，伸びλについて解き直して

$$\lambda = \frac{Pl}{AE} \tag{2.1'}$$

の関係が成立する．このとき全ての値は一定値である．

一般に端部からxの位置にある断面積を$A(x)$とし，xの関数である軸力を$N(x)$とすると，応力σもxとともに変化するので

$$\sigma(x) = \frac{N(x)}{A(x)} \tag{2.2}$$

と表される．応力の値がxの位置により変化すると，それにともなって棒の伸びも場所により異なる．このような場合は，全体を微小要素に分割して長さdxの要素の伸び$d\lambda$について考える．

図2-4のように断面形状が変化する棒を考えよう．この場合，軸力は一定値Pとして扱うことができるのに対して，断面積はxとともに変化するので微小要素の伸び$d\lambda$は

$$d\lambda = \varepsilon dx = \frac{P}{A(x)E}dx \tag{2.3}$$

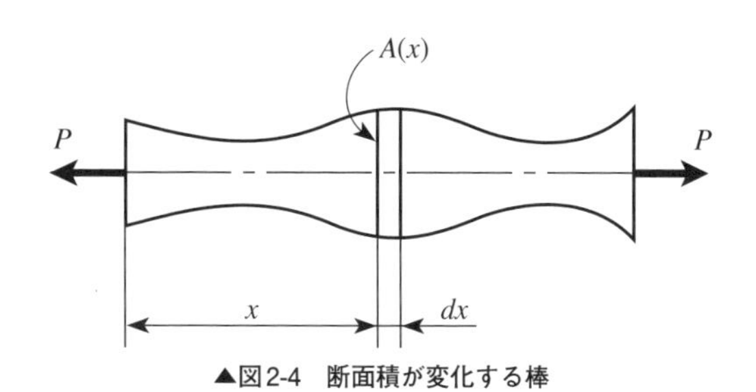

▲図2-4　断面積が変化する棒

と表される．全体の伸び λ を求めるためには，微小要素の伸び $d\lambda$ を棒全体にわたって積分すればよいので

$$\lambda = \int d\lambda = \int_0^l \varepsilon dx = \int_0^l \frac{P}{A(x)E} dx \tag{2.4}$$

となる．棒を微小要素に分割して考える必要があるのは，断面積が変化する場合以外に軸力が変化する場合（重力や遠心力のように物体力が作用する問題）や，あまり例がないが縦弾性係数 E が変化する場合（傾斜機能材料）が考えられる．

例題 2.1

図2-5のように，AおよびBにおける直径がそれぞれ $d_1 = 10$mm，$d_2 = 20$mm である長さ $l = 50$cm の円錐台の棒に，荷重 $P = 100$kN が作用するとき，棒全体の伸び λ を求めよ．ただし，材料の縦弾性係数を $E = 206$GPa とする．

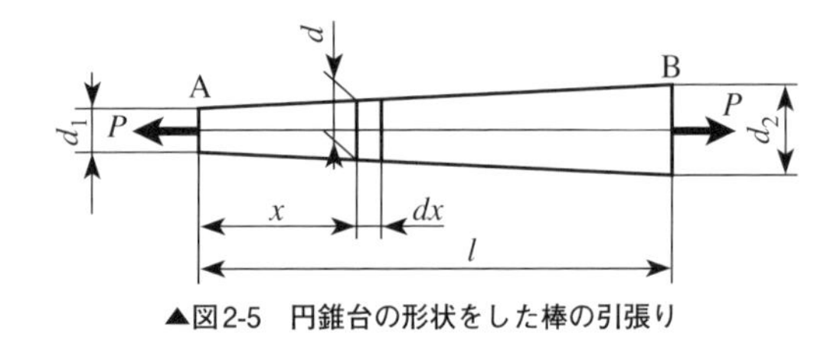

▲図2-5　円錐台の形状をした棒の引張り

解

Aから x の位置での直径を d，断面積を $A(x)$ とすると

$$d = d_1 + \frac{d_2 - d_1}{l}x, \quad A(x) = \frac{\pi}{4}\left(d_1 + \frac{d_2 - d_1}{l}x\right)^2$$

式(2.3)より長さ dx の要素の伸び $d\lambda$ は

$$d\lambda = \frac{P}{A(x)E}dx = \frac{4P}{\pi E}\frac{dx}{\left(d_1 + \frac{d_2 - d_1}{l}x\right)^2}$$

式(2.4)より棒全体の伸び λ はつぎのようになる．

$$\lambda = \int d\lambda = \frac{4P}{\pi E}\int_0^l \frac{dx}{\left(d_1 + \frac{d_2 - d_1}{l}x\right)^2} = \frac{4Pl}{\pi d_1 d_2 E}$$

$$= \frac{4 \times (100 \times 10^3) \times (50 \times 10^{-2})}{\pi \times (10 \times 10^{-3}) \times (20 \times 10^{-3}) \times (206 \times 10^9)} = 1.55 \times 10^{-3}(\mathrm{m}) = 1.55(\mathrm{mm})$$

つぎに，軸力Nが場所により変化する問題を考えよう．図2-6に示すように，長さlで一様な断面積Aの棒をつるし，下端に荷重Pを加えたとき，棒の自重を考慮して，棒に生じる最大応力と棒全体の伸びを求める．ただし棒の密度をρ，重力加速度をgとする．下端からxの位置での応力は，xより下の部分の重量と荷重とが断面に軸力として作用する．したがって，式(2.2)において断面積Aが一定値で軸力Nがxとともに変化する問題となる．応力はxの関数となり

$$\sigma(x) = \frac{P + \rho g A x}{A} = \frac{P}{A} + \rho g x \tag{2.5}$$

で表される．したがって，最大応力$\sigma_{\max}$は$x = l$（上端）で生じ，

$$\sigma_{\max} = \frac{P}{A} + \rho g l \tag{2.6}$$

となる．したがって，棒の伸びも場所によって異なる．長さdxの微小要素の伸

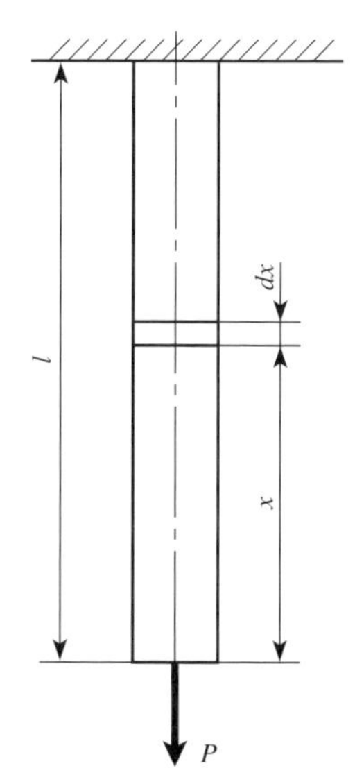

▲図2-6　自重と引張り荷重が作用する棒

び $d\lambda$ は

$$d\lambda = \frac{\sigma(x)}{E}dx = \frac{1}{E}\left(\frac{P}{A} + \rho g x\right)dx \tag{2.7}$$

となる．棒全体の伸びは微小要素の伸びを積分すれば求められるので

$$\lambda = \int d\lambda = \frac{1}{E}\int_0^l \left(\frac{P}{A} + \rho g x\right)dx = \frac{Pl}{AE} + \frac{\rho g l^2}{2E} = \frac{Pl}{AE} + \frac{Wl}{2AE} \tag{2.8}$$

となる．ここで，W は棒全体の重量で $W = \rho g A l$ と表される．式(2.8)の右辺第1項は荷重 P による伸びを表し，第2項は棒の自重 W による伸びを表し，全体の伸びはこれらの「重ね合わせ」となっている．

応力集中 (2)

切り欠きが鋭いき裂のように，先端の曲率半径ゼロとなる極限では，応力集中係数は無限大に発散する．き裂からの距離を r とすると，き裂先端の応力分布は $r^{-1/2}$ に比例する（$r \to 0$ のとき $\left.\begin{matrix}\sigma\\ \tau\end{matrix}\right\} \to \infty$）．このような場合，無限大に発散する応力の値を議論しても意味がなく，$r^{-1/2}$ の比例係数について検討する．この比例係数を**応力拡大係数**（stress intensity factor）といい，図1のような3つのモードに対して応力拡大係数 K_I, K_{II}, K_{III} の3つの値が対応する．換言すると，き裂先端で理論上無限大の応力値となるので，き裂先端に近づくときに「どの程度応力値が大きくなるか」その増加の程度を評価するのである．

き裂が関与する破壊については「破壊力学」のテキストを参照されたい．

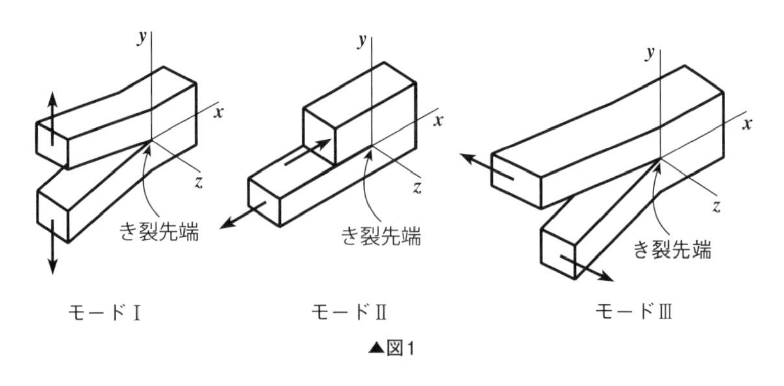

▲図1

2.3 引張りと圧縮の不静定問題

図2-7のように剛体壁の間に棒ABが無理なく固定されて，その間のC点に荷重が加わる問題を考えよう．棒が剛体壁から受ける未知反力をR_A，R_Bとすると，力のつりあいは

$$R_A + R_B - P = 0 \tag{2.9}$$

である．式(2.9)以外につりあい式をたてることはできない．したがって，未知数の個数が式の個数を上回り，1つのつりあい式だけで2つの未知反力を求めることはできない．このように，つりあい式だけで解くことのできない問題を**不静定**(statically indeterminate) **問題**といい，この問題は変形を考慮することにより解くことができる．一方，つりあいの式だけで解ける問題は**静定**(statically determinate) **問題**と呼ばれている．図2-7の場合にはAC間は圧縮されλ_1だけ縮み，CB間は引張られλ_2だけ伸びる．λ_1，λ_2は式(2.1')よりそれぞれ

$$\lambda_1 = \frac{-R_A a}{AE} \tag{2.10}$$

$$\lambda_2 = \frac{R_B b}{AE} \tag{2.11}$$

となる．棒全体としては伸びも縮みも生じないので，

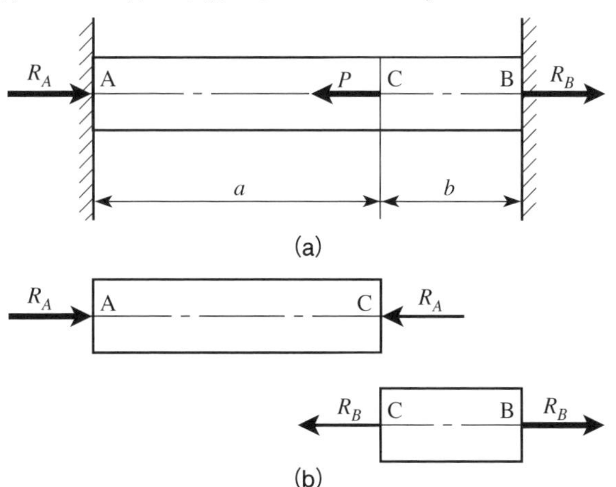

▲図2-7　引張り圧縮に関する不静定問題 (1)

$$\lambda_1 + \lambda_2 = \frac{-R_A a}{AE} + \frac{R_B b}{AE} = 0 \tag{2.12}$$

という関係式を得る．式(2.9)と(2.12)とで未知数の個数と関係式の個数とが同じになり解くことができる．したがって，未知反力R_A，R_Bはそれぞれ

$$R_A = \frac{P}{1 + a/b} = \frac{b}{l}P \tag{2.13}$$

$$R_B = \frac{P}{1 + b/a} = \frac{a}{l}P \tag{2.14}$$

と得られる．

つぎに，図2-8に示されるように3本の棒を剛体板に接合し，荷重Pで引張る問題を考えよう．3本の棒は2種類の材料で作られており，部材2を中心として部材1が対称に配置されている．このとき部材1と2とに生じる応力σ_1，σ_2と全体の伸びλを求める．剛体板に作用する外力のつりあいから

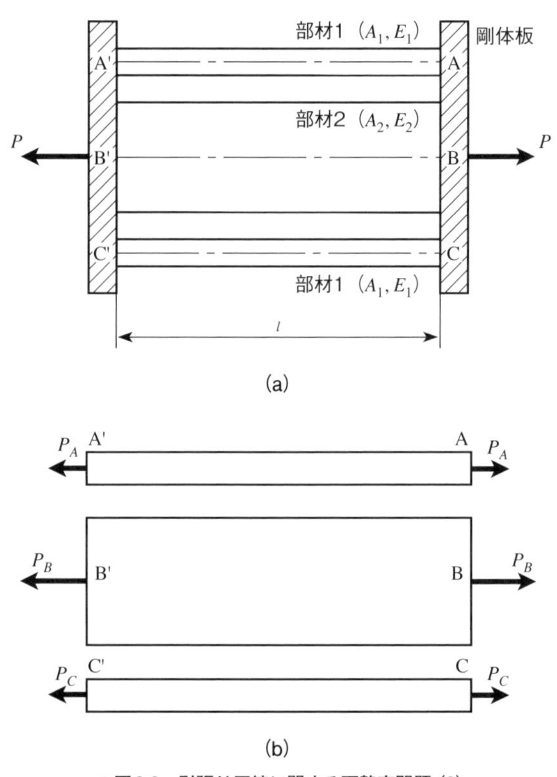

▲図2-8　引張り圧縮に関する不静定問題 (2)

$$P - P_A - P_B - P_C = 0 \tag{2.15}$$

を得る．B点回りのモーメントのつりあいから

$$P_A - P_C = 0 \tag{2.16}$$

を得る．したがって，この問題は未知反力が3つあり，2つのつりあい式だけでは解くことができない不静定問題である．そこで，部材1と部材2との変形を考え，両者の変形量が等しいことに着目する．つまり部材1の伸びλ_1と部材2の伸びλ_2が等しいので式(2.1')より

$$\lambda_1 = \frac{P_A l}{A_1 E_1} = \lambda_2 = \frac{P_B l}{A_2 E_2} \tag{2.17}$$

となる．式(2.15)，(2.16)，(2.17)を連立させて解くと，

$$P_A = P_C = \frac{PA_1E_1}{(2A_1)E_1 + A_2E_2} \tag{2.18}$$

$$P_B = \frac{PA_2E_2}{(2A_1)E_1 + A_2E_2} \tag{2.19}$$

となる．したがって，部材1と部材2とに生じる応力σ_1とσ_2とは式(2.18)と(2.19)とをそれぞれの部材の断面積で割ることにより

$$\sigma_1 = \frac{E_1P}{(2A_1)E_1 + A_2E_2} \tag{2.20}$$

$$\sigma_2 = \frac{E_2P}{(2A_1)E_1 + A_2E_2} \tag{2.21}$$

となる．また，棒の伸びλは式(2.20)あるいは式(2.21)をそれぞれの部材のヤング率で割って得られるひずみに，元の長さlをかけることにより得られ

$$\lambda = \varepsilon l = \frac{Pl}{(2A_1)E_1 + A_2E_2} \tag{2.22}$$

となる．

このような不静定問題は，引張り・圧縮の問題以外にもねじりや曲げの問題でも現れ，後の章でもたびたび取り上げることになる．ここで，不静定問題を解く一般的な手順を次のようにまとめておく．

[**手順**]　1.力のつりあい式をたてる.
2.モーメントのつりあい式をたてる.
3.変形を考慮する.
4.連立方程式を解く.

もしも，問題が手順1，2だけで解けるならそれは静定問題である．図2-7の問題では，作用する力が一軸上にあるためモーメントが生じないのである．手順3では，個々の問題ごとに変形の満たすべき条件が異なるが，系全体を分割して各部分の変形を考える．その後最終的に系全体でどのような条件を満たすべきかを考えると有効である．図2-7では，最初にACの区間とCBの区間でそれぞれの部分の伸びと縮みとを考えて，次に系全体として棒の長さが不変であるという条件を課した．図2-8では，最初に部材1と2との変形を考えて，次に両方の部材で共に伸びが等しいという条件を課した．手順4では，つりあい式と手順3より求められた変形の条件式とを連立させて解く．未知量の個数とつりあい式の個数との差を**不静定次数**といい，変形の条件式はこの不静定次数の数だけ必要になる．

力のベクトル（矢印の向きと符号）(2)

図1に示すように，剛体壁に棒が固定されて棒の間にP_1とP_2の外力が作用する不静定問題を考えてみよう．反力R_AとR_Bとが未知であるため，たとえば2つの図1(a)と(b)のようにR_Bを逆向きに描いたとする．反力の向きと各区間が引張り状態か圧縮状態かの描き方とには任意性がある．

図1(a)の場合　力のつりあい

$$R_A + P_1 - P_2 + R_B = 0$$

各区間の伸び縮みの和がゼロより

$$-\frac{R_A a}{AE} - \frac{(P_1 + R_A)(b-a)}{AE} + \frac{R_B(l-b)}{AE} = 0$$

図1(b)の場合　力のつりあい

$$R_A + P_1 - P_2 - R_B = 0$$

各区間の縮み量の和がゼロより

$$-\frac{R_A a}{AE} - \frac{(P_1 + R_A)(b-a)}{AE} - \frac{R_B(l-b)}{AE} = 0$$

いずれの答えも等価であることを各自で確認されたい．自分が描いた図の矢印の向きによって関係式の符号が変わるが，どのように描いても結果は等価である．

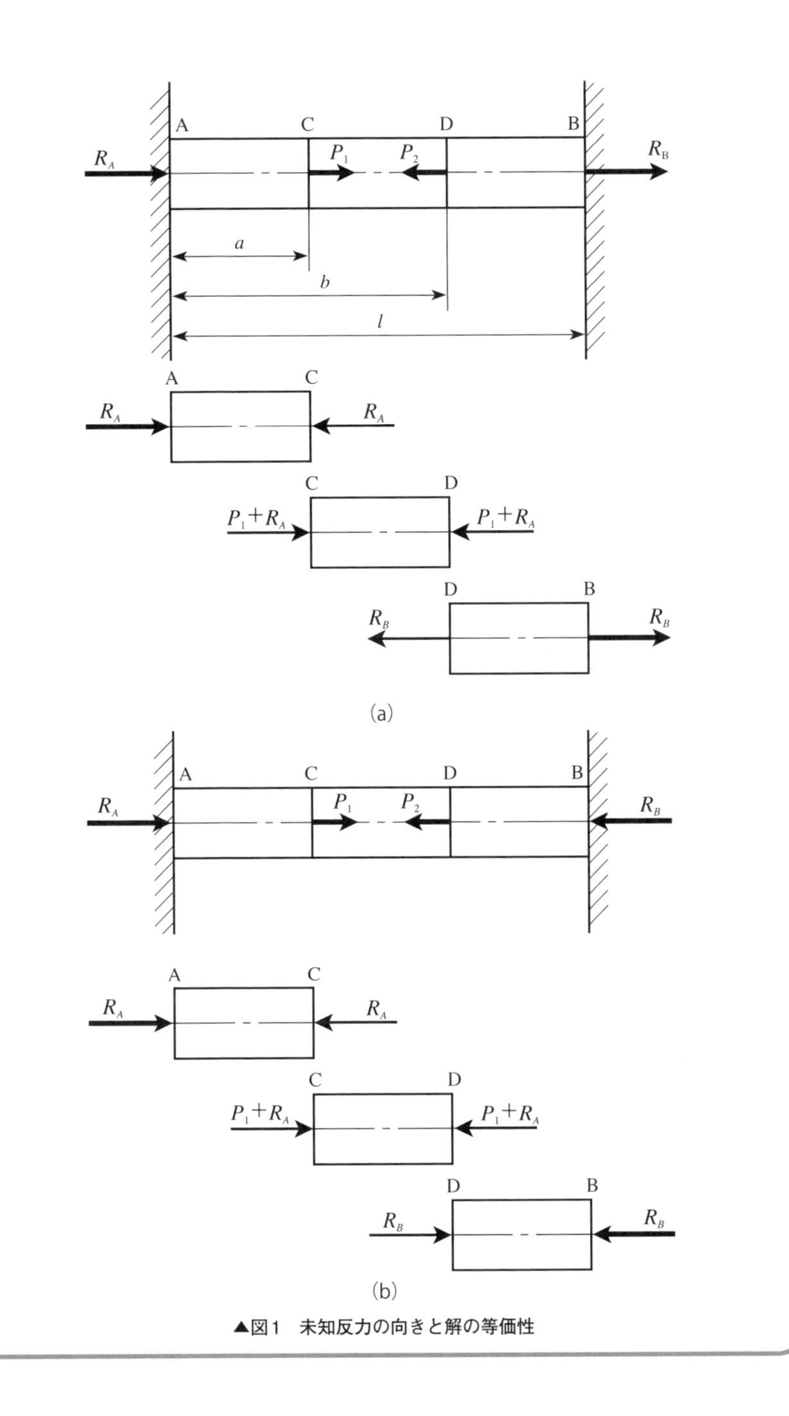

▲図1　未知反力の向きと解の等価性

2.4 熱応力

物体が温度変化を受けると膨張あるいは収縮する．この変形が外部から拘束を受けたり，温度変化が一様でなかったりした場合，物体内部に応力が生じる．この応力を**熱応力**（thermal stress）と呼ぶ．

温度変化Δt（$t_1 \rightarrow t_2$に変化）と棒の伸びλとの関係は線膨張係数αを用いると

$$\lambda = l\alpha(t_2 - t_1) = l\alpha\Delta t \tag{2.23}$$

で表される．

図2-9のように，長さlの棒が温度t_1で両端を剛体壁に固定されている場合を考えよう．温度がt_2に上昇したときに，もし棒の両端が拘束を受けなかったと仮定した場合，式(2.23)で示される伸びが生じるが，拘束を受ける場合には剛体壁から圧縮荷重を受けて長さ$l+\lambda \cong l$の棒がλだけ縮むことと等価である．したがって，棒に生じるひずみは

$$\varepsilon = -\frac{l\alpha(t_2 - t_1)}{l} = -\alpha(t_2 - t_1) \tag{2.24}$$

となる．ここで圧縮荷重を受けなかったと仮定した場合の棒の長さは，$l+\lambda$であるべきところをλが小さいために近似値をlとした．材料力学ではこのように計算を簡略化するためにしばしば近似値を採用することがある．熱応力σ_tはひずみに弾性係数を乗じることにより得られ，

$$\sigma_t = -E\alpha(t_2 - t_1) = -E\alpha\Delta t \tag{2.25}$$

となる．もし温度が上昇（$t_2 > t_1$）すれば，圧縮応力が生じることになる．

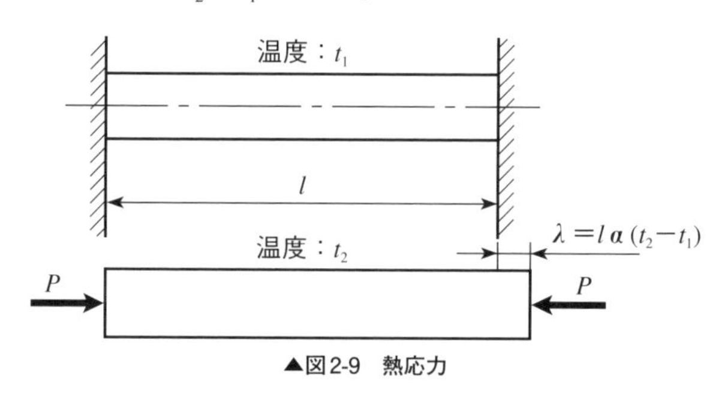

▲図2-9　熱応力

例題 2.2

図2-10のような段付き棒が剛体壁に無理なく固定されている．この状態から温度をt°上昇させるとき，AC間とBC間とに生じる応力σ_1およびσ_2を求めよ．材料の縦弾性係数と線膨張係数をそれぞれEとαとする．

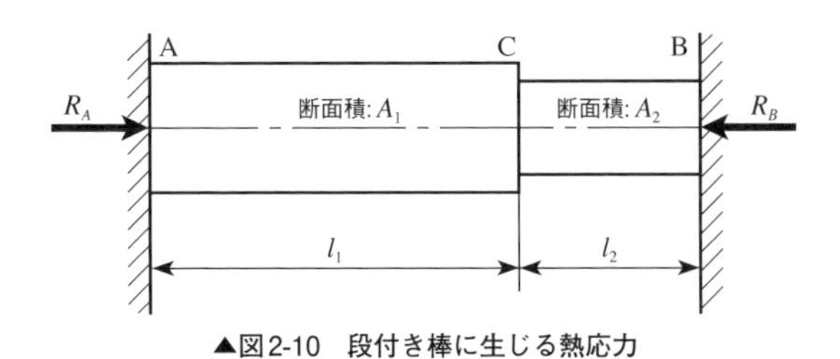

▲図2-10　段付き棒に生じる熱応力

解

反力R_A，R_Bのつりあいは

$$R_A - R_B = 0 \qquad (2.26)$$

となり，つりあい式だけでは解けない不静定問題である．このように熱応力に関する問題は一般的に不静定問題となる．両端の拘束がないものと仮定すると，棒全体の伸びλは式(2.23)より

$$\lambda = \alpha t (l_1 + l_2) \qquad (2.27)$$

である．しかしこの設問では棒が剛体壁の拘束を受けるのでλだけ縮むと考えられる．この縮み量λは，AC間とBC間との縮みを加え合わせた量となるので，式(2.1')より

$$\lambda = \frac{R_A l_1}{A_1 E} + \frac{R_A l_2}{A_2 E} \qquad (2.28)$$

と表される．式(2.27)と(2.28)とからR_Aについて解くと

$$R_A = \frac{A_1 A_2 E \alpha t (l_1 + l_2)}{A_1 l_2 + A_2 l_1} \qquad (2.29)$$

である．したがって，応力σ_1およびσ_2は次式のようになる．

$$\sigma_1 = \frac{R_A}{A_1} = \frac{A_2 E \alpha t (l_1 + l_2)}{A_1 l_2 + A_2 l_1} \qquad \text{(圧縮)}(2.30)$$

$$\sigma_2 = \frac{R_A}{A_2} = \frac{A_1 E \alpha t (l_1 + l_2)}{A_1 l_2 + A_2 l_1} \qquad \text{(圧縮)}(2.31)$$

2.5 内部応力

系全体に外力が作用していなくても，系の内部に応力が生じることがある．一般にはこれを**内部応力**（internal stress）という．この用語は内部応力の発生原因によりしばしば他の用語に言い換えられる．たとえば，前述の熱応力も内部応力の一種である．また，材料の熱処理や，溶接により材料に残る応力という意味で**残留応力**（residual stress）と呼ばれることもある．また，部品を組み立てたときに生じる応力という意味で，**初期応力**（initial stress），**組立て応力**などと呼ばれることもある．これらの多くは，不静定問題となる．

図2-11に示すように，長さlの2つの部材1と長さ$l+\delta$の部材2とを剛体板を使用して一体に組立てた場合を考える．各部材の断面積とヤング率とを，それぞれ部材1では（A_1，E_1），部材2では（A_2，E_2）とする．上下対称であるので，部材1と部材2とから受ける力をR_1，R_2とすると，剛体板における力のつりあいは

$$2R_1 - R_2 = 0 \tag{2.32}$$

となる．関係式は式（2.32）のみであって，これは不静定問題である．いま部材1と部材2との変形量をそれぞれλ_1，λ_2とすると，式（2.1'）より

$$\lambda_1 = \frac{R_1 l}{A_1 E_1} \quad \text{（伸び）} \tag{2.33}$$

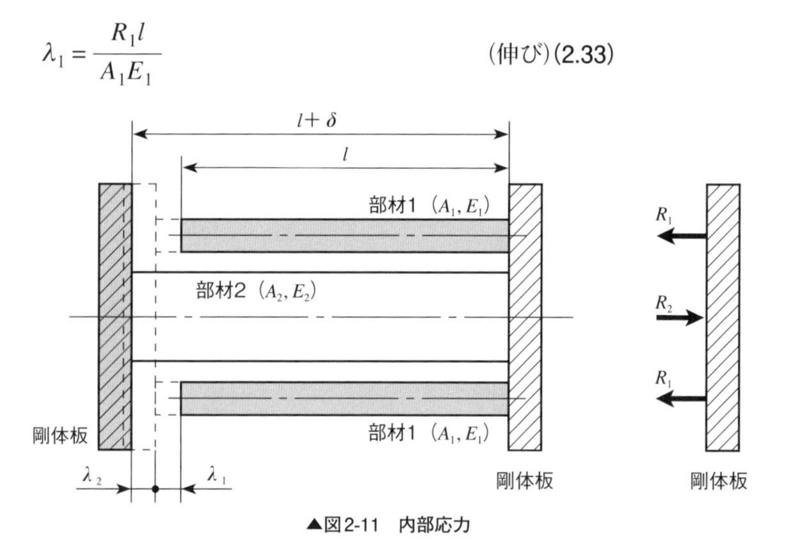

▲図2-11　内部応力

$$\lambda_2 = \frac{R_2(l+\delta)}{A_2E_2} \quad \text{(縮み)} \tag{2.34}$$

を得る．各部材の変形量λ_1とλ_2との和が各部材の長さの差δであるので

$$\lambda_1 + \lambda_2 = \frac{R_1 l}{A_1E_1} + \frac{R_2(l+\delta)}{A_2E_2} = \delta \tag{2.35}$$

となる．$(l+\delta) \fallingdotseq l$と近似し，式(2.32)と(2.35)とを連立することにより

$$R_1 = \frac{A_1A_2E_1E_2\delta}{(2A_1E_1 + A_2E_2)l} \tag{2.36}$$

$$R_2 = \frac{2A_1A_2E_1E_2\delta}{(2A_1E_1 + A_2E_2)\,l} \tag{2.37}$$

を得る．したがって，組立てたときの内部応力は

$$\sigma_1 = \frac{A_2E_1E_2\delta}{(2A_1E_1 + A_2E_2)\,l} \quad \text{(引張り)} \tag{2.38}$$

$$\sigma_2 = \frac{-2A_1E_1E_2\delta}{(2A_1E_1 + A_2E_2)\,l} \quad \text{(圧縮)} \tag{2.39}$$

である．このように，外力が加わっていない問題も適当な部分に分割するとそれぞれの部分に加わる力が明確になり，問題が解きやすくなる．

演習問題

1 長さ3m，断面積10mm^{2}のステンレス鋼製(単位体積当たりの重量78.6×10^{-6}N/mm^3，縦弾性係数193GPa）のワイヤロープがある．一端に質量0.1kgの重りを取り付けて，他端を中心に毎分300回転させた．このとき遠心力の影響でワイヤロープに生じる最大応力と全体の伸びを求めよ．

2 図1のように，異なる材料をつなぎ合わせた段付き棒が，剛体壁の間に無理なく取付けられている．この状態から温度を$t°$上昇させた場合，それぞれの部材に生じる応力を求めよ．また，点Cの変位はどのようになるか．各部材の断面積，縦弾性係数，線膨張係数をそれぞれ部材1は（A_1，E_1，α_1），部材2は（A_2，E_2，α_2）とする．

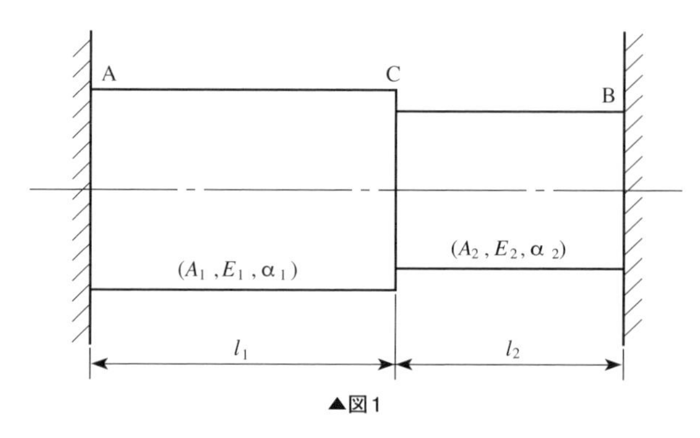

▲図1

3 断面が円形の柱を立てた．柱の自重を考慮して応力が一定になるようにするには，柱の断面積をどのように変化させればよいか．

4 図2のように長さ300mmの黄銅製の中空円筒（外径22mm，内径16mm）に軟鋼製のメートル並み目ネジ（外径10mm，ピッチ1.5mm）のボルトを取り付けた後，ナットを1/3回転させて増し締めした．中空円筒に生じる応力σ_bとボルトに生じる応力σ_sとを求めよ．ただし，黄銅と軟鋼との縦弾性係数を，それぞれ100GPaおよび206GPaとする．

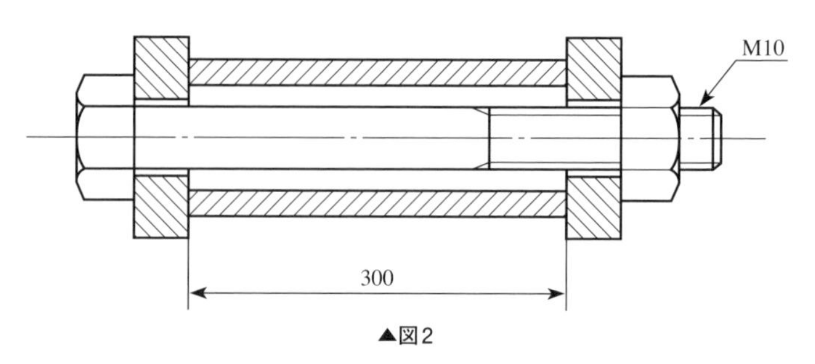

▲図2

5 図3のように剛体壁に軟鋼製丸棒（直径10mm）と鋳鉄製丸棒（直径20mm）の2本の棒をピン接合した．C点に質量1000kgの物体をつるすとき，それぞれの棒に生じる応力と伸びあるいは縮みを求めよ．ただし，軟鋼と鋳鉄の縦弾性係数を，それぞれ206GPaおよび157GPaとする．

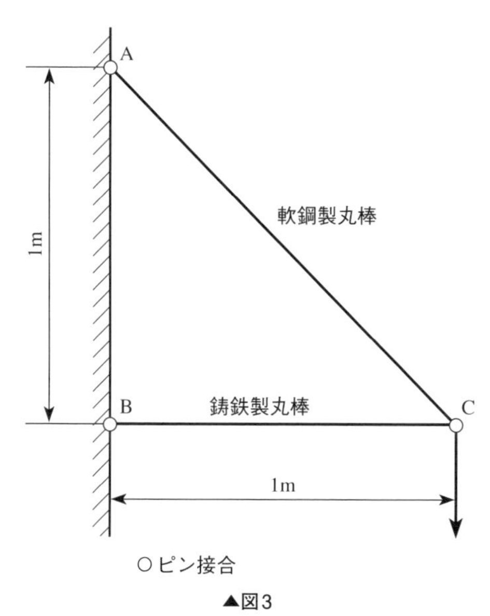

▲図3

6 図4のように，剛体棒の一端Aが剛体壁にピン接合され，途中の点CとDにおいて剛体天井に棒1（長さ l_1，断面積 A_1，ヤング率 E_1）と，2（長さ l_2，断面積 A_2，ヤング率 E_2）とで支えられている．この剛体棒の一端Bに下向きの荷重 P が作用するとき，棒1および2に生じる応力を求めよ．

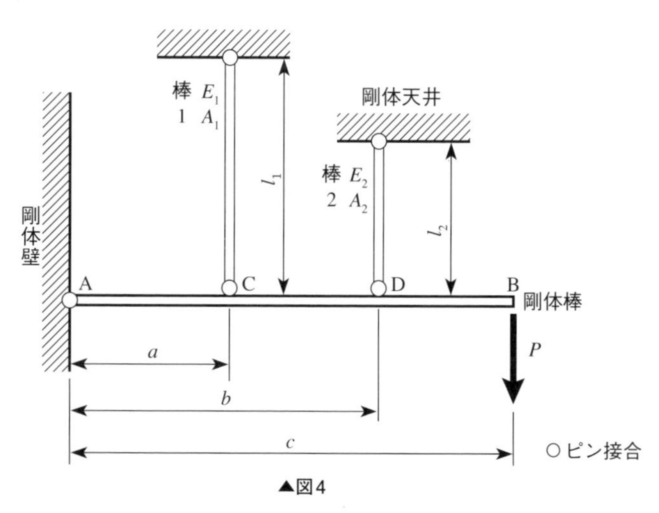

▲図4

7 図5のように，一辺 a の剛体板が水平になるように材質，断面積，長さの等しい4本の棒で剛体天井からつるされている．板の点Aに下向きに荷重 P が作用するとき，4本の棒に生じる軸力 P_1，P_2，P_3，P_4 を求めよ．ただし，$a = 1(\mathrm{m})$，$b = 0.4(\mathrm{m})$，$c = 0.3(\mathrm{m})$，$l = 2(\mathrm{m})$ とする．

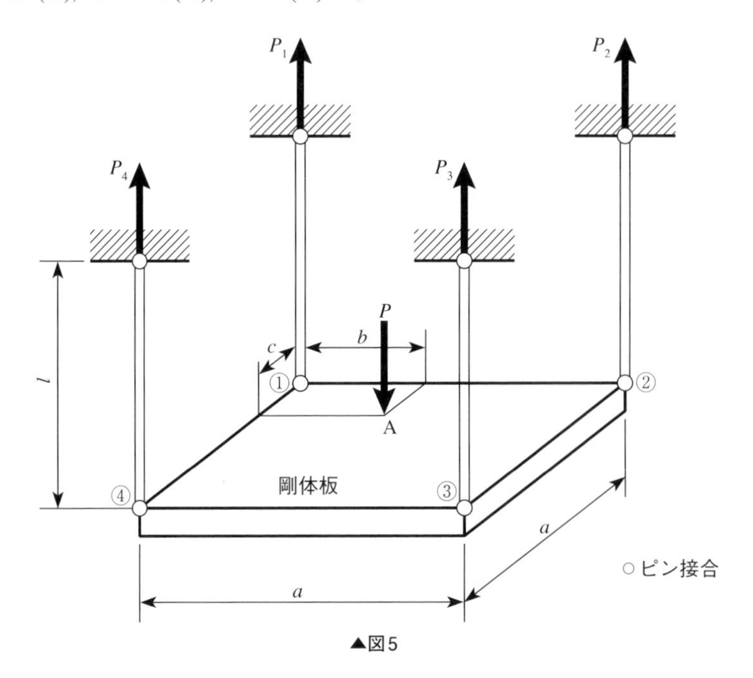

▲図5

第3章

棒のねじり

ねじりモーメントが作用する棒にはせん断応力が生じる．ねじり問題において，円形断面とそれ以外の形状の断面との相違点は，軸方向への「そり」と呼ばれる変形にある．円形断面のねじりでは，この「そり」が生じないため初等的な解析が可能となる．

3.1 円形断面棒のねじり

図3-1に示すように長さl，半径Rの円形断面棒の両端に**ねじりモーメント**(twisting moment) Tを加えることによりねじる状態を考える．このねじりモーメントは単に**トルク**(torque)ともいう．円形断面では変形前に平面であった断面はねじり変形後も平面を保ったままである．円筒面の表面に描いた母線ABは，ねじり変形後にらせんAB'となり，母線ABとなす角度（∠BAB'）をψ（プサイ）とする．また，端面に引いた半径線OBは，ねじり変形後OB'まで角度ϕだけ回転する．この角度ϕ（ファイ）を**ねじれ角**(twisting angle)といい，角度ψとの間には次式のような関係が成立する．

$$l \tan \psi = R\phi \tag{3.1}$$

円筒面上に描いた長方形の微小要素BCDEは，ねじり変形後には平行四辺形B'C'D'E'となる．このとき，せん断ひずみγ（ガンマ）は角度変化を表すので$\gamma \cong \psi$と置いてよい．また，θを単位長さ当たりのねじれ角（**比ねじれ角**(specific twisting angle)）$\theta = \phi / l$と置くと，式(3.1)は

$$\gamma = R\theta \tag{3.2}$$

と表すことができる．式(3.2)で表されるひずみに対応する円筒面上でのせん断応力$\tau|_{r=R}$は，フックの法則つまり式(1.11)より

$$\tau\Big|_{r=R} = G\gamma = G\theta R \tag{3.3}$$

となる．式(3.1)から(3.3)までは円筒面上を対象に議論してきたが，半径線OBがねじり変形後も直線であることを考えると，OBの一部であるONと円筒面に平行

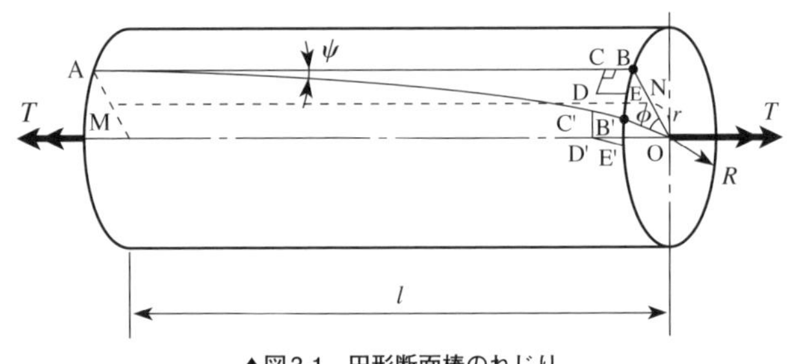

▲図3-1　円形断面棒のねじり

な直線MNとでも同様の議論が成立するので，半径 R を中心からの距離 r と書き換えてもよい．したがって，式(3.3)は r の関数

$$\tau(r) = G\theta r \tag{3.4}$$

と書き直せる．円形断面棒のねじりでは垂直応力は現れずに式(3.4)で表されるせん断応力のみが現れる．これを**ねじり応力**（torsional stress）という．図3-2にねじり応力とそれに共役なせん断応力の分布を示す．ここでねじりによるせん断応力の方向は，断面の各場所で異なり，断面内の半径線に直角な方向（円の接線方向）になる．また，ねじり応力の大きさは，断面の中心からの距離に比例して増加し，外周で最大となる．

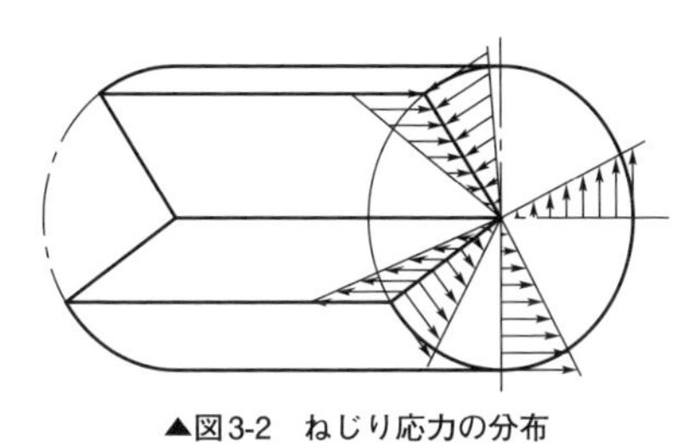

▲図3-2　ねじり応力の分布

図3-3のように，微小面積要素 dA に作用する力（τdA）に，中心からの距離 r をかけたモーメント（$r\tau dA$）を断面積全体に積分すれば，外部から加えるねじりモーメント T につりあうので

$$T = \int_A r\tau dA \tag{3.5}$$

となる．式(3.5)に(3.4)を代入すると

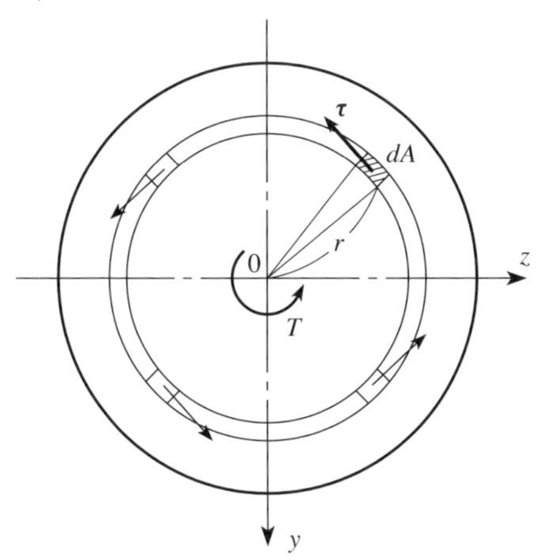

▲図3-3　ねじり応力とねじりモーメント

3
棒のねじり

$$T = G\theta \int_A r^2 dA = G\theta I_p \tag{3.6}$$

となる．ここで

$$I_p = \int_A r^2 dA \tag{3.7}$$

と定義するが，このI_pは力学的条件とは無関係に断面形状のみで決まる幾何学的な量でありこれを**断面二次極モーメント**（polar moment of inertia）という．また，式(3.6)からトルクTを一定にしてGI_pを大きくとるとθが小さくなることから，GI_pは材料特性と断面形状とによって決まるねじり難さの指標となることを意味している．このGI_pを**ねじり剛性**（torsional rigidity）と呼び，一種の単位長さ当たりのばね定数になっている．式(3.4)と(3.6)とから比ねじれ角θを消去してねじり応力を解くと

$$\tau = \frac{T}{I_p} r \tag{3.8}$$

を得る．

つぎに断面の幾何学的特性を表わしているI_pの値を求めてみよう．半径R（直径D）の円形断面の場合に$dA = 2\pi r dr$となるように微小面積要素をとると

$$I_p = \int_A r^2 dA = \int_0^R r^2 (2\pi r) dr = \frac{\pi}{2} R^4 = \frac{\pi}{32} D^4 \tag{3.9}$$

と計算できる（図3-4参照）．断面二次極モーメントI_pは，さまざまな形状に対してそれぞれの値を計算することが可能であるが，材料力学では円形断面を取り扱うことが多いので式(3.9)の結果を記憶しておくと便利である．

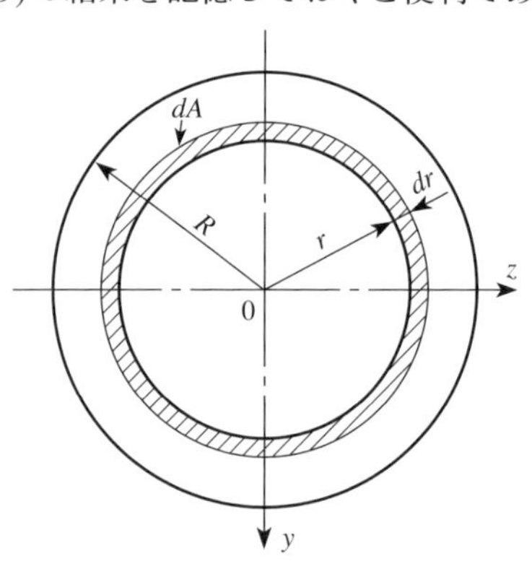

▲図3-4　断面二次極モーメント

式(3.8)よりねじり応力は$r = R = \dfrac{D}{2}$（外周）で最大値τ_{max}を示し，

$$\tau_{max} = \frac{T}{I_p}R = \frac{T}{Z_p} = \frac{16T}{\pi D^3} \tag{3.10}$$

となる．ここでZ_pをねじりの**断面係数**（torsional section modulus）といい，中実丸棒では式(3.10)より

$$Z_p = \frac{I_p}{R} = \frac{\pi R^3}{2} = \frac{\pi D^3}{16} \tag{3.11}$$

である．また，パイプのような中空丸棒（内周半径R_1，内周直径D_1，外周半径R_2，外周直径D_2）では，断面二次極モーメントI_pと断面係数Z_pはそれぞれ

$$I_p = \frac{\pi}{2}(R_2{}^4 - R_1{}^4) = \frac{\pi}{32}(D_2{}^4 - D_1{}^4) \tag{3.12}$$

$$Z_p = \frac{I_p}{R_2} = \frac{\pi(R_2{}^4 - R_1{}^4)}{2R_2} = \frac{\pi(D_2{}^4 - D_1{}^4)}{16D_2} \tag{3.13}$$

である．式(3.12)は式(3.9)において，外周部分から内周部分を差し引く形式となる．

例題 3.1

2kNmのねじりモーメントが加わる長さ5mの中実丸棒がある．ただし，せん断弾性係数$G = 82$GPa，許容せん断応力$\tau_a = 30$MPaとする．中実丸棒の最小直径を定め，このときのねじれ角を求めよ．

解

式(3.10)より最大せん断応力τ_{max}は

$$\tau_{max} = \frac{T}{I_p}R = \frac{16T}{\pi D^3}$$

である．最大せん断応力が許容せん断応力τ_a以下であればよいので，直径Dについて解き直すと

$$D \geq \sqrt[3]{\frac{16T}{\pi \tau_a}} = \sqrt[3]{\frac{16 \times (2 \times 10^3)}{\pi \times (30 \times 10^6)}} = 6.98 \times 10^{-2}\mathrm{m} = 69.8\mathrm{mm}$$

ねじれ角ϕは式(3.4)から比ねじれ角θを求めた後，棒の長さlをかけることにより得られる．

$$\phi = l\theta = \frac{l\tau_a}{GR} = \frac{5 \times (30 \times 10^6)}{(82 \times 10^9) \times (34.9 \times 10^{-3})} = 5.24 \times 10^{-2}\mathrm{rad} = 3.00\mathrm{deg}\ .$$

ねじりの不静定問題

図3-5のように，一様な断面積の丸棒が剛体壁の間に固定されて点CにねじりモーメントTが作用している問題を考えよう．固定端に生じるねじりモーメント（未知量）をT_AとT_Bとすると，ねじりモーメントのつりあいは

$$T_A + T_B = T$$

となる．したがって，この問題はモーメントのつりあい1式に対して未知量が2つの不静定問題である．不静定問題は変形を考慮して解くことを2章で示したが，このねじり変形の場合は区間ACと区間BCとにおけるねじれ角ϕが共に等しいことに着目する．つまり関係式

$$\phi = \frac{T_A a}{GI_p} = \frac{T_B b}{GI_p} \tag{3.14}$$

が成立する．したがって，関係式が1つ増えるので，ねじりモーメントのつりあい式と式(3.14)とを連立させることにより2つの未知量T_AとT_Bとが解けて

$$T_A = \frac{b}{l}T,\ T_B = \frac{a}{l}T \tag{3.15}$$

を得る．このとき，点Cのねじれ角は式(3.14)より

$$\phi = \frac{a}{GI_p}\frac{b}{l}T = \frac{32T}{\pi GD^4}\frac{ab}{l} \tag{3.16}$$

である．また，$a > b$のときは式(3.15)より$T_A < T_B$となるので，最大ねじり応力はBC間の外周に生じて

$$\tau_{\max} = \frac{T_B}{Z_p} = \frac{16T}{\pi D^3}\frac{a}{l} \tag{3.17}$$

となる．

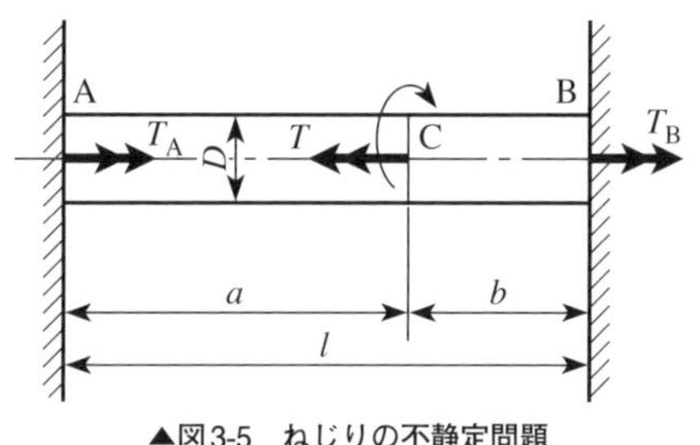

▲図3-5　ねじりの不静定問題

3.2 円形以外の断面形状をもつ棒のねじり

前節では断面形状を円形のみに限定したが，断面形状に関する制限を取り除いてみよう．たとえば，正方形断面の棒の両端にねじりモーメントTを作用させると，図3-6に示すように変形前に平面であった断面がねじり変形後に曲面となる．これを**そり**（warping）といい，このそりのために解析が複雑になる．解析解を得るには弾性力学の知識を必要とするので，本節では式の誘導を省略して結果のみを示す．

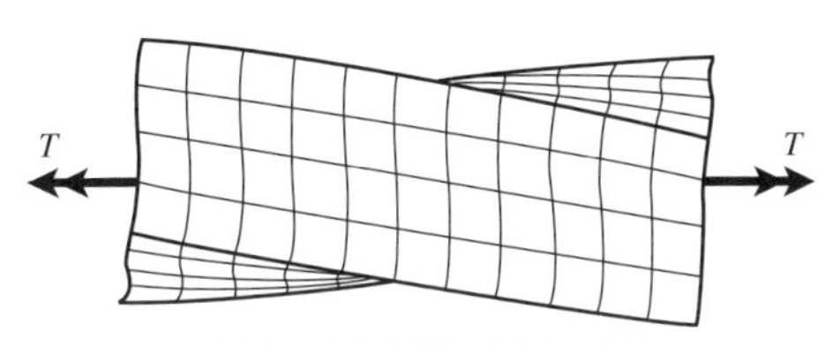

▲図3-6　正方形断面棒のねじり

楕円形断面

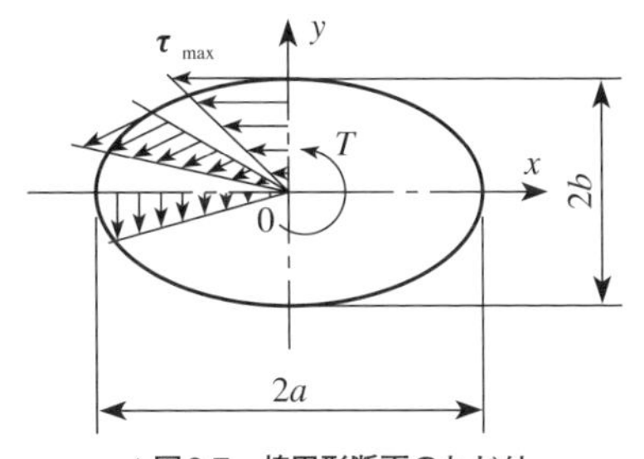

▲図3-7　楕円形断面のねじり

図3-7のように長軸$2a$，短軸$2b$の楕円形断面の断面二次極モーメントI_pは

$$I_p = \frac{\pi ab(a^2+b^2)}{4} \qquad (3.18)$$

となる．ねじりモーメントTでねじるとき，比ねじれ角θは

$$\theta = \frac{a^2+b^2}{a^3b^3}\frac{T}{\pi G} \qquad (3.19)$$

と表すことができる．式(3.19)と(3.6)とを比較すると，$\dfrac{a^3b^3\pi G}{a^2+b^2}$がねじり剛性に相当している．せん断応力$\tau$は

$$\tau = \frac{2}{\pi}\frac{T}{ab}\sqrt{\frac{x^2}{a^4}+\frac{y^2}{b^4}} \qquad (3.20)$$

と表すことができる．このときτは中心から直線分布になり，楕円の接線方向を向く．また，最大せん断応力τ_{max}は楕円の短軸（$x=0$，$y=\pm b$）に生じて

$$\tau_{max} = \frac{2}{\pi}\frac{T}{ab^2} \tag{3.21}$$

である．また，式(3.21)に $a = b = \dfrac{D}{2}$ を代入すると，式(3.10)と等価になることから，軸比 a/b を1に近づけるとしだいにそりが小さくなり，円形断面の解に近づくことが分かる．

例題 3.2

材質が同じで面積が等しい円形断面（半径 r）と楕円形断面（長軸 $2a$，短軸 $2b$）との棒を考える．両者に加え得る最大ねじりモーメントとねじり剛性とを比較せよ．

解

断面積が等しいので

$$\pi r^2 = \pi ab \quad \therefore r^2 = ab \tag{3.22}$$

の関係が成立する．円形断面と楕円形断面とに生じる最大ねじり応力 τ_{max} は，それぞれ式(3.10)と(3.21)とから得られ

$$\tau_{max} = \frac{2T_c}{\pi r^3} = \frac{2}{\pi}\frac{T_e}{ab^2} \tag{3.23}$$

である．ここで T_c と T_e とは，それぞれ円形断面棒と楕円形断面棒に加え得る最大ねじりモーメントである．両者の比は

$$\frac{T_c}{T_e} = \frac{r^3}{ab^2} = \sqrt{\frac{a}{b}} > 1 \tag{3.24}$$

となる．また，円形断面と楕円形断面のねじり剛性をそれぞれ K_c と K_e とすると，両者の比は

$$\frac{K_c}{K_e} = \frac{\pi r^4 G}{2} \bigg/ \frac{a^3 b^3 \pi G}{a^2 + b^2} = \frac{a^2 + b^2}{2ab} \geq 1 \tag{3.25}$$

$$\because a^2 + b^2 - 2ab = (a-b)^2 \geq 0,\ a^2 + b^2 \geq 2ab$$

である．したがって，同じ断面積であれば，円形断面のほうが楕円形断面に比べて加え得るねじりモーメントとねじり剛性ともに大きいので，ねじりに適した形状といえる．

長方形断面

図3-8のような長辺a，短辺bの長方形断面の棒を，ねじりモーメントTでねじる場合を考えてみよう．この問題の解は弾性力学では級数解として得られている．この級数解の結果を簡潔に表現するために係数f_1, f_2を導入して，比ねじれ角θおよび最大せん断応力τ_{max}を表すと，それぞれ

▲図3-8　長方形断面のねじり

$$\theta = \frac{T}{f_1 G a b^3} \tag{3.26}$$

$$\tau_{max} = \frac{T}{f_2 a b^2} \tag{3.27}$$

となる．ここで最大せん断応力は長辺の中点に生じ，係数f_1, f_2は表3-1に示す値をとる．

▼表3-1　f_1, f_2の値

a/b	1.0	1.5	2.0	3.0	4.0	5.0	6.0	8.0	10	∞
f_1	0.141	0.196	0.229	0.263	0.281	0.291	0.299	0.307	0.313	0.333
f_2	0.208	0.231	0.246	0.267	0.282	0.291	0.299	0.307	0.313	0.333

a/bが大きく（細長い長方形）なるとf_1, f_2の値は1/3に近づき，比ねじれ角θと最大せん断応力τ_{max}はそれぞれ次式で近似できる．

$$\theta = \frac{3T}{ab^3 G} = \frac{\tau_{max}}{bG} \tag{3.28}$$

$$\tau_{max} = \frac{3T}{ab^2} \tag{3.29}$$

楕円形断面および長方形断面のねじりにおいて注目すべき点は，最大せん断応力の生じる位置である．円形断面の結果から類推すると，中心から最も離れた点でせん断応力が最大になるような感覚を持ちやすいが，実際には楕円形断面の場合は短軸側，長方形断面の場合は長辺の中央で最大せん断応力が生じる．これは，楕円形断面や長方形断面では，ねじりにより断面がそる効果によるものである．過去長い間，このそりの効果を無視したために，最大せん断応力は中心から最も離れた位置に生じるものと誤解されていた．

そり拘束ねじり

円形断面以外の断面をもつ棒をねじるとそりが生じる．棒の一端を壁に固定してこのそりを拘束してねじることを**そり拘束ねじり**といい，拘束しないねじりを**サンブナンのねじり**という（図1参照）．そり拘束ねじりでは，固定端でそりを拘束するためにせん断応力以外に軸方向に垂直応力が生じる．また，同じトルクを加えてもサンブナンのねじりに比べてねじれ角が小さくなる．この問題を扱ったユニークな参考書を紹介する．ただし，現在では手に入り難く図書館で探す必要があると思われる．

高岡宣善著；構造部材のねじり，共立出版，1974.

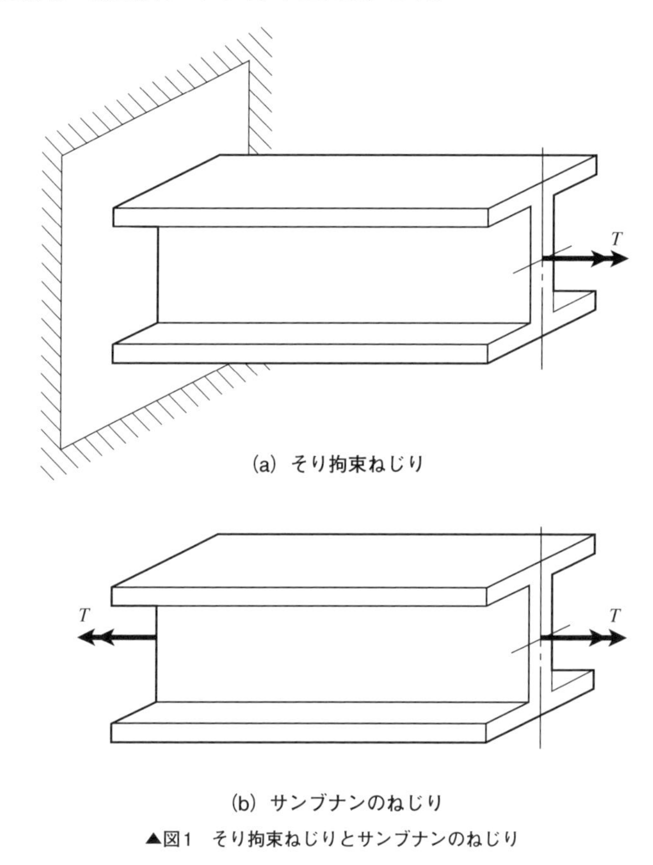

(a) そり拘束ねじり

(b) サンブナンのねじり

▲図1　そり拘束ねじりとサンブナンのねじり

薄肉開断面

図3-9(a) ～ (d)に示されている薄肉の断面形状を**薄肉開断面**と呼び，外形線をたどると一筆書きで描ける形状になっている．これらは長さa_i，厚さt_iの長方形が集まったものと考えることができて，全ての長方形部分に同じ考え方を適用できる．式(3.28)において$a \to a_i$，$b \to t_i$と置き換えると，比ねじれ角θとi番目の長方形部分の最大せん断応力$\tau_{i\max}$は，それぞれ

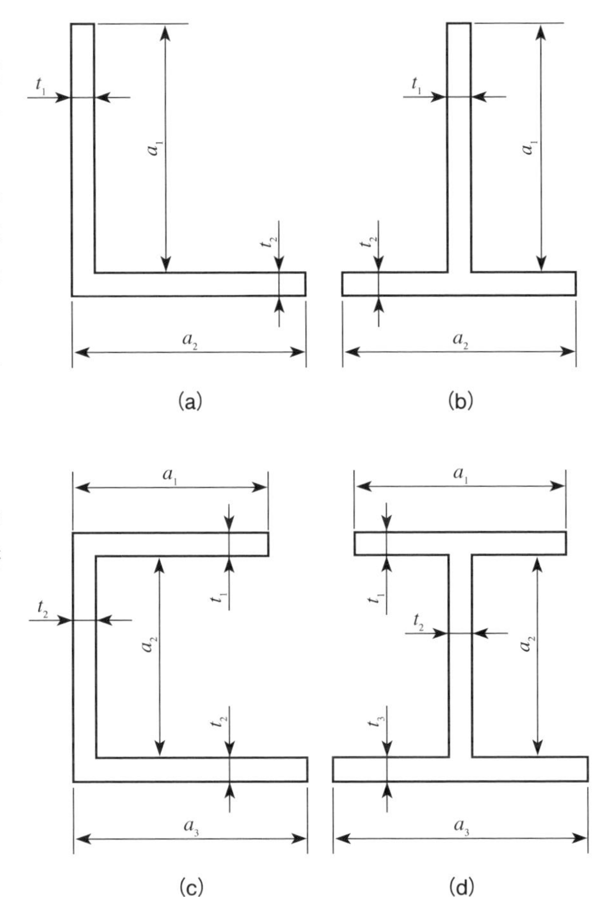

▲図3-9　薄肉開断面

$$\theta = \frac{3T}{G\sum_{i=1}^{n} a_i t_i^3} \tag{3.30}$$

$$\tau_{i\max} = \frac{3Tt_i}{\sum_{i=1}^{n} a_i t_i^3} \tag{3.31}$$

と近似できる．

山形鋼とみぞ形鋼の断面形状

図1(a)と(b)とに示した断面形状の一般構造用鋼材は，それぞれ山形鋼とみぞ形鋼と呼ばれており，広く用いられている．本書で示した最大せん断応力の近似解である式(3.31)では応力集中について考慮していないが，弾性力学の厳密解では凸部のかどAではねじり応力は常にゼロになるのに対して，凹部のかどBではねじり応力が無限大になる．これを避けるために凹部には丸みをつける必要がある．山形鋼の断面をよく見ると，Aは直角になっているのに対してBは丸みのあるかどになっているのに気付くことだろう．日ごろ見慣れた形状も材料力学を通して見ると新たな発見がある．

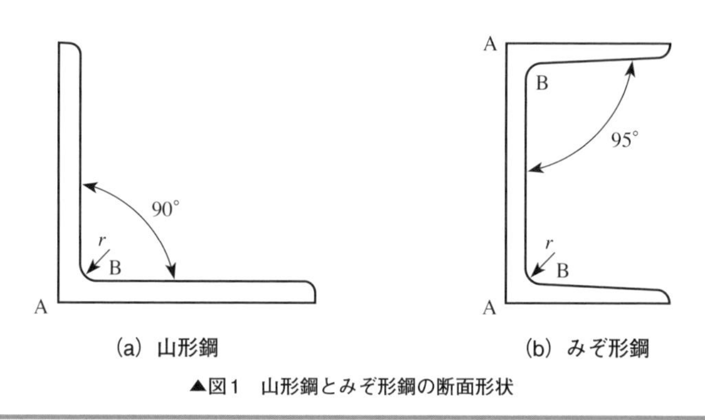

▲図1　山形鋼とみぞ形鋼の断面形状

薄肉閉断面

図3-10のような断面形状を**薄肉閉断面**と呼び，外形を一筆書きで描くことができない形状になっている．肉厚 t で中心線の囲む面積 A の薄肉管をトルク T でねじるときの応力 τ は，断面上の各点でほぼ等しく

$$\tau = \frac{T}{2At} \qquad (3.32)$$

である．また，比ねじれ角 θ は

$$\theta = \frac{sT}{4A^2tG} \qquad (3.33)$$

で近似できる．ここで s は中心線の全周長である．

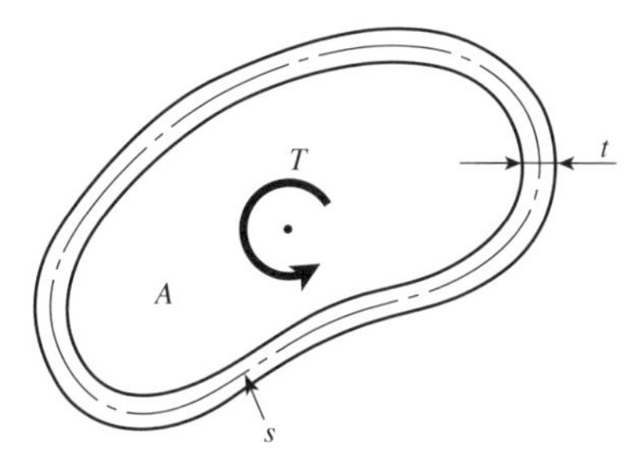

▲図3-10　薄肉閉断面のねじり

せっけん薄膜相似

ねじりにより生じるせん断応力の分布と，せっけん膜に内圧が加わって膨らむ状態とに類似性がある．ねじりを受ける棒の断面形状と相似形の穴を平板にあけて，この穴にせっけん膜を張る．一方から空気圧を加えると図1のようにせっけん膜が膨らむ．このとき膜の等高線の接線方向がせん断応力の方向に一致して，膜の勾配がせん断応力に比例する．これはプラントル（L.Prandtl）により見出されて「せっけん薄膜相似（薄膜アナロジー）」と呼ばれている．

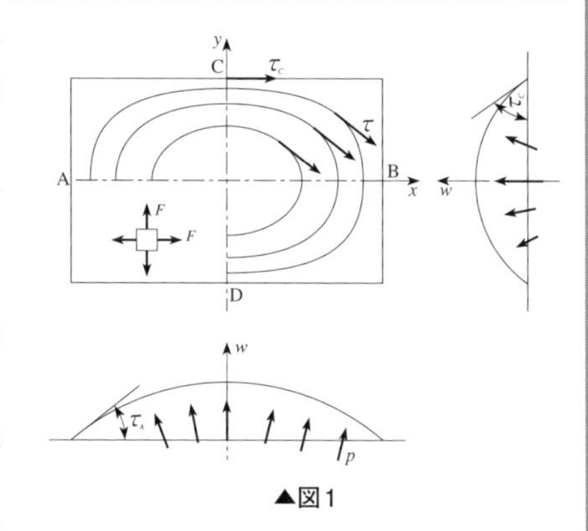

▲図1

ねじり問題を微分方程式で表すと，

$$\frac{\partial^2 \Psi}{\partial x^2}+\frac{\partial^2 \Psi}{\partial y^2}=-2G\phi \qquad (1)$$

となる．ここでψは「ねじりの応力関数」と呼ばれており，ねじりによるせん断応力を導く関数と思っていただきたい．一方，せっけん膜におけるつりあいの式を微分方程式で表せば

$$\frac{\partial^2 w}{\partial x^2}+\frac{\partial^2 w}{\partial y^2}=-\frac{p}{F} \qquad (2)$$

となる．ここで，w：膜のたわみ，p：圧力，F：膜の張力を表している．式(1)と(2)とはポアソン方程式と呼ばれる同じ形の微分方程式である．このように，全く異なる現象が同じ形の微分方程式で表される例として「伝熱問題と静電場の問題」や「機械系の振動と電気回路の中に生じる電気振動」などがある．

図1のような長方形断面のねじりの場合，AB断面とCD断面とで膜のたわみ角度を比較すると，点CとDとが点AとBよりも大きくなっており，点CとDとで最大せん断応力が生じることを容易に理解できる．また図2のような形状の断面をねじる場合，点Aにおける膜のたわみ角が大きくなることから，点Aに応力集中が生じることも難しい解析をしなくも理解できる．

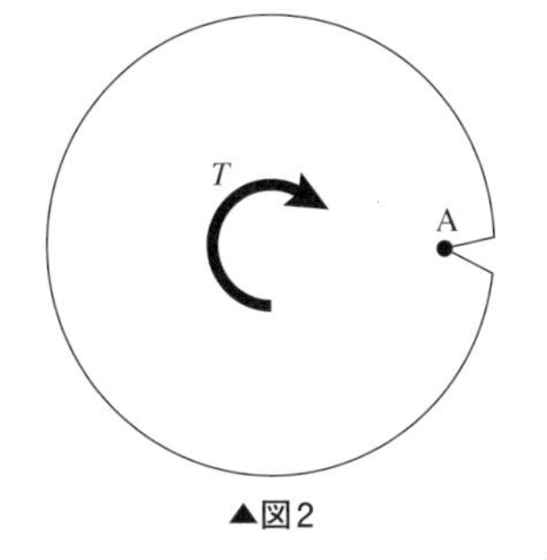

▲図2

3.3 伝動軸

回転しながら，ねじりモーメントによって仕事を伝達する軸を伝動軸という．図3-11のように，点Aに力Fが作用して半径Rの軸が回転し，単位時間にA'に移動したとする．角速度をωとすると，点Aに作用する力Fが行った単位時間当たりの仕事は，移動距離が$R\omega$であることから$F\times(R\omega)$となる．これを$(FR)\times\omega$と表せば，動力H（単位時間当たりの仕事）はトルク$T\times$角速度ωで得られることが理解できる．したがって，

$$H = T\omega \tag{3.34}$$

である．大きな動力を得ることを目的として，大型トラックでは大トルクに，そしてF1レーシングカーでは高速回転にとそれぞれ異なった方向に重点を置いた原動機を採用している．動力の単位は単位時間当たりの仕事なのでJ/sであるが，これを新たにW（ワット）と表記する．原動機ではSI単位系以外の単位がしばしば用いられていた．参考のために表3.2にまとめておく．

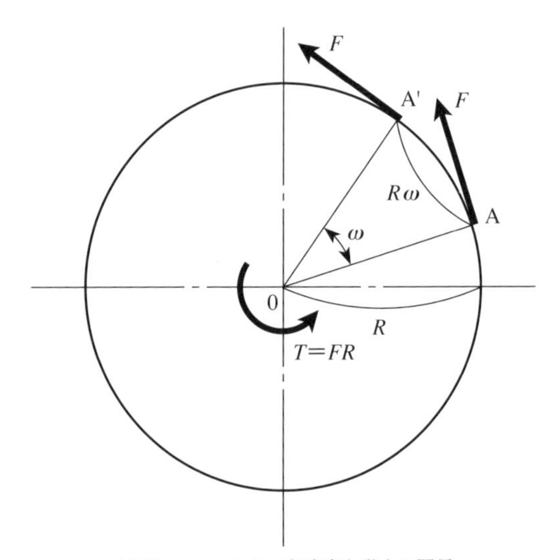

▲図3-11　トルク，角速度と動力の関係

▼表3.2　動力と角速度の単位

	SI単位系	原動機で使われていた単位	
動力H	W(watt)	馬力PS	1PS=75×9.8N m/sec =735J/sec=735W
角速度ω	rad/sec	毎分回転数 r.p.m. (revolutions per minute)	1 r.p.m.=$\frac{2\pi}{60}$ rad/sec

1馬力とは

SI単位系と,「馬力」との単位換算のために, 私は「質量75kg (私の目標値でもある) の人間が, 1秒間に1 m駆け上がるときの動力が1馬力」と記憶している. これなら, 私でも短い時間であれば1馬力の動力を出せそうである. 実際の馬は比較的長時間連続して1馬力の動力を出すことが可能であろう. やがて「馬力」という言葉が死語になるかもしれないと思うと一抹の淋しさを感じる.

動力を伝達するための軸を設計する際に2通りの考え方がある. すなわち, ねじり応力を材料の許容せん断応力τ_a以下になるように強度面から設計する場合と, 軸の比ねじれ角を許容値θ_a以下になるように動力伝達時の精度面から設計する場合とである. 強度設計では式(3.10)より

$$\tau_{\max} = \frac{T}{Z_p} = \frac{16T}{\pi D^3} \le \tau_a \qquad (3.35)$$

とする. 軸径Dについて解くと次式になる.

$$D \ge \sqrt[3]{\frac{16T}{\pi\tau_a}} \qquad (3.36)$$

中空丸棒 (内周直径D_1, 外周直径D_2, 内外径比$n=\frac{D_1}{D_2}$) の場合は次式になる.

$$D_2 \ge \sqrt[3]{\frac{16T}{\pi(1-n^4)\tau_a}} \qquad (3.37)$$

これに対して, たとえば工作機械のように高い精度が要求される場合は, ねじりによる変位が問題となる. 比ねじれ角を許容値θ_a以下に押さえるためには式(3.6)より

$$\theta = \frac{T}{GI_p} = \frac{32T}{G\pi D^4} \le \theta_a \qquad (3.38)$$

とする. 軸径Dについて解くと次式になる.

$$D \geq \sqrt[4]{\frac{32T}{\pi G\theta_a}} \tag{3.39}$$

中空丸棒（内周直径D_1，外周直径D_2，内外径比$n=\dfrac{D_1}{D_2}$）の場合は次式になる．

$$D_2 \geq \sqrt[4]{\frac{32T}{\pi(1-n^4)G\theta_a}} \tag{3.40}$$

式(3.36)～(3.40)においてトルクTが大きくなるにつれて軸径が大きくなる．したがって，同じ大きさの動力を発生させる原動機でも，高トルク低速回転のものと低トルク高速回転のものとでは，接続する軸径は大きく異なるのである．

例題 3.3

毎分300回転で150kWの動力を伝えることができる長さ2mの中実丸棒の最小直径を求めよ．ただし，許容せん断応力を25MPaとする．また，せん断弾性係数82GPaのときねじれ角はいくらになるか．

解

式(3.34)と(3.36)とからトルクTを消去して動力と角速度との単位に注意して求めると

$$D \geq \sqrt[3]{\frac{16T}{\pi\tau_a}} = \sqrt[3]{\frac{16}{\pi\tau_a}\frac{H\times 60}{2\pi n}} = \sqrt[3]{\frac{16\times(150\times 10^3)\times 60}{2\times\pi^2\times(25\times 10^6)\times 300}} = 9.91\times 10^{-2}\text{m}$$

ねじれ角ϕは式(3.4)から比ねじれ角θを求めた後，軸の長さlをかけることにより得られる．

$$\phi = l\theta = \frac{l\tau_a}{GR} = \frac{2\times(25\times 10^6)\times 2}{(82\times 10^9)\times(9.91\times 10^{-2})} = 1.23\times 10^{-2}\text{rad} = 0.71\text{deg}$$

演習問題

1 材質が同じで断面積が等しい中空丸棒と中実丸棒とがある．両者に加え得るトルクおよび比ねじれ角を比較せよ．ただし，中空丸棒の内径と外径との比をnとする．

2 図1のような長さlのテーパ棒をねじりモーメントTでねじるときのねじれ角を求めよ．ただし，せん断弾性係数をGとする．

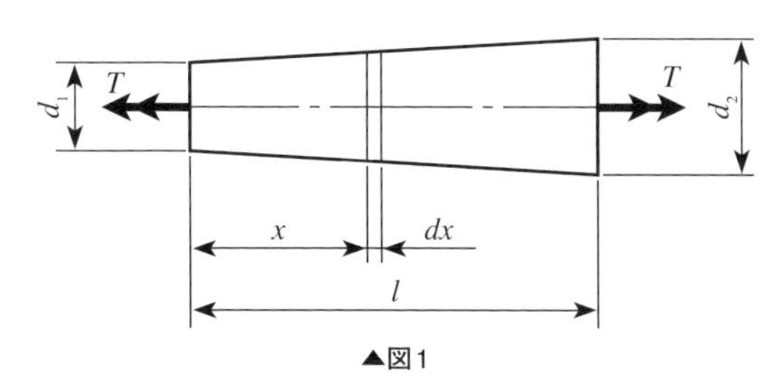

▲図1

3 毎分300回転で150kWの動力を伝える長さ2mの軸（中実丸棒）の最小直径を求めよ．ただし，せん断弾性係数82GPa，許容比ねじれ角を$\frac{\pi}{720}$ rad（＝0.25deg）とする．また，このとき最大せん断応力はいくらになるか．

4 図2のように段付き丸棒を剛体壁に固定して点CにねじりモーメントTを加えるとき，固定端に生じるねじりモーメントT_AおよびT_Bを求めよ．また，点Cのねじれ角を求めよ．ただし，せん断弾性係数をGとする．

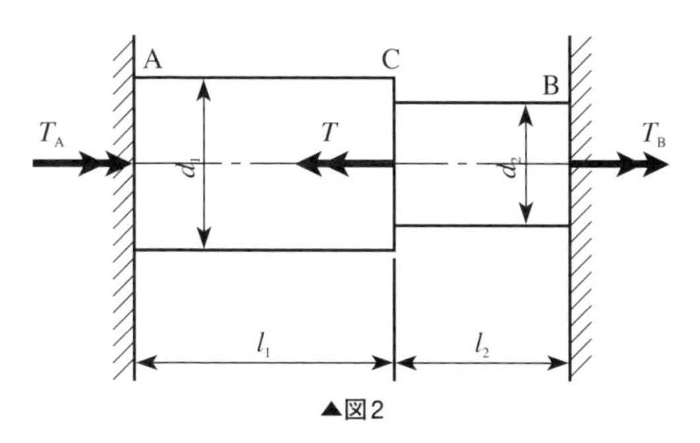

▲図2

5 図3のような同一材料で作られた薄肉の正方形閉断面の軸と正方形開断面の軸とで両者に加え得るねじりモーメントの大きさを比較せよ．また，同じ大きさのねじりモーメントが作用したときに両者のねじれ角を比較せよ．

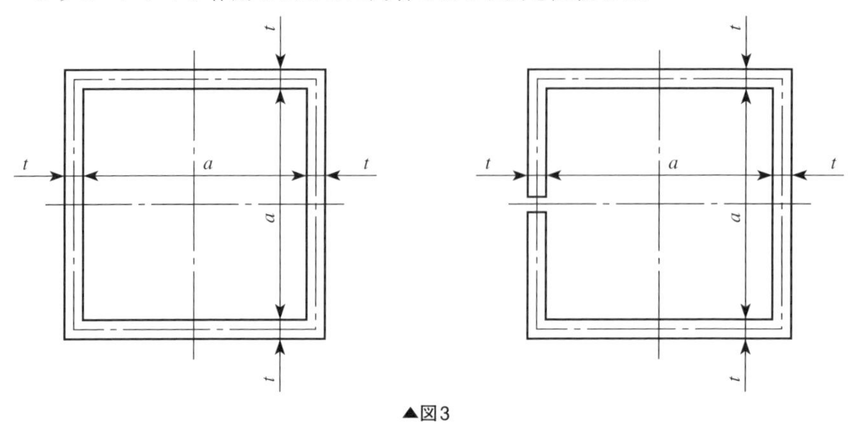

▲図3

6 図4のような段付き丸棒の端面Aをねじりモーメント $T = 1000(\mathrm{Nm})$ でねじるとき，端面Aのねじれ角を求めよ．ただし，$l_1 = 250\mathrm{mm}$，$l_2 = 300\mathrm{mm}$，$d_1 = 30\mathrm{mm}$，$d_2 = 50\mathrm{mm}$，せん断弾性係数を $G = 80\mathrm{GPa}$ とする．

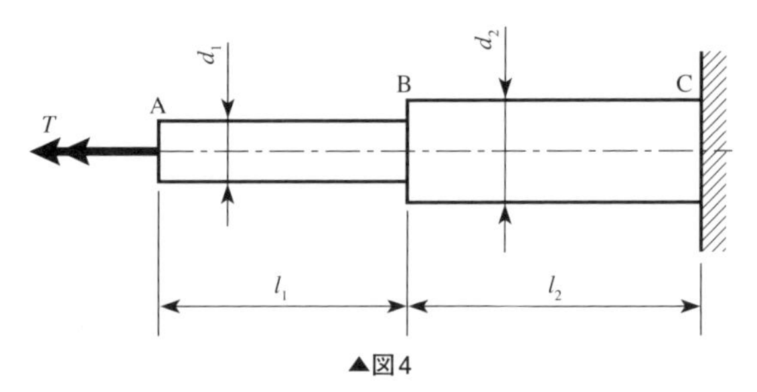

▲図4

7 図5のように両端を固定した丸棒の途中の点CとDとに，ねじりモーメント T_1 と T_2 とが作用している．このとき両端に生じるねじりモーメント T_A と T_B とを求めよ．

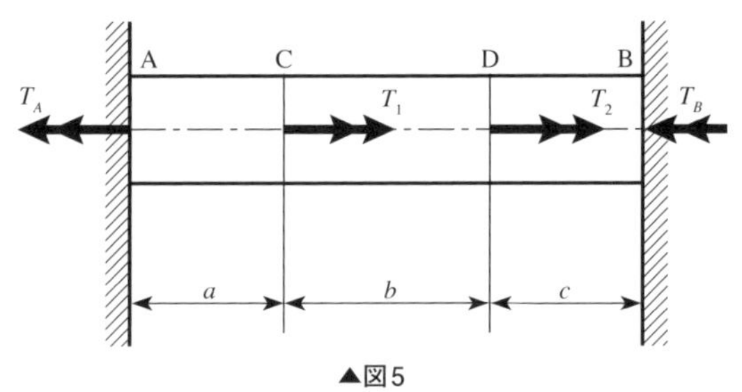

▲図5

第4章

真直はりの曲げ

せん断力および曲げモーメントの符号の決め方が，初学者にとってもっとも理解し難い点である．これら2つは内力および内モーメントであり，外力・外モーメントと区別するために仮想的に切断して考えてみよう．

4.1 はりの支持方法とはりの種類

図4-1のように，荷重によりたわみ変形を起こす棒状の物体を**はり**（beam）といい，特に軸線が直線であるものを**真直はり**（strait beam）という．ここで軸線とは断面の図心を軸方向に結んだ線であり，図心の求め方については5章で詳しく取り上げる．このはりの問題を構成する要件は「はり」と「荷重」および「支点」である．真直はりの高さhに比べて軸線の長さlが十分長い場合に曲げの問題は精度よく解析できる．はりの**スパン**（span）の途中に加わる荷重を**横荷重**といい，**集中荷重**（concentrated load），**分布荷重**（distributed load），**モーメント荷重**（concentrated couple, concentrated moment load）などがある．これらがはりにたわみ変形を引き起こす．はりの支点には次の3通りの支持方法がある．

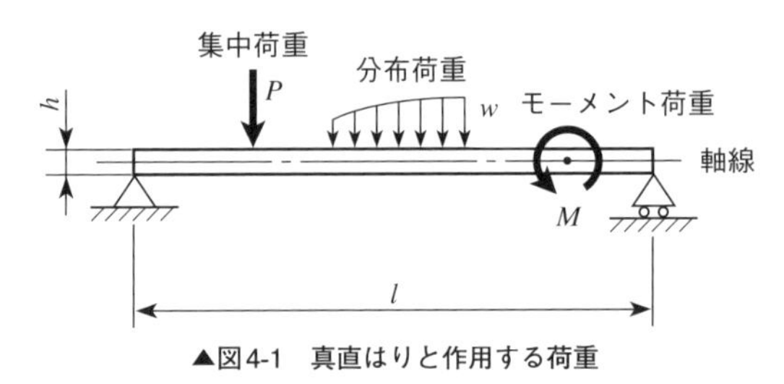

▲図4-1　真直はりと作用する荷重

① **移動支持**（roller support）　図4-2(a)のように，支点は床の上を移動できる．この場合支点は回転と水平移動ができて垂直方向の反力R_Vのみが生じる．

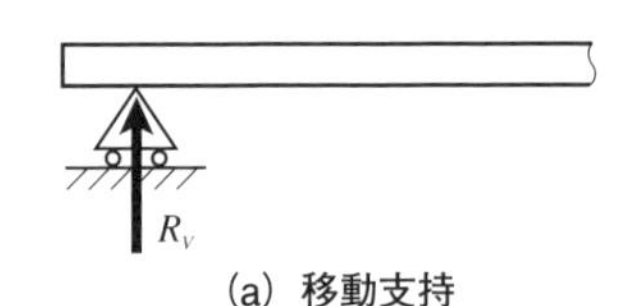

(a) 移動支持

② **回転支持**（hinged support）　図4-2(b)のように，支点は床に固定されている．この場合支点は回転できて水平方向と垂直方向との反力R_HとR_Vとが生じる．

(b) 回転支持

③ **固定支持**（fixed support）　図4-2(c)のように壁に固定された状態に相当し，水平方向と垂直方向の反力R_HとR_V，固定モーメントMが生じる．

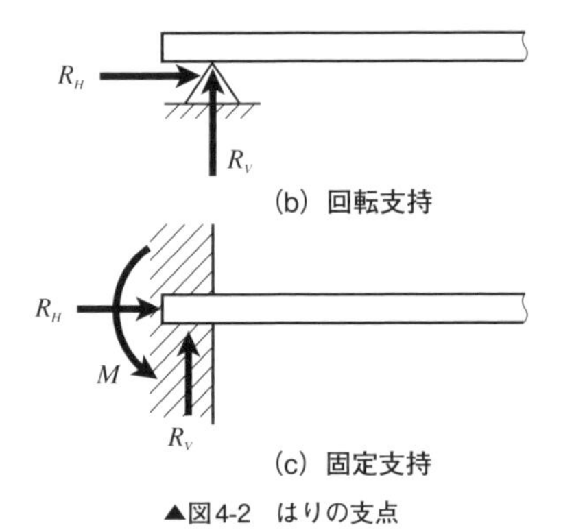

(c) 固定支持

▲図4-2　はりの支点

これら3通りの支持方法を組み合わせることにより，多様な種類のはりをつくることが可能であるが，はりは大別すれば図4-3のような2種類になる．ひとつは，図4-3(a)のように未知量（R_A，…，M_A，…など）が2個あり，力とモーメントとの2つのつりあい式だけで解けるもので**静定はり**（statically determinate beam）という．他のひとつは，図4-3(b)のように未知量（R_A，…，M_A，…など）が3個以上あり，力とモーメントの2つのつりあい式だけでは条件が不足するもので**不静定はり**（statically indeterminate beam）という．この不静定はりでは変形を考慮に入れて解く必要がある．代表的な静定はりには**片持はり**（cantilever beam），**単純支持はり**（simply supported beam），**張り出しはり**（overhang beam）がある．一方，代表的な不静定はりには**連続はり**（continuous beam），**固定はり**（fixed beam）がある．

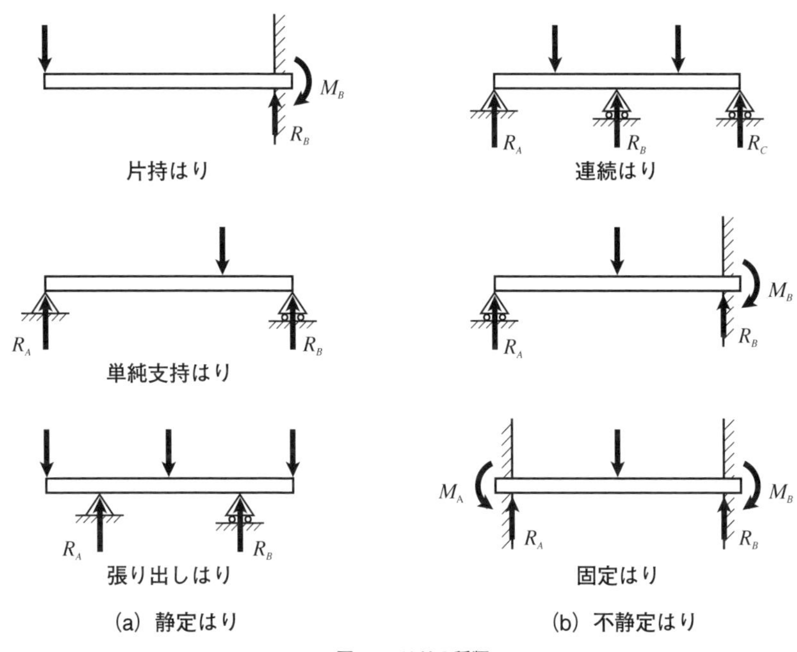

▲図4-3　はりの種類

4.2 せん断力と曲げモーメント

1章で仮想断面に平行な内力としてせん断力を導入したが，符号については詳しい説明を避けていた．本節では，はりの曲げに関連して重要な概念となる**せん断力** (shearing force) と**曲げモーメント** (bending moment) について考えてみる．

まず問題を記述するために，図4-4のようにはりの左端を原点にとり，はりの軸方向に x 軸をとり，下向きに y 軸の正方向となる座標系を設定する．この座標系に従うと，仮想断面A'B'では外向きの法線が x 軸の正方向 (x^+面) を向き，仮想断面A"B"では外向きの法線が x 軸の負方向 (x^-面) を向く．図4-4(a)のように，x^+面において y 軸の正方向 (作用－反作用の関係から x^-面では y 軸の負方向) に作用する内力を正のせん断力と定義する．反対に図4-4(b)のように x^+面において y 軸の負方向 (反対側の面 x^-面では y 軸の正方向) に作用する内力を負のせん断力と定義する．材料力学では，x^+面と x^-面に作用する互いに逆向きの力のベクトルは，作用－反作用の関係にあるので一対として考える．つまり，せん断力は作用する面の方向と作用する力の方向とが同符号の場合正となる物理量である．

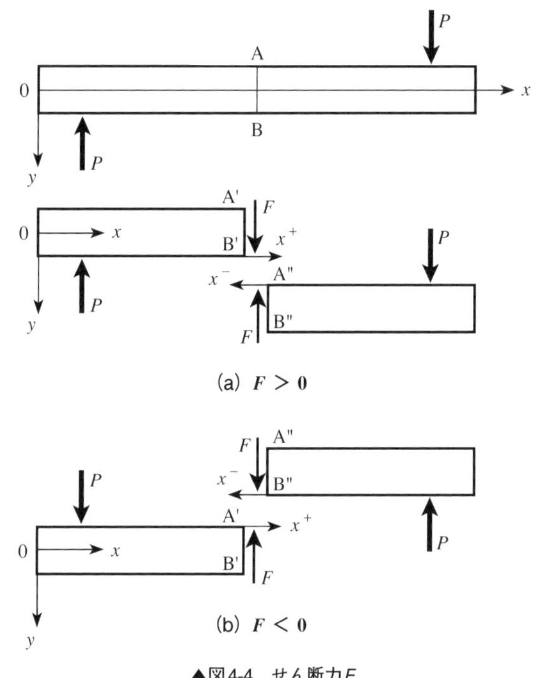

▲図4-4　せん断力F

つぎに図4-5のような場合を考えよう．せん断力を考えたときと同様に，要素A'B'C'D'において x^+面と x^-面とに z 軸方向のモーメントベクトル M を作用させる．このモーメント M により要素A'B'C'D'は曲がった状態になるので，それぞれの仮想断面に作用するモーメントベクトルを**曲げモーメント**と呼ぶ．この曲げモーメントは，「はりの上側が凹になるときを正（図4-5(a)），はりの上側が凸になるときを負（図4-5(b)）」と定義する．このような定義のもとでは，曲げモーメントが正の場合は x^+面でモーメントベクトルの二重矢印が z 軸の負方向に向き，面の方向とモーメントベクトルの方向が異符号になる（74ページのコラム記事参照）．「はりの上側が凹になる場合を正，はりの上側が凸になる場合を負」という表現で曲げモーメントの符号を便宜的に定義したが，本来は曲げモーメントも軸力やせん断力と同様にモーメントベクトルが作用する面の方向とモーメントベクトルの方向とで符号が決まる．言い換えると，曲げモーメントはモーメントベクトルの向きだけでは決まらず，図4-5(a)に示すように，x^+面と x^-面に作用する互いに逆向きの（曲げ）モーメントは一対に考えて，共に正として取り扱う．このように，仮想断面で分割したときに断面に作用するモーメントも広義の内力と考えられる．また，内力と異なり仮想断面に作用するベクトルがモーメントベクトルなので，この点を強調する意味で**内モーメント**と呼ぶ場合もある．

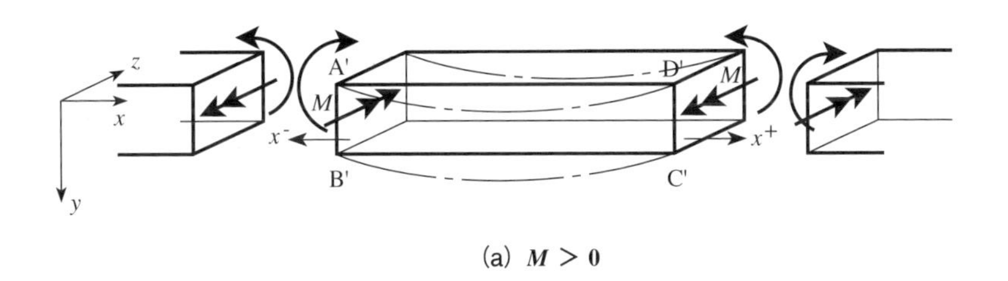

(a) $M > 0$

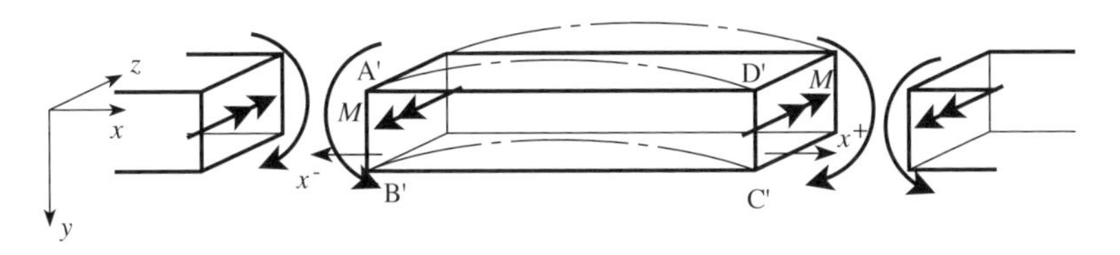

(b) $M < 0$

▲図4-5　曲げモーメント M

このように，せん断力と曲げモーメントとを考えるときは，仮想断面で2つの部分に分割して，それぞれの部分で力のつりあい（せん断力）とモーメントのつりあい（曲げモーメント）を検討すればよい．このような考え方を**切断法**と呼ぶ．切断法のよいところは，切断する部分に表面が必ず2面現れて，それぞれの面に作用する力のベクトルやモーメントベクトルを明確に区別して考えることができる点にある．

はりの曲げ問題における座標系の取り方と曲げモーメントの符号

大多数の材料力学の教科書では伝統的に y 軸を下向きに取り，下側にたわむときのたわみを正と設定している．また，はりの上側が凹になるような曲げモーメントを正と定義している．これらは通常では重力によりはりは下側にたわみ，はりの上側が凹になることを考慮したものと考えられる．この定義は曲げモーメントが作用する面の方向とモーメントベクトルの方向とから考えると，内力に対する定義づけとの間に一貫性がない．しかし，他の教科書と並行して勉強するときに，無用の混乱を避けるため，座標系と曲げモーメントの符号の定義とをあえて大多数の教科書と同じように扱うことにした．

せん断力と曲げモーメントについて，従来の教科書とは異なった定義づけ（もちろん本書とも異なる）をしたテキストを示すので，興味のある方は読み比べていただきたい．

岸田敬三著；材料の力学，培風館，1987.

4.3 片持はり

図4-6(a)のような片持はりを例にせん断力と曲げモーメントとの変化を具体的に調べてみよう．いま図4-6(b)に示すように，原点からxの位置Cで仮想的に切断してみる．外力Pが左端に下向きに加わるために，力がつりあうためには切断面C'（x^+面）では上向きの力が必要となる．この力は仮想断面に平行なせん断力Fで大きさは外力Pと等しくなる．せん断力の符号はx^+面においてy軸の負の方向（上向き）に作用しているため負となる．したがって

$$F=-P \tag{4.1}$$

とxとは関係なく一定値になる．この上向きのせん断力は切断面C'が切断面C"から受けている力で，作用－反作用の関係から切断面C"には下向きの力が作用する．これらは前節の議論から一対のものである．

つぎにモーメントのつりあいを考えると，長さxの部分は集中荷重PのためC'を中心に反時計回りにPxのモーメントを受ける．この部分を回転させないためにはC'面に時計回りのモーメントが必要になり，これをC"面から受けることになる．このモーメントによってはりの上側が凸になるために符号は負である．したがって，

$$M=-Px \tag{4.2}$$

となる．せん断力と曲げモーメントの変化を示すと図4-6(c)，(d)のようになり，それぞれを**せん断力線図**（shearing force diagram略して**SFD**），**曲げモーメント線図**（bending moment diagram略して**BMD**）という．

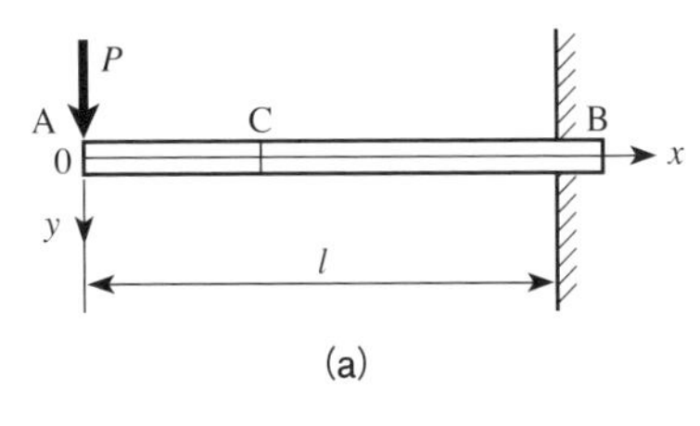

(a)

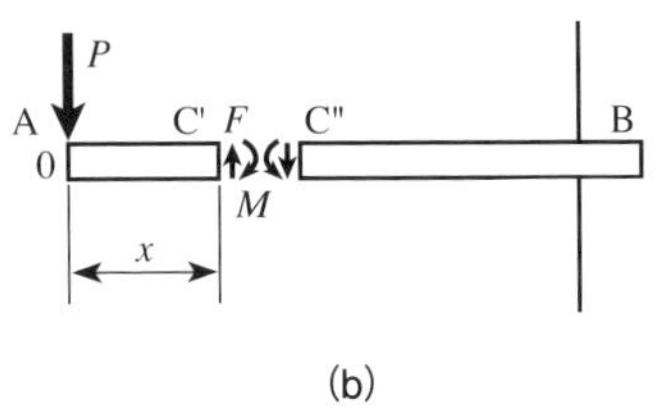

(b)

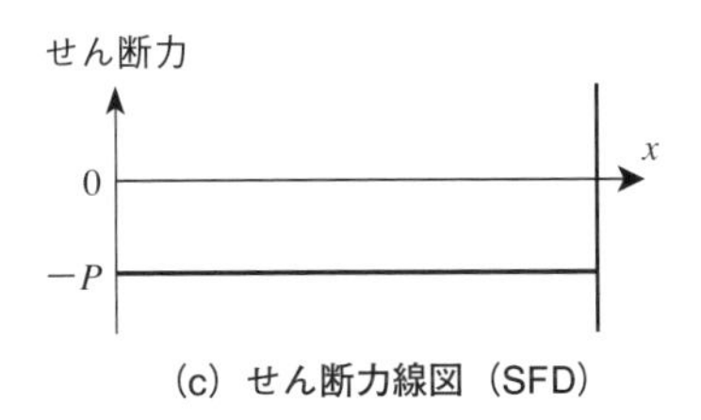

(c) せん断力線図（SFD）

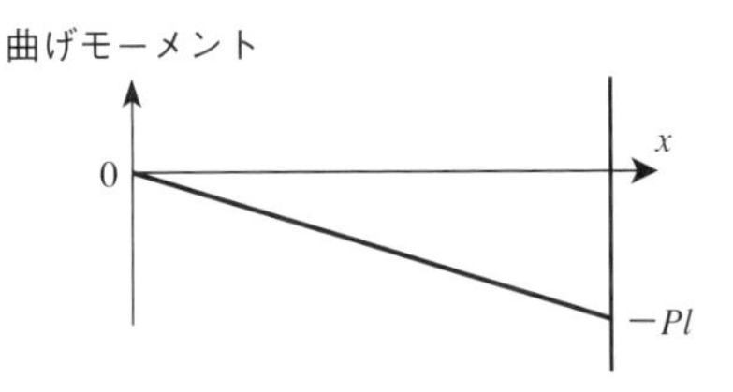

(d) 曲げモーメント線図（BMD）

▲図4-6　集中荷重が作用する片持はり（1）

SFDおよびBMDの求め方をまとめると以下のようになる．

① 座標の原点をはりの左端にとり，下向きを y 軸の正方向に，また右向きを x 軸の正方向に選ぶ．

② 力のつりあいとモーメントのつりあいとから未知の支点反力や固定モーメントを求める．前ページで例に示した片持はりはこの手順を省略し得る特殊なケースである．

③ 原点から x の位置で仮想的に切断する（切断法）．

④ 長さ x の部分において，力がつりあうように正の仮想切断面にせん断力を加える．このときの符号は，作用する力が y 軸の正方向に向いている場合を正とする．

⑤ 長さ x の部分において，モーメントがつりあうように正の仮想断面に曲げモーメントを加える．このときの符号は，はりの上側が凹になるようなモーメントを正とする．

図4-6(a)と本質的に同じ問題を図4-7(a)に示すように描いた場合には，SFDおよびBMDは図4-7(b)，(c)のようになる．符号に注意されたい．

つぎに図4-8(a)のように片持はりが等分布荷重を受ける場合を考えよう．長さ x の部分の重心の位置 $\dfrac{x}{2}$ に荷重 wx が下向きに作用していると考えると（分布荷重の場合，荷重分布図が囲む図形の重心に集中荷重がかかっていると考えることができる），せん断力と曲げモーメントとはそれぞれ

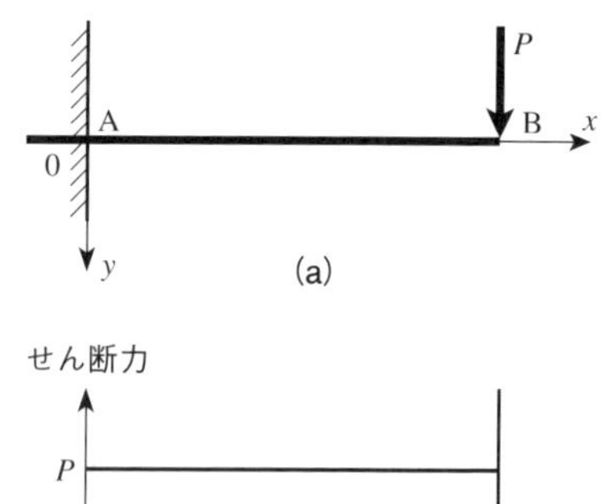

(a)

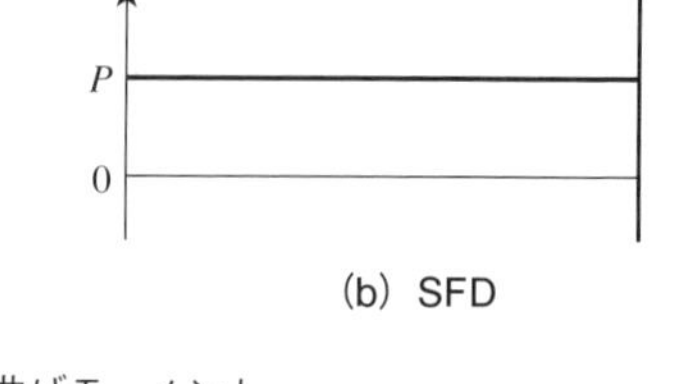

(b) SFD

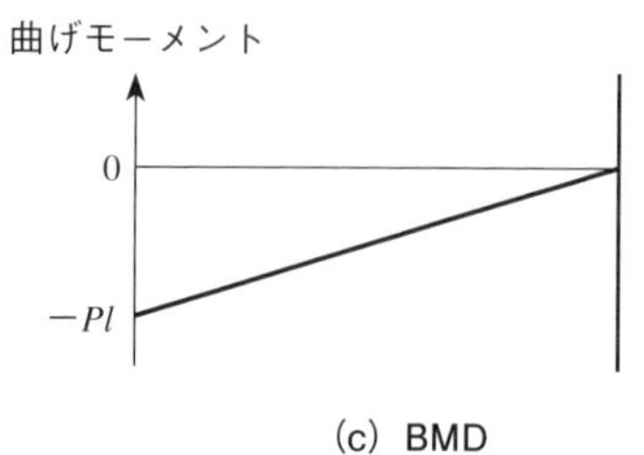

(c) BMD

▲図4-7　集中荷重が作用する片持はり (2)

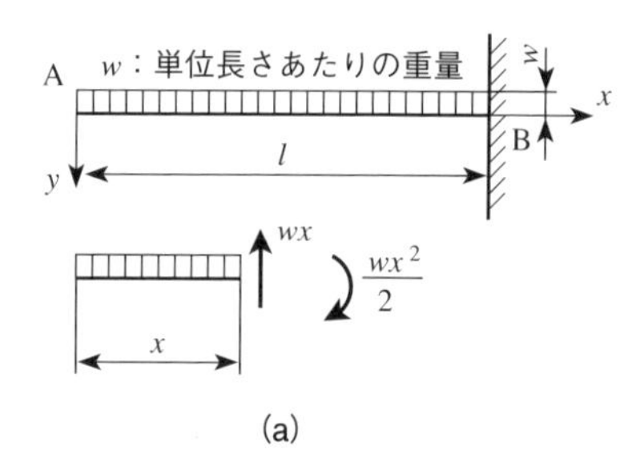

(a)

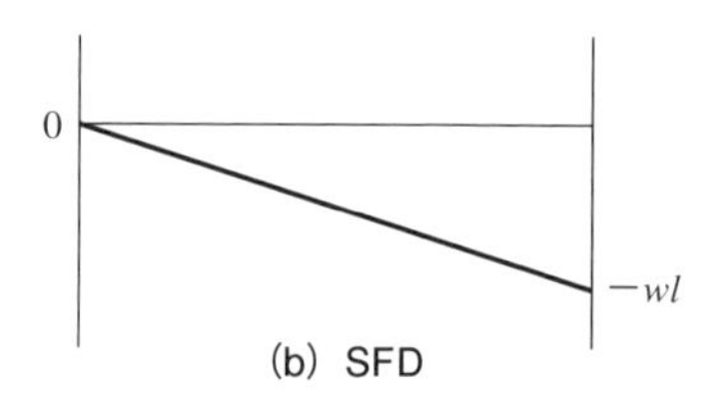

(b) SFD

▲図4-8　等分布荷重が作用する片持はり

$$F = -wx,$$
$$M = -\frac{w}{2}x^2 \qquad (4.3)$$

となる．したがって，SFDとBMDはそれぞれ図4-8(b)，(c)となる．

図4-9(a)のように片持はりが三角形状の分布荷重を受ける場合を考えよう．長さxの部分の重心の位置$\frac{2x}{3}$に荷重$\frac{w}{2l}x^2$が作用していると考えると，せん断力と曲げモーメントはそれぞれ

$$F = -\frac{w}{2l}x^2,$$

$$M = -\frac{wx^2}{2l}\frac{x}{3} = -\frac{wx^3}{6l} \qquad (4.4)$$

となる．したがって，SFDとBMDとはそれぞれ図4-9(b)，(c)となる．

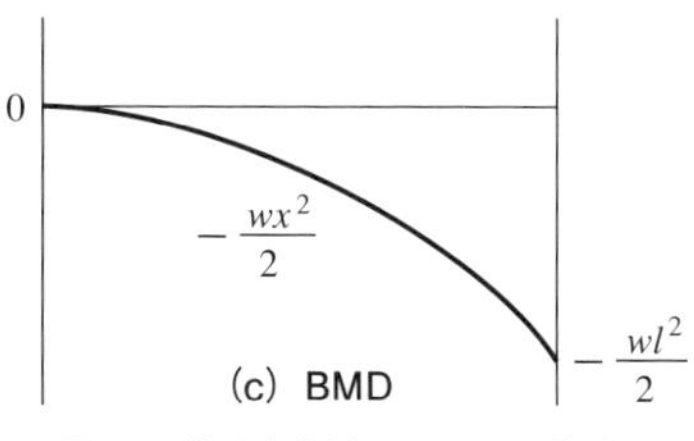

▲図4-8　等分布荷重が作用する片持はり

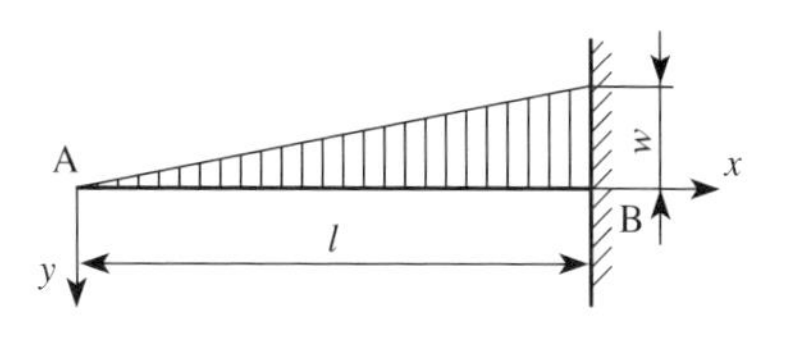

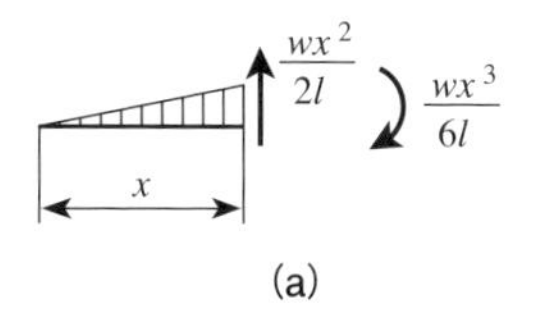

(a)

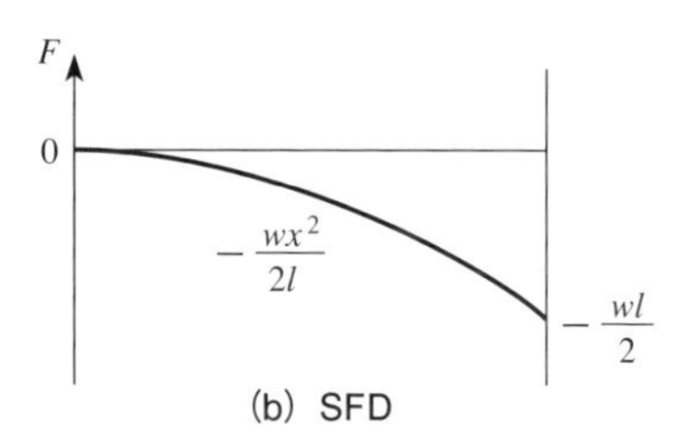

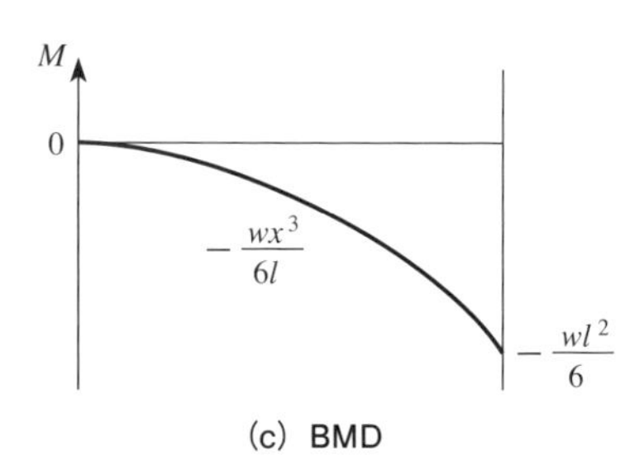

▲図4-9　三角形状の分布荷重が作用する片持はり

例題 4.1

図4-10(a)のような片持はりのSFDおよびBMDを描け.

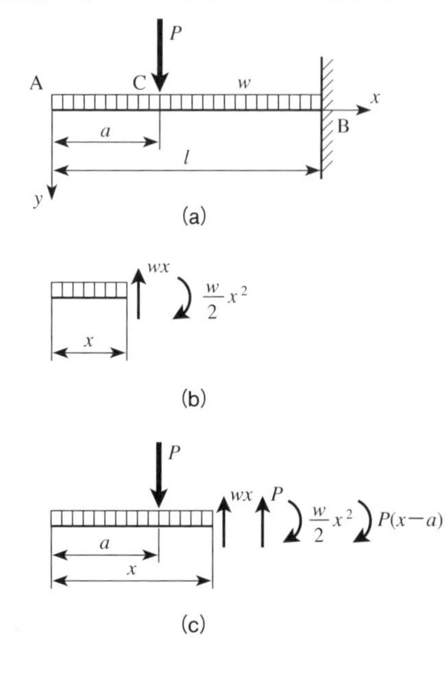

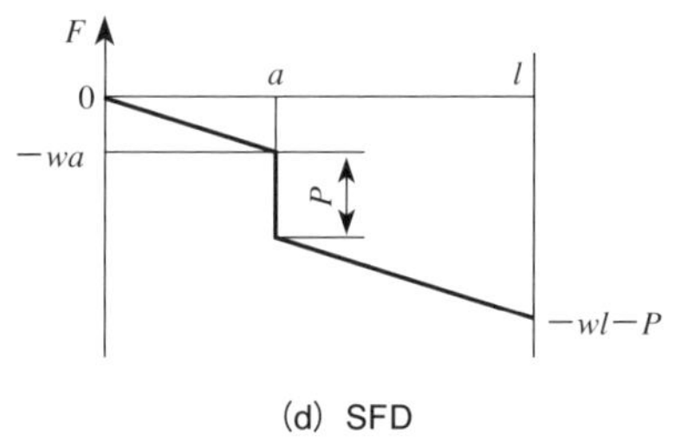

(d) SFD

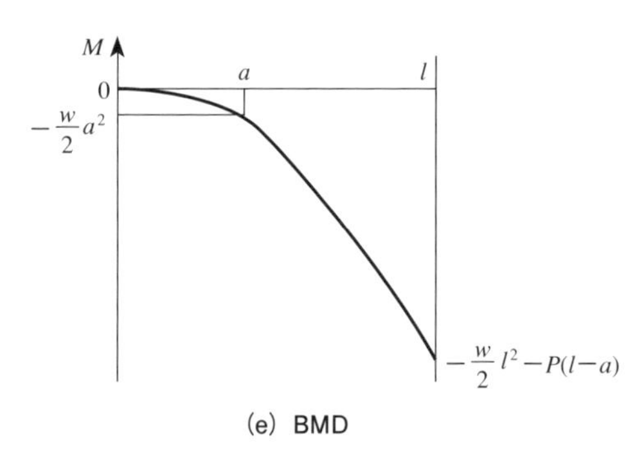

(e) BMD

▲図4-10

解

せん断力と曲げモーメントは，仮想的に切断する位置xがAC間とCB間とでそれぞれ異なった形式になる．

① $0 \leq x \leq a$のとき（図4-10(b)），図4-8(a)と同じ状況であるので式(4.3)より

$$F_1 = -wx, \quad M_1 = -\frac{w}{2}x^2 \qquad (1)$$

② $a \leq x \leq l$のとき（図4-10(c)），分布荷重と集中荷重による効果とを重ね合わせることにより

$$F_2 = -wx - P, \quad M_2 = -\frac{w}{2}x^2 - P(x-a) \qquad (2)$$

式(1)と(2)からSFDとBMDとはそれぞれ図4-10(d)，(e)となる．

はりの曲げ問題における座標系の取り方（その2）

材料力学の教科書でしばしば図1のような座標系の取り方を見かける．このような座標系のもとでは，反力と固定モーメントを解くことなしにSFD，BMDを描くことができる．一方，本書の手順に従うと，図2のように座標系を選ぶことになり，力のつりあいとモーメントのつりあいから反力R_Aと固定モーメントM_Aを解く必要がある．解法を簡単にするために図1のような座標系を選んだわけである．力学の問題では座標系の選び方によって問題の本質が左右されるわけではないが，SFDやBMDを描くときに符号の誤りをおかさぬよう注意を要する．このような混乱を避けるためには，出題者が問題を設定する際に，図3のように描くべきである．演習問題には図2のように固定端に座標系の原点が位置するような問題を含めたが，原則に従って解くことを勧める．

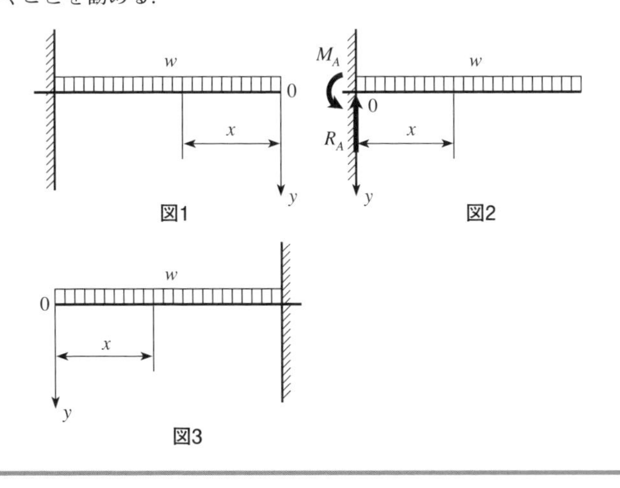

4.4 単純支持はり

図4-11(a)のように，両端を支持されたはりに集中荷重 P が作用する場合を考えてみよう．力のつりあい式およびA点回りのモーメントのつりあい式は，それぞれ

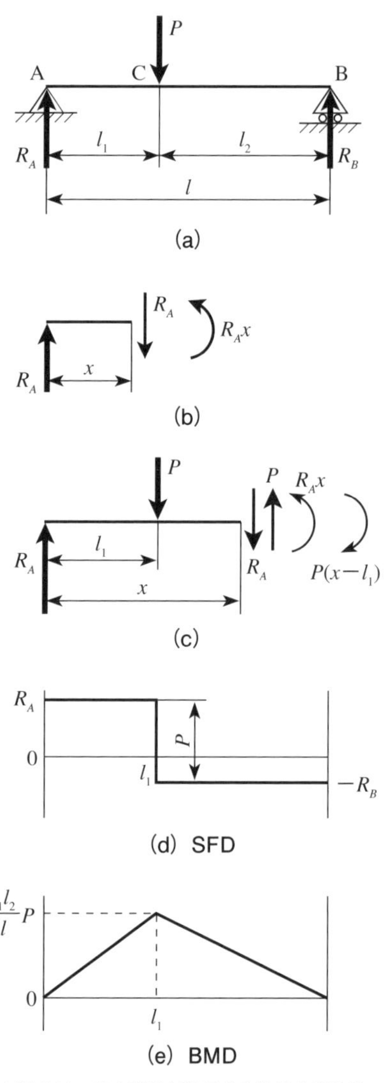

▲図4-11　集中荷重が作用する単純支持はり

$$R_A + R_B - P = 0 \tag{4.5}$$

$$R_B l - P l_1 = 0 \tag{4.6}$$

である．この2式を解くと反力は

$$R_A = \frac{l_2}{l}P, \quad R_B = \frac{l_1}{l}P \tag{4.7}$$

となる．せん断力と曲げモーメントとは区間ACと区間CBとで異なる．

① $0 \leq x \leq l_1$ のとき（図4-11(b)）

長さxの部分には反力R_Aが作用しているので，せん断力F_1と曲げモーメントM_1とは次式になる．

$$F_1 = R_A = \frac{l_2}{l}P \tag{4.8}$$

$$M_1 = R_A x = \frac{l_2}{l}Px \tag{4.9}$$

② $l_1 \leq x \leq l$ のとき（図4-11(c)）

長さxの部分には反力R_Aと外力Pとが作用しているので，せん断力F_2と曲げモーメントM_2とは次式になる．

$$F_2 = R_A - P = \frac{l_2 - l}{l}P = -\frac{l_1}{l}P \tag{4.10}$$

$$M_2 = R_A x - P(x - l_1) = Pl_1\left(1 - \frac{x}{l}\right) \tag{4.11}$$

式(4.8)～(4.11)よりSFDおよびBMDを描くと図4-11(d)，(e)となる．

図4-12(a)のように，長さlの単純支持はりにおいて$l/2$の区間に等分布荷重が作用する場合を考えよう．力のつりあい式およびB点回りのモーメントのつりあい式は，それぞれ

$$R_A + R_B - wl/2 = 0 \tag{4.12}$$

$$R_A l - \frac{wl}{2}\frac{3l}{4} = 0 \tag{4.13}$$

である．この2式を解くと反力は

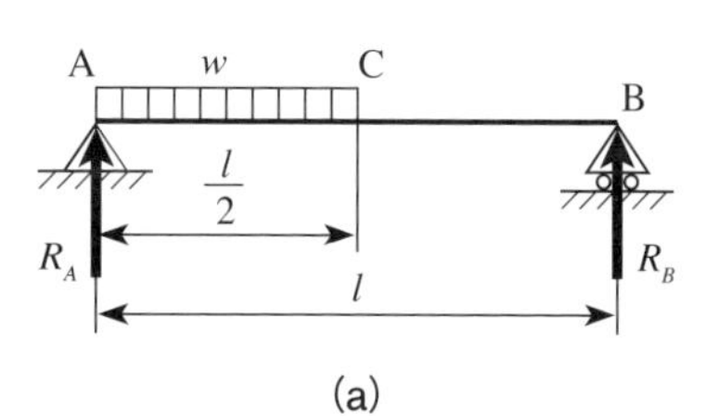

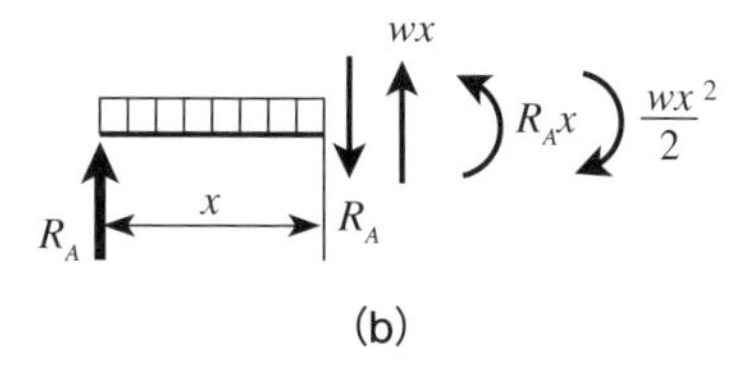

▲図4-12　等分布荷重が作用する単純支持はり

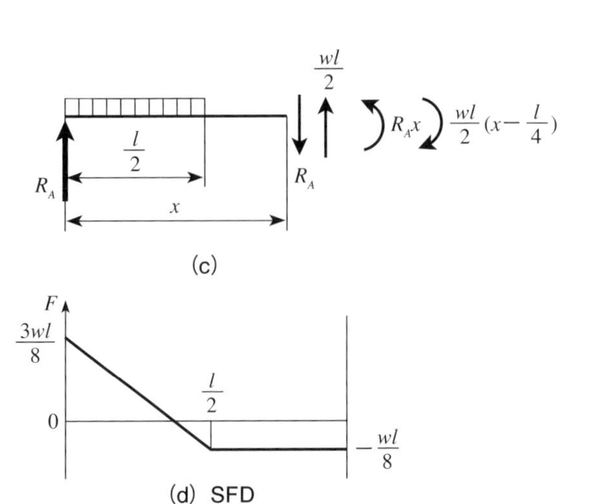

(c)

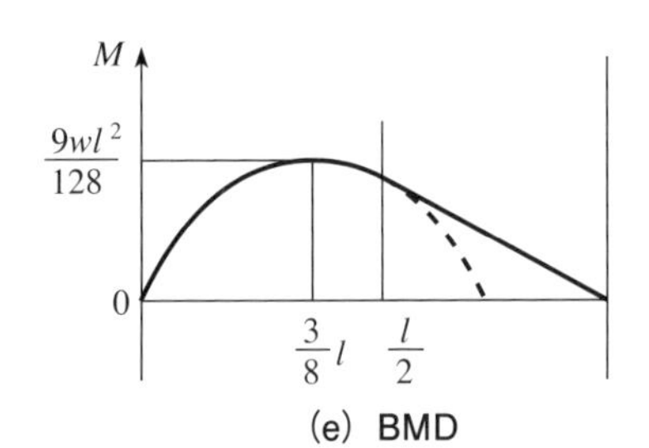

(d) SFD

(e) BMD

▲図4-12　等分布荷重が作用する単純支持はり

$$R_A=\frac{3wl}{8},\qquad R_B=\frac{wl}{8} \tag{4.14}$$

となる.

① $0\leq x\leq\frac{l}{2}$ のとき（図4-12(b)）

長さ x の部分には反力 R_A と $\frac{x}{2}$ の位置に荷重 wx とが下向きに作用していると考えると，せん断力 F_1 と曲げモーメント M_1 とは次式になる.

$$F_1=R_A-wx=\frac{3wl}{8}-wx \tag{4.15}$$

$$M_1=R_Ax-\frac{w}{2}x^2=\frac{3wl}{8}x-\frac{w}{2}x^2 \tag{4.16}$$

② $\frac{l}{2}\leq x\leq l$ のとき（図4-12(c)）

長さ x の部分には反力 R_A と $\frac{l}{4}$ の位置に荷重 $\frac{wl}{2}$ とが下向きに作用している

と考えると，せん断力F_2と曲げモーメントM_2とは次式になる．

$$F_2=R_A-\frac{wl}{2}=-\frac{wl}{8} \quad (4.17)$$

$$M_2=R_Ax-\frac{wl}{2}\left(x-\frac{l}{4}\right)=-\frac{wl}{8}x+\frac{wl^2}{8} \quad (4.18)$$

式(4.15)～(4.18)よりSFDおよびBMDを描くと図4-12(d)，(e)となる．

図4-13(a)のように，単純支持はりABが点Cでモーメント荷重M_Cを受ける場合を考えよう．まず，はりに加えられる力は支点反力のみであるので力のつりあいは

$$R_A+R_B=0 \quad (4.19)$$

となる．また，モーメントのつりあい（B点回り）は

$$R_Al-M_C=0 \quad (4.20)$$

となる．式(4.19)と(4.20)とを解くと支点反力R_AとR_Bとは

$$R_A=-R_B=\frac{M_C}{l} \quad (4.21)$$

となる．

スパンの途中に力は加わっていないので，せん断力は一定値になり

$$F=R_A=\frac{M_C}{l} \quad (4.22)$$

である．スパンの途中にモーメントが作用しているので，曲げモーメントは区間ACおよび区間CBで異なった値となる．

①$0\leq x\leq a$ のとき（図4-13(b)）

$$M_1=R_Ax=\frac{M_C}{l}x \quad (4.23)$$

②$a\leq x\leq l$ のとき（図4-13(c)）

$$M_2=R_Ax-M_C=\frac{M_C}{l}(x-l) \quad (4.24)$$

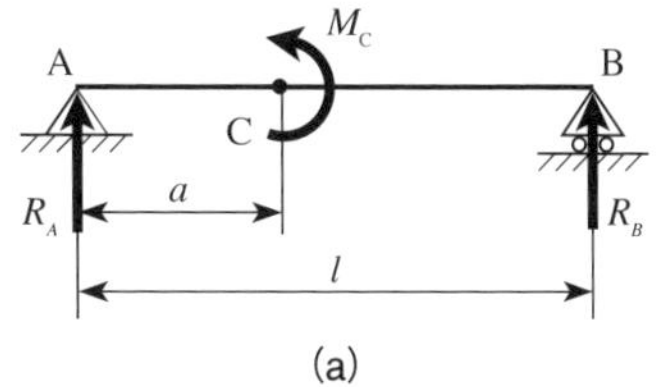

(a)

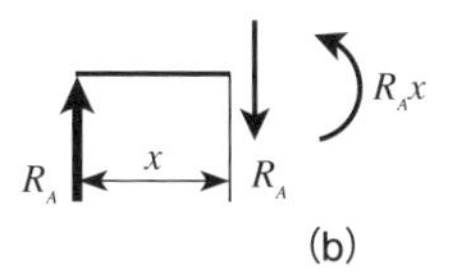

(b)

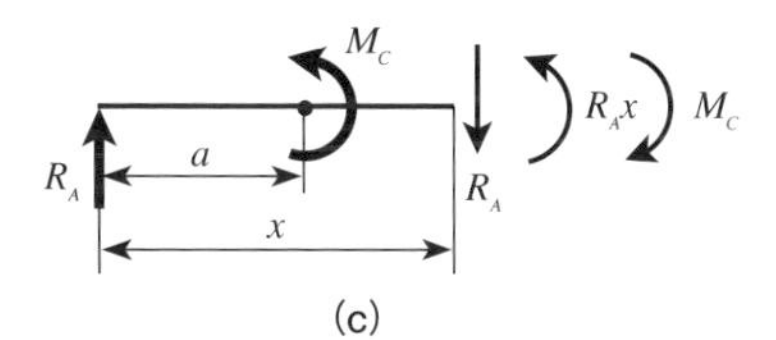

(c)

(d) SFD

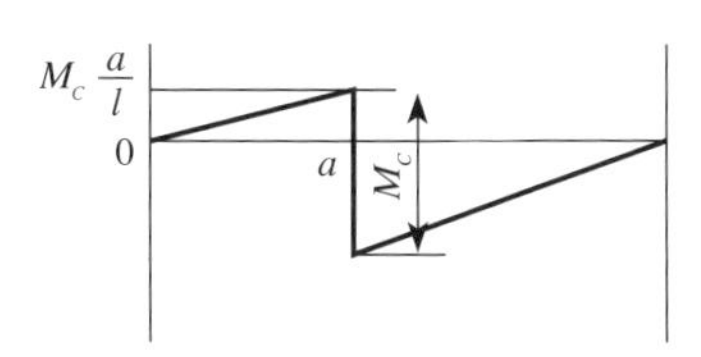

(e) BMD

▲図4-13　モーメント荷重が作用する単純支持はり

式(4.22)～(4.24)より，SFDおよびBMDを描くと図4-13(d)，(e)となる．

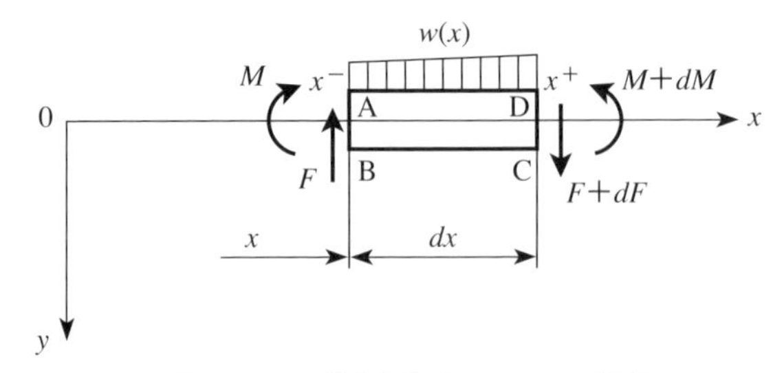

▲図4-14　せん断力と曲げモーメントの関係

一般的にせん断力と曲げモーメントとの間の関係を考えてみよう．図4-14のように単位長さ当たり$w(x)$の分布荷重が作用しているはりにおいて，原点からxの位置に微小長さdxの部分ABCDを考える．ABにはせん断力Fと曲げモーメントMとが作用し，CDにはせん断力$F+dF$と曲げモーメント$M+dM$とが作用している．また，dx部分にwdxの分布荷重が作用しているので，力のつりあいから

$$F-wdx=F+dF \tag{4.25}$$

$$\frac{dF}{dx}=-w(x) \tag{4.26}$$

を得る．一方，モーメントのつりあいは

$$M+Fdx-\frac{1}{2}w(dx)^2=M+dM \tag{4.27}$$

である．式(4.27)の左辺の第3項は他の項に比べて高次の微小量であるので，無視すると

$$\frac{dM}{dx}=F \tag{4.28}$$

を得る．式(4.26)と(4.28)とから

$$\frac{d^2M}{dx^2}=\frac{dF}{dx}=-w(x) \tag{4.29}$$

の関係が得られる．

SFDおよびBMDには次のような特徴がある.

① 式(4.28)よりSFDにおける$F=0$の位置で曲げモーメントMが極値となる.

② 集中荷重（支点反力も含めて）が作用している点でSFDは不連続になり，その差は加わる荷重（反力）の大きさに等しい.

③ モーメント荷重が作用している点でBMDが不連続になり，その差は加わるモーメント荷重の大きさに等しい.

④ 式(4.28)よりSFDが不連続になる点でBMDの曲線は折れ曲がる（微分係数が不連続）.

3点曲げ試験と4点曲げ試験

試験片を曲げて変形の抵抗を調べる材料試験に「曲げ試験」と「抗折試験」がある．日本工業規格（JIS）では，曲げ試験は延性材料の曲げ加工性を評価するために規定されており，抗折試験は脆性材料の強度評価のために規定されている．このように試験片を曲げて試験する方法には，図1のような3点曲げ試験と4点曲げ試験がある．一見両者に大差はなさそうであるが，SFD，BMDを描くと違いが明瞭になる．特に3点曲げ試験では，危険断面に応力集中が生じて応力分布が複雑になる．3点曲げで抗折試験をする場合にはこの点を考慮すべきである．JISでは「曲げ試験」は3点曲げで，コンクリートの「抗折試験」は4点曲げで試験するよう規定されている.

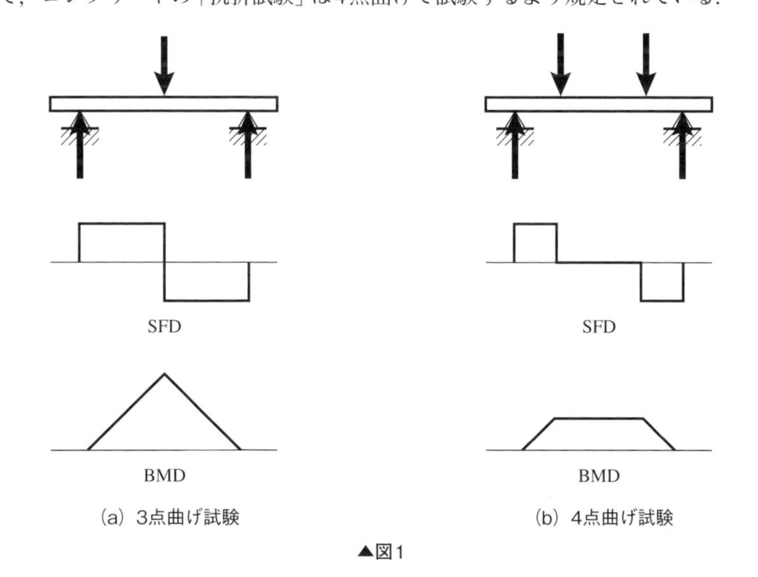

▲図1

4.5 面積モーメント法

前節までの説明において，分布荷重を等価な集中荷重に置き換えてせん断力と曲げモーメントとを考えたが，より一般的な分布の場合について考えてみよう．図4-15のように単位長さ当たり $w(x)$ の分布荷重が作用している場合，その荷重分布図が囲む図形に着目する．式(4.26)と(4.28)とを $x_1 \sim x_2$ の区間で積分すると

$$F(x_2)=-\int_{x_1}^{x_2} wdx+F(x_1) \tag{4.30}$$

$$M(x_2)=\int_{x_1}^{x_2} Fdx+M(x_1)=-\int_{x_1}^{x_2}\int_{x}^{x_2} wdx'dx+F(x_1)(x_2-x_1)+M(x_1) \tag{4.31}$$

となる．式(4.30)の中の $\int_{x_1}^{x_2} wdx$ は分布荷重によるせん断力で，荷重分布図の囲む面積 S に等しい．また，式(4.31)の中の $\int_{x_1}^{x_2}\int_{x}^{x_2} wdx'dx=\int_{x_1}^{x_2}(x_2-x)wdx$ は分布荷重による曲げモーメントで，点Bから荷重分布図が囲む図形の図心Gまでの距離を $\bar{x}$ とすると $\bar{x}S$ として表される．以上をまとめると

$$F(x_2)=F(x_1)-S \tag{4.32}$$

$$M(x_2)=M(x_1)+F(x_1)(x_2-x_1)-\bar{x}S \tag{4.33}$$

となり，荷重分布図の面積と，面積モーメントからせん断力と曲げモーメントが簡単に得られる．このように式(4.32)と(4.33)とからせん断力と曲げモーメントを求める方法を**面積モーメント法** (area moment method) という．

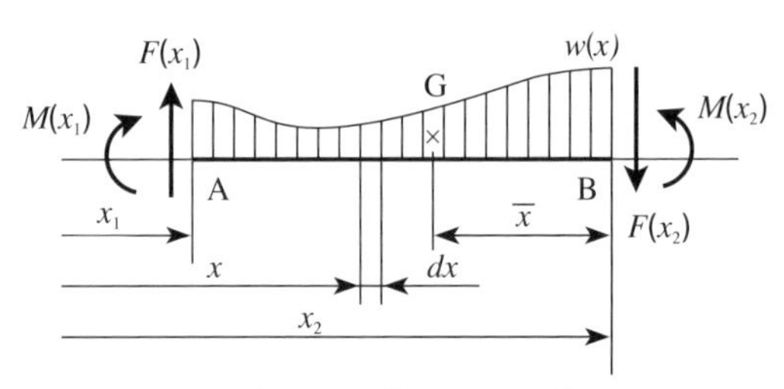

▲図4-15　面積モーメント法

4.6 移動荷重が作用するはり

集中荷重Pがはりの上を移動したとき，ある特定の点C（原点からξ（グザイ）の位置）について着目してその点のせん断力F_Cと曲げモーメントM_Cの変化を調べよう．図4-16(a)のように集中荷重Pがはりの上をxまで移動すると，反力R_AとR_Bとはそれぞれ次式のようになる．

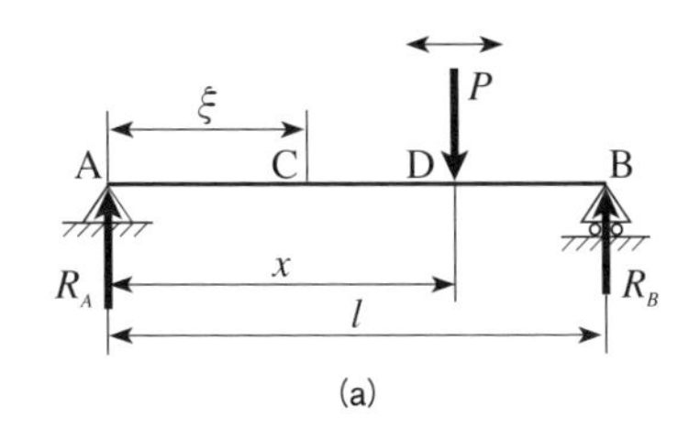

(a)

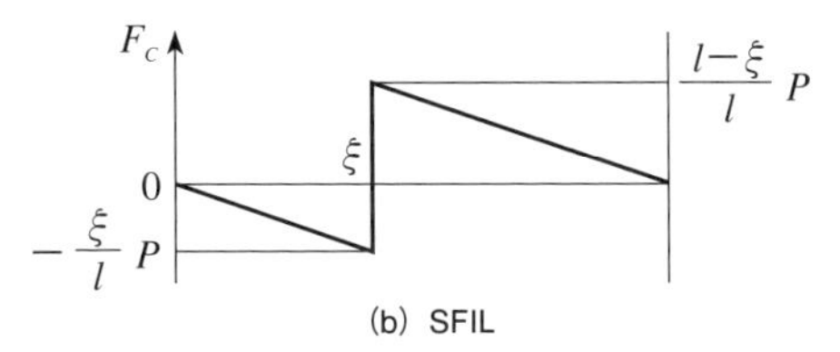

(b) SFIL

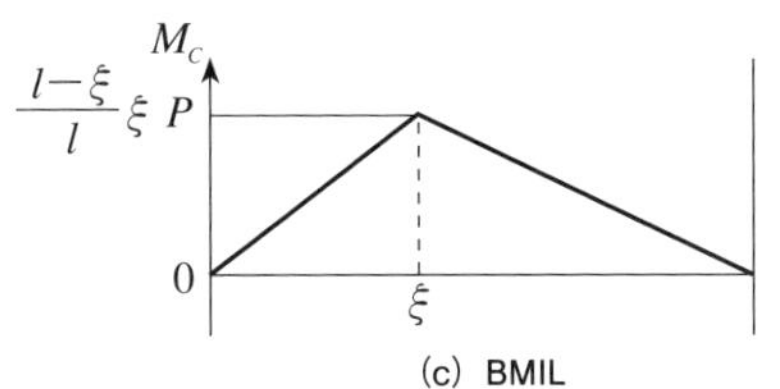

(c) BMIL

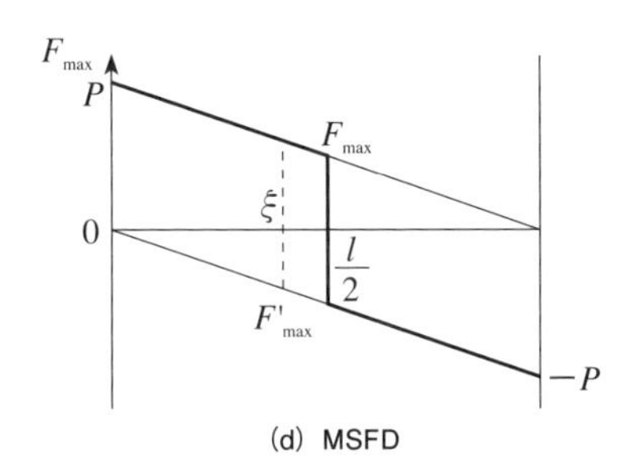

(d) MSFD

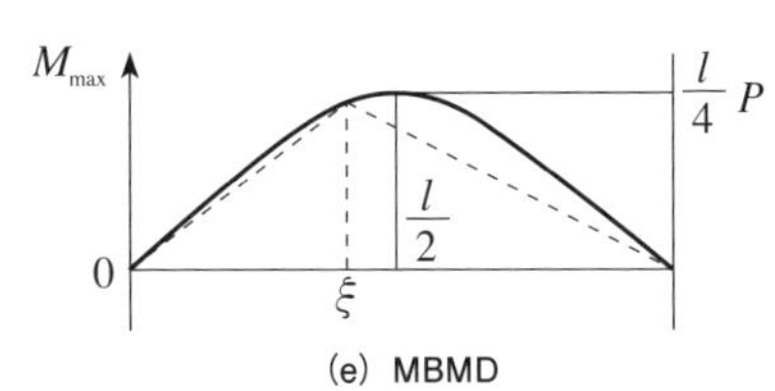

(e) MBMD

▲図4-16 移動荷重が作用するはり

$$R_A = P\left(1 - \frac{x}{l}\right), \qquad R_B = P\frac{x}{l} \tag{4.34}$$

① $\xi \leq x$ のとき，点Cでのせん断力F_Cと曲げモーメントM_Cは

$$F_C = R_A = P\left(1 - \frac{x}{l}\right) \tag{4.35}$$

$$M_C = R_A\xi = P\left(1 - \frac{x}{l}\right)\xi \tag{4.36}$$

② $x \leq \xi$ のとき，点Cでのせん断力F_Cと曲げモーメントM_Cは

$$F_C = R_A - P = -P\frac{x}{l} \tag{4.37}$$

$$M_C = R_A\xi - P(\xi - x) = P\frac{x}{l}(l - \xi) \tag{4.38}$$

である．式(4.35)～(4.38)のF_CとM_Cとを荷重の位置xに対して描いた図を，それぞれ**せん断力影響線図**（shearing force influence line略してSFIL）と**曲げモーメント影響線図**（bending moment influence line略してBMIL）という（図4-16(b), (c)参照）．

つぎに荷重が移動するときの，荷重の位置と最大せん断力および最大曲げモーメントとの関係を考えてみよう．図4-16(b)と(c)からF_CとM_Cとの最大値は常に荷重が点C上にあるときに生じることがわかる．このことより，せん断力については式(4.35)と(4.37)よりそれぞれ次式を得る．

$$F_{\max} = P\left(1 - \frac{x}{l}\right) \tag{4.39}$$

$$F'_{\max} = -P\frac{x}{l} \tag{4.40}$$

曲げモーメントは$\xi = x$を代入して次式を得る．

$$M_{\max} = P\left(1 - \frac{x}{l}\right)x \tag{4.41}$$

式(4.39)と(4.40)とを描いてせん断力の絶対値が最大になる点を結ぶと図4-16(d)になる．式(4.41)を描くと図4-16(e)になり，BMIL（図4-16(c)）を重ねて点Cを移動させると最大値の軌跡が図4-16(e)と重なることが理解できる．図4-16(d)と(e)をそれぞれ**最大せん断力線図**（maximum shearing force diagram略してMSFD），**最大曲げモーメント線図**（maximum bending moment diagram略してMBMD）という．

演習問題

1 図1(a)から(h)に示すはりについてそれぞれSFDおよびBMDを求めよ.

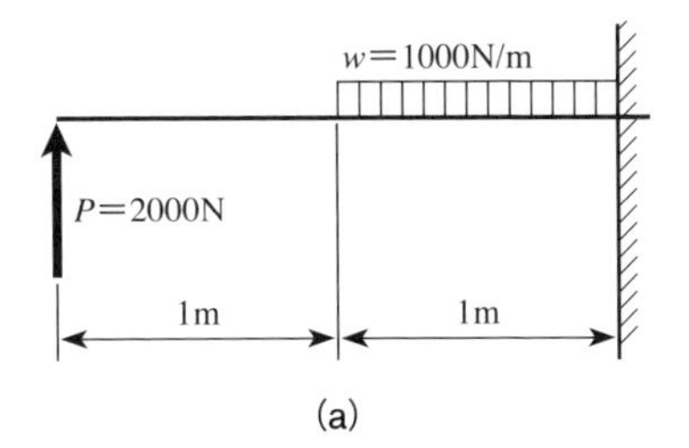

(a)

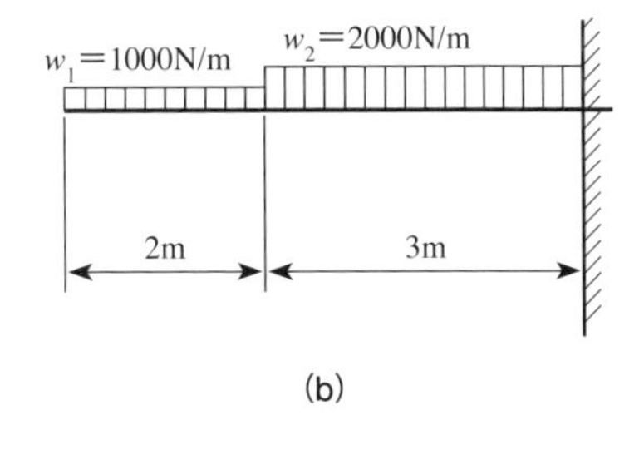

(b)

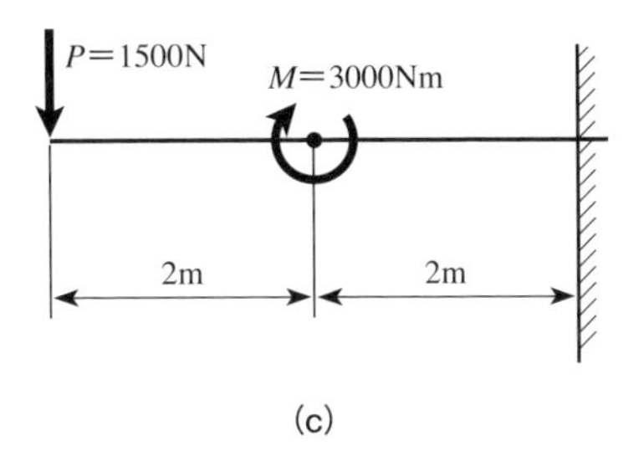

(c)

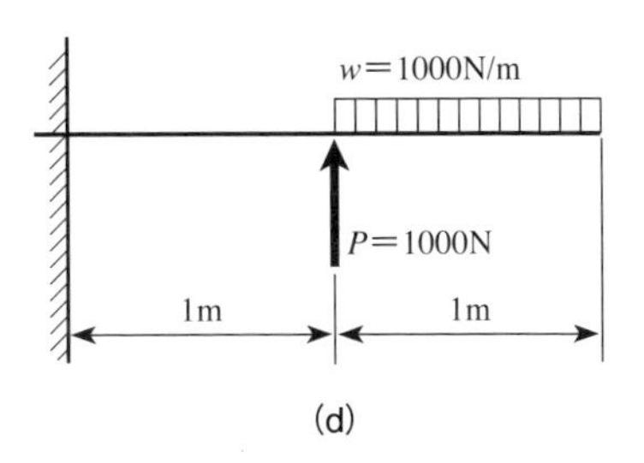

(d)

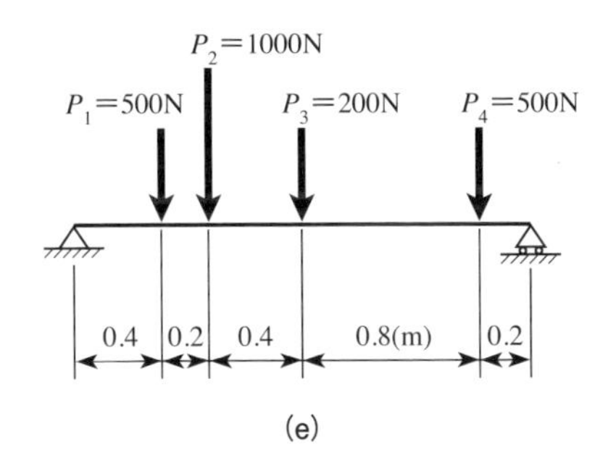

(e)

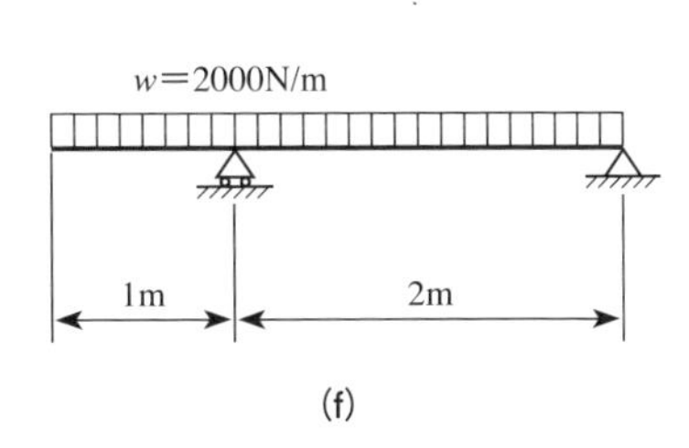

(f)

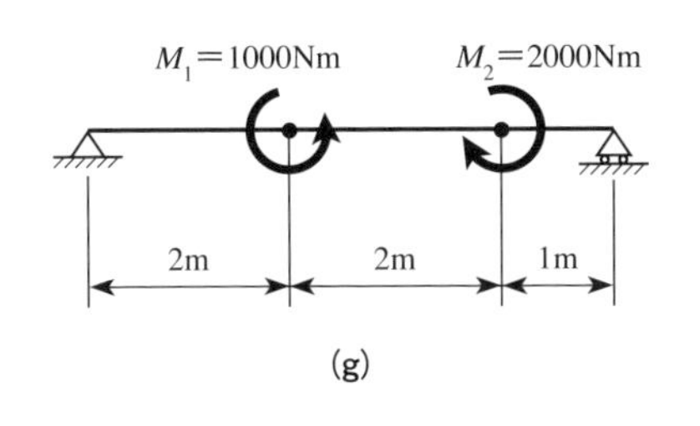

(g)

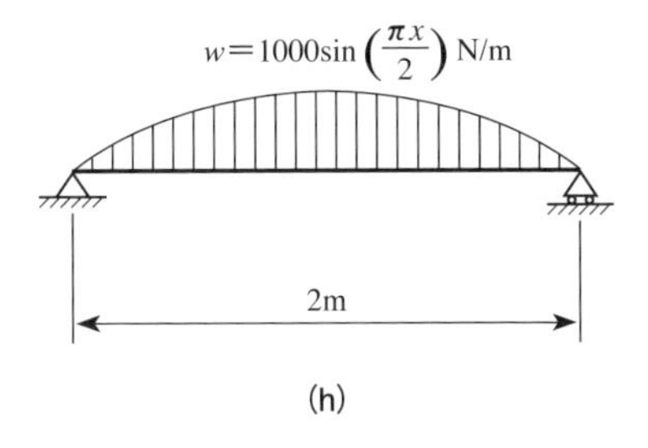

(h)

▲図1

❷図2のように，幅$a=50$(cm)の板を並べて，堰（せき）を作る．水深を$h=3$(m)，水の密度$\rho=10^3$(kg/m^3)，重力加速度$g=9.8$(m/s^2)とするとき，板に生じる最大曲げモーメントを求めよ．

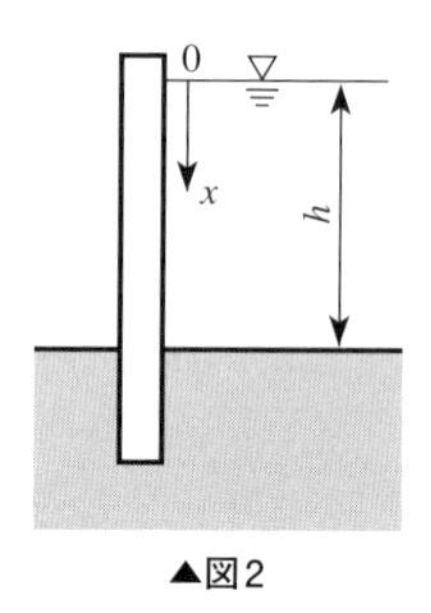

▲図2

❸図3は片持はりのBMDである．このはりはどのような荷重を受けているか答えよ．

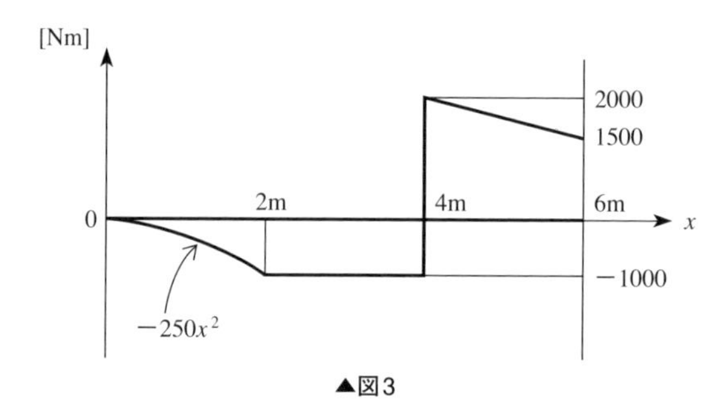

▲図3

❹図4は両端を単純支持したはりのBMDである．このはりがどのような荷重を受けているか答えよ．

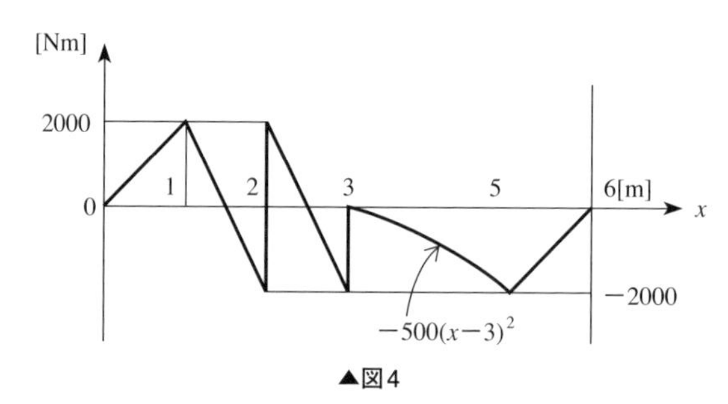

▲図4

第5章

はりの曲げ応力と断面形状

４章で解説した曲げモーメントからはりに生じる曲げ応力（垂直応力）が求められる．このとき，はりの断面形状は断面二次モーメントによって特徴付けられる．では，どのような断面形状のはりが曲げに対して有効か考えてみよう．

5.1 はりの曲げ応力

本節では，曲げ変形により「はりの内部」に生じる応力について議論する．このはりの曲げの問題を解く際につぎのような仮定をおく．

① 変形前に軸線に垂直な断面は，曲げ変形後も平面を保ち軸線に垂直とする．この仮定を**オイラー・ベルヌイ**（Euler-Bernoulli）**の仮定**という（図5-1参照）．

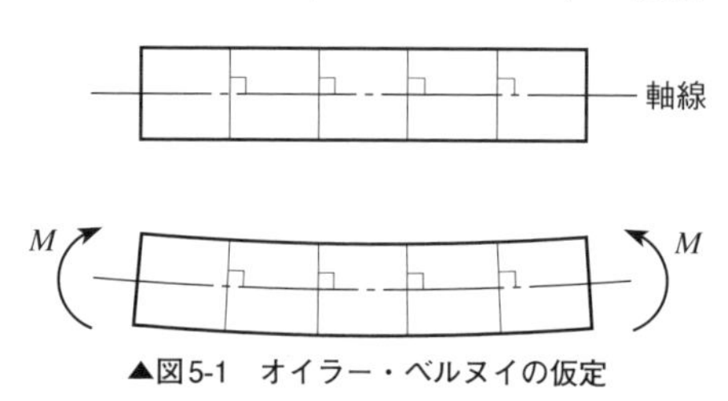

▲図5-1　オイラー・ベルヌイの仮定

② はりの断面形状は対称軸を有し，曲げ変形はこの対称軸を含む面内に生じる（図5-2参照）．9.3節の「非対称曲げ」ではこの制限を取り除く．

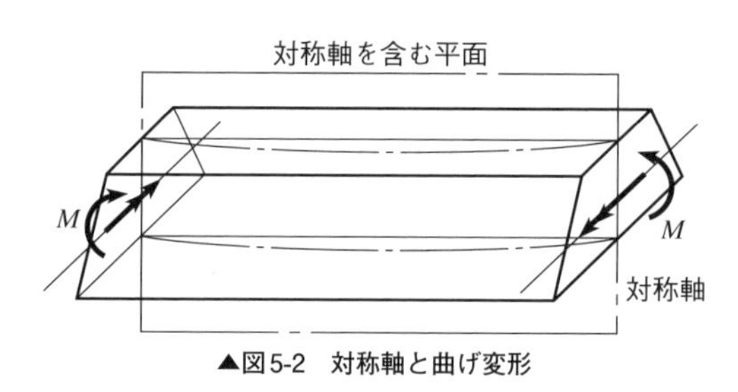

▲図5-2　対称軸と曲げ変形

③ はりは横荷重のみを受けて軸方向の荷重を受けていない．なぜなら，曲げと引張り圧縮との問題は，重ね合わせの原理が適用できない場合があるからである（2.1節参照）．

④ 材料の弾性的性質は，引張りと圧縮とに対して同じ挙動を示す．

図5-3のように，真直はりが下側に凸に曲がり，微小要素ABCDがA'B'C'D'に変形したとしよう．この場合には，はりの上側は軸方向の長さが元の長さよりも短くなり，下側は変形前より長くなる．したがって，はりの上面と下面との間に軸方向の長さが変形前と変わらない面が存在する．この面を**中立面**（neutral surface）といい（図5-3ではM'-N'），横断面と中立面の交線を**中立軸**（neutral axis）という．また，断面の図心を軸方向につないだ線を軸線といい，真直はりの場合

には軸線は中立面上にある．

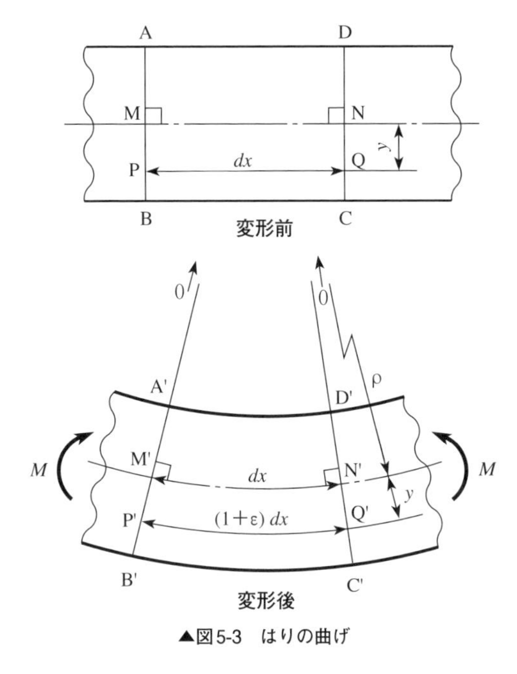

▲図5-3 はりの曲げ

はりが曲がると中立面の長さ M′-N′ は変化しないが，中立面の上側と下側で弧の長さが変化する．点Oを $\widehat{M'N'}$ の中心として ρ を**曲率半径** (radius of curvature) とすると，扇形OM'N'とOP'Q'とは相似形になる．また，PQの長さ dx が弧長方向にひずみ ε で変形すると $\widehat{P'Q'} = (1 + \varepsilon)dx$ になるので，つぎの関係が成立する．

$$\frac{\widehat{P'Q'}}{\widehat{M'N'}} = \frac{\rho + y}{\rho} = \frac{(1 + \varepsilon)dx}{dx} = 1 + \varepsilon \tag{5.1}$$

したがって，式(5.1)の第2式と第4式とから

$$\varepsilon = \frac{y}{\rho} \tag{5.2}$$

を得る．応力とひずみとの関係を表す式(1.10)より，中立軸から y の距離に生じる応力 σ は

$$\sigma = E\varepsilon = E\,\frac{y}{\rho} \tag{5.3}$$

である．この垂直応力 σ を**曲げ応力** (bending stress) といい，軸線に垂直な断面A'B'あるいは断面C'D'に生じる．曲げ変形のときには垂直応力以外に後述するせん断応力が生じるが，垂直応力のみを曲げ応力と呼ぶ．図5-4のように同一断面

上に引張りと圧縮との曲げ応力が生じ，断面ABにおいて曲げ応力の合力はゼロという条件を満たさなければならないので

$$\int_A \sigma dA = 0 \tag{5.4}$$

となる．式(5.4)に(5.3)を代入すると次式になる．

$$\frac{E}{\rho}\int_A ydA = 0 \tag{5.5}$$

ここで $\int_A ydA$ を**断面一次モーメント**（geometrical moment of area）と呼び，図心を通る軸に対する断面一次モーメントはゼロになる．したがって，式(5.5)は図心と中立軸が一致することを意味している．

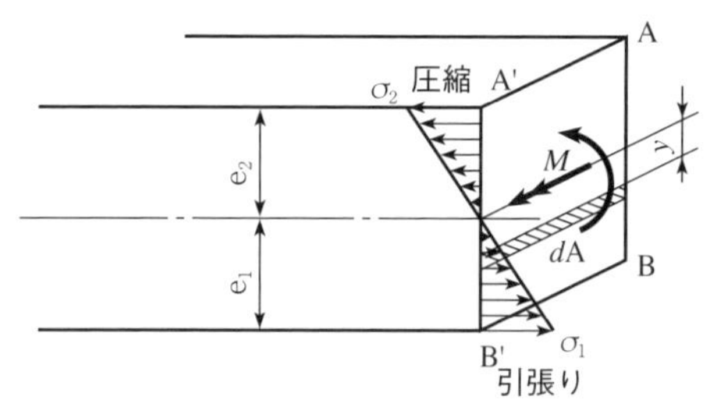

▲図5-4　曲げ応力と曲げモーメント

さらに，図5-4のように垂直応力の分布によって生じるモーメント $y \times \sigma dA$ を全断面で積分したものは，仮想断面ABに作用する曲げモーメント M に等しいはずなので

$$M = \int_A \sigma ydA \tag{5.6}$$

となる．式(5.6)に(5.3)を代入すると次式になる．

$$M = \frac{E}{\rho}\int_A y^2 dA = \frac{EI}{\rho} \tag{5.7}$$

ここで

$$I = \int_A y^2 dA \tag{5.8}$$

と定義し，I を**断面二次モーメント**（moment of inertia of area）と呼ぶ．この断面二次モーメントは，力学的条件とは無関係にはりの断面形状だけで決まる幾何学的な量である．式(5.7)より**曲率**（curvature）$\frac{1}{\rho}$ は

$$\frac{1}{\rho} = \frac{M}{EI} \tag{5.9}$$

となる．ここでEIは曲げ難さの指標となり，**曲げ剛性**（flexural rigidity）と呼ばれている．はりを曲げ難くするためには，縦弾性係数の大きな材料（たとえば，アルミニウムより鋼）を用いるか，断面二次モーメントの大きな断面形状（たとえば，直径のより大きな丸棒）を選ぶかしなければならない．式(5.9)と(5.3)とからρを消去すると，曲げ応力σは

$$\sigma = \frac{My}{I} \tag{5.10}$$

と表される．応力分布は中立軸からの距離yに比例して直線的に増大するので，中立軸から最も離れた位置で最大曲げ応力が生じる．図5-4のように曲げモーメントMが正のときは，はりの下面$y=e_1$で最大引張り応力σ_1が生じる．また，はりの上面$y=-e_2$で最大圧縮応力σ_2が生じる．これらの値は式(5.10)より次式となる．

$$\sigma_1 = \frac{Me_1}{I} = \frac{M}{Z_1}, \quad \sigma_2 = -\frac{Me_2}{I} = -\frac{M}{Z_2} \tag{5.11}$$

ここでZ_1とZ_2とは中立軸に関する**断面係数**（modulus of section）と呼ばれており，それぞれ次式のように定義される．

$$Z_1 = \frac{I}{e_1}, \quad Z_2 = \frac{I}{e_2} \tag{5.12}$$

横に置いた柱に関するガリレオの問題（1）

「弾性力学の名著」で紹介したY.C.ファン著「連続体の力学入門」（培風館）に面白い問題が紹介されている（5章　変形の解析）．

「大理石の柱が二つの支点によって，単純支持はりとして支えられていた．ローマの市民は柱が安全であるかどうかを心配し，支点の数をふやそうとした．彼らは図1(b)のようにスパンの中央に第3の支点を入れたが，このために柱はこわれた．」（原文のまま）

この問題はガリレオ著「新科学対話」の中にあるが，どのように考えたらよいであろうか．問題の本質を抽出して示されている問題は比較的容易に解けるが，自分で問題を設定（モデル化）する必要がある場合は案外難しい．材料力学を現実の問題に適用する場合にしばしばこのような事態に遭遇する．私の解答を本章の最後に示したので読みながら考えていただきたい．

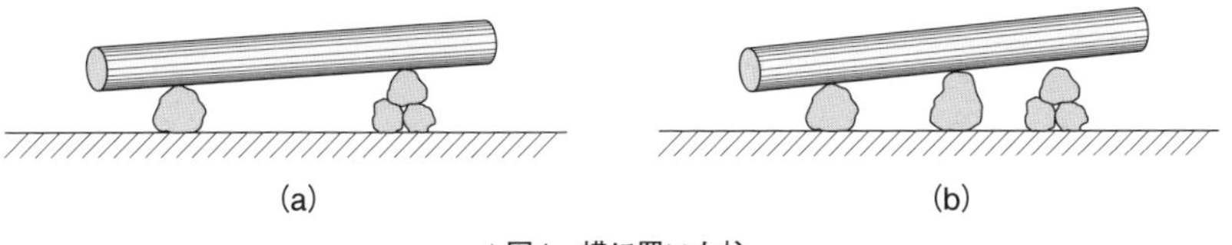

▲図1　横に置いた柱

5.2 断面形状に関する幾何学

前節で説明した断面一次モーメントと断面二次モーメントとは，はりの断面形状によって決まる量である．材料力学において，はりの断面形状はこれらの幾何学的な特性量で定式化する．本節ではこれらの幾何学量の特徴を考察し，個別の断面形状に関して値を求めてみる．

断面一次モーメント

図5-5は一般的なはりの断面形状を表している．z軸およびy軸に関する断面一次モーメントS_zとS_yとは，それぞれ次式で定義される．

$$S_z = \int_A y dA,\ S_y = \int_A z dA \tag{5.13}$$

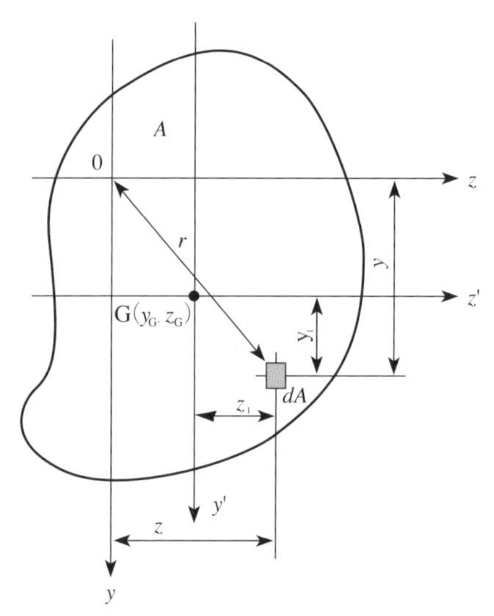

▲図5-5　図心

なお図5-5において，y軸ははりのたわみ方向で下向きを正にとることは前章で述べたとおりである．断面積をAとして

$$y_G = \frac{\int_A y dA}{\int_A dA} = \frac{S_z}{A},\ z_G = \frac{\int_A z dA}{\int_A dA} = \frac{S_y}{A} \tag{5.14}$$

となる点G (y_G, z_G) を**図心** (centroid) という．式(5.14)から明らかなように，図心を原点にすると (y_G=0, z_G=0より) それぞれの軸に関する断面一次モーメントはゼロになる．したがって，対称な図形では対称軸上に図心が存在することが理解できる．

断面二次モーメント

z軸およびy軸に関する断面二次モーメントI_zとI_yとは，それぞれ

$$I_z = \int_A y^2 dA, \quad I_y = \int_A z^2 dA \tag{5.15}$$

で定義される．ここでIの添字は考慮すべき軸を表すが，6章以降ではz軸に関する曲げ (y軸方向のたわみ) を議論しており，特に混乱を招かない場合は添字zを省略する．

断面二次モーメントに関してつぎの2つの重要な定理がある．

平行軸定理

図5-5のように，断面積Aの図形の図心G (y_G, z_G) を通るz'軸 ($z /\!/ z'$) に関する断面二次モーメントを$I_{z'}$とすると，z軸に関する断面二次モーメントI_zは次式のように表される．

$$\begin{aligned} I_z &= \int_A y^2 dA = \int_A (y_1 + y_G)^2 dA \\ &= \int_A y_1^2 dA + 2y_G \int_A y_1 dA + y_G^2 \int_A dA \end{aligned} \tag{5.16}$$

図心を通るz'軸に関する断面一次モーメント $\int_A y_1 dA = 0$ なので，式(5.16)は

$$I_z = I_{z'} + y_G^2 A \tag{5.17}$$

となり，これを**平行軸定理** (parallel axis theorem) という．式(5.17)から図心を通る断面二次モーメントの値が最小となる．

加法（減法）定理

図5-6のように，断面積Aの図形を分割して図形全体を和または差で表すと，全断面積は$A = A_1 \pm A_2 \pm \cdots \pm A_n$と表される．同様に$z$軸に関する断面二次モーメントをそれぞれ$I_1$, I_2, …, I_nとすると，図形全体の断面二次モーメントは

$$I_z = \int_A y^2 dA = \int_{A_1} y^2 dA_1 \pm \int_{A_2} y^2 dA \pm \cdots \int_{A_n} y^2 dA_n \\ = I_1 \pm I_2 \pm \cdots I_n \tag{5.18}$$

となり，これを**加法（減法）定理**という．この定理を用いると，たとえば中空の円筒断面の断面二次モーメントは，外周円と内周円に分けてそれぞれの断面二次モーメントの差として得ることができる．図5-6(a)と(b)とは同じ形状であるが，図5-6(a)は長方形部分A_1，A_2，A_3とを加え合わせてI形を形作るのに対して，図5-6(b)は全体の四角形A_1からA_2とA_3とを引いて求める．当然，断面二次モーメントはどちらで計算しても等しくなる．ただし，断面係数にはこの定理を用いることができない点に注意を要する．

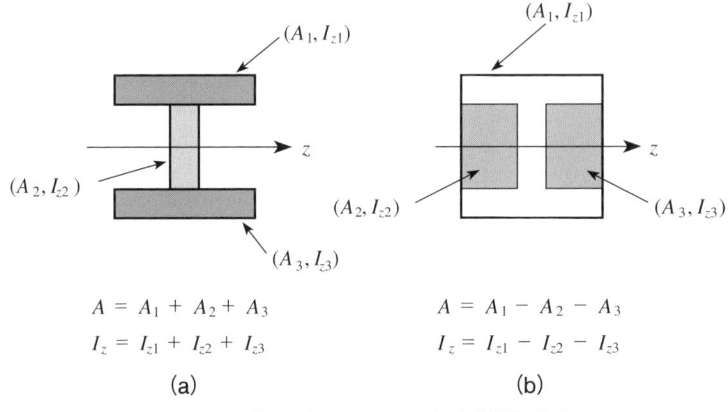

$A = A_1 + A_2 + A_3$
$I_z = I_{z1} + I_{z2} + I_{z3}$
(a)

$A = A_1 - A_2 - A_3$
$I_z = I_{z1} - I_{z2} - I_{z3}$
(b)

▲図5-6　断面二次モーメントの加法（減法）定理

断面二次極モーメント

3章において，ねじりの問題を解くときに断面形状により決まる幾何学的な量として断面二次極モーメントI_pが必要であった．定義式を再び示すと

$$I_p = \int_A r^2 dA \tag{5.19}$$

である．この断面二次極モーメントI_pと断面二次モーメントI_z，I_yとの間には，図5-5より

$$I_p = \int_A r^2 dA = \int_A (y^2 + z^2)\, dA = I_z + I_y \tag{5.20}$$

の関係が成り立つ．

長方形断面の断面二次モーメント

図5-7のような幅b，高さhの長方形断面の場合，図心を通る断面二次モーメントI_zは

$$I_z = \int_A y^2 dA = \int_{-h/2}^{h/2} y^2 b dy = \frac{bh^3}{12} \qquad (5.21)$$

である．また，断面係数Z_1とZ_2とは，次式になる．

$$Z_1 = Z_2 = \frac{bh^3/12}{h/2} = \frac{bh^2}{6} \qquad (5.22)$$

したがって，z軸に関する断面二次モーメントと断面係数とは，ともに幅bよりも高さhから受ける影響が大きい．

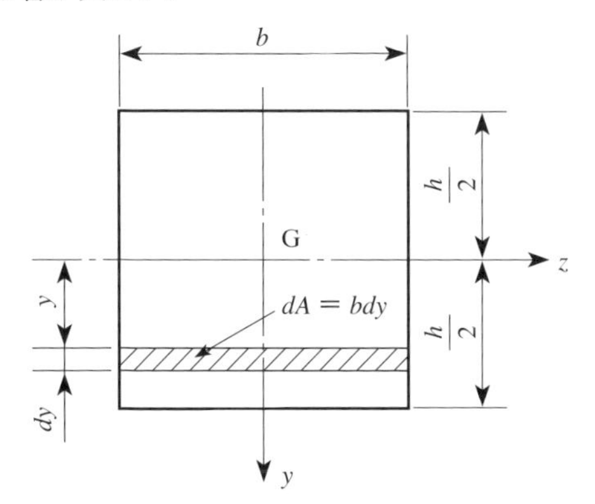

▲図5-7　長方形断面の断面二次モーメント

三角形断面の断面二次モーメント

図5-8のように，底辺b，高さhの三角形断面の場合，図心の位置は底辺から$h/3$の高さの点Gにある．図心からyの位置における幅は$\left(\frac{2h}{3}+y\right)\frac{b}{h}$であることから，図心を通る$z$軸に関する断面二次モーメント$I_z$は次式になる．

$$\begin{aligned} I_z &= \int_A y^2 dA = \int_{-2h/3}^{h/3} y^2\left(\frac{2}{3}h + y\right)\frac{b}{h}dy = \int_{-2h/3}^{h/3}\left(\frac{2}{3}by^2 + \frac{b}{h}y^3\right)dy \\ &= \left[\frac{2}{9}by^3 + \frac{b}{4h}y^4\right]_{-2h/3}^{h/3} = \frac{1}{36}bh^3 \end{aligned} \qquad (5.23)$$

三角形断面はz軸に関して対称な図形ではないため，断面係数Z_1とZ_2とでは異なった値になる．$e_1 = \frac{h}{3}$と$e_2 = \frac{2h}{3}$に対して，断面係数Z_1およびZ_2はそれぞれ次式になる．

$$Z_1 = \frac{bh^3/36}{h/3} = \frac{bh^2}{12},\quad Z_2 = \frac{bh^3/36}{2h/3} = \frac{bh^2}{24} \tag{5.24}$$

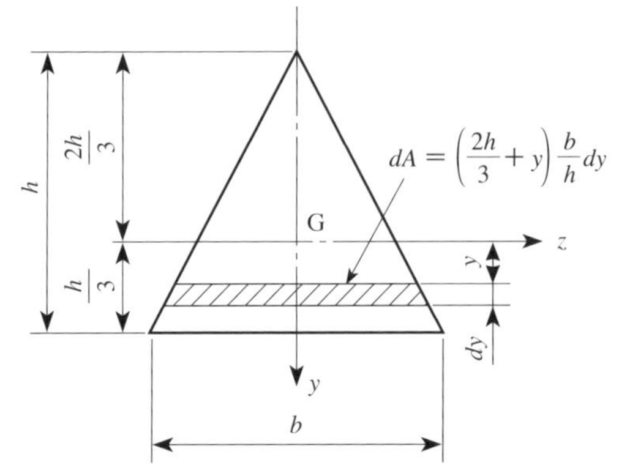

▲図5-8　三角形断面の断面二次モーメント

円形断面の断面二次モーメント

直径D（半径R）の円形断面の場合，断面二次モーメントを定義式(5.15)から求めようとすると計算が極めて複雑になる．ところが式(5.20)を利用すると簡単に得られる．いったん断面二次極モーメントI_pを求めると，式(3.9)で示したように

$$I_p = \int_A r^2 dA = \int_0^R r^2 \cdot 2\pi r dr = \frac{\pi R^4}{2} = \frac{\pi}{32} D^4 \tag{5.25}$$

となる．円形の幾何学的対称性を考えると

$$I_p = I_z + I_y = 2I_z \tag{5.26}$$

なので，断面二次モーメントは次式になる．

$$I_z = I_y = \frac{I_p}{2} = \frac{\pi R^4}{4} = \frac{\pi}{64} D^4 \tag{5.27}$$

断面の幾何学的特性を表すその他の指標

断面の幾何学的特性を表す量を参考のために示す．次式で定義される断面二次モーメントと断面積との比の平方根は長さの次元となる．

$$k_z = \sqrt{\frac{I_z}{A}} \tag{5.28}$$

このk_zをz軸に関する**断面二次半径**（radius of gyration of area）といい，柱の座屈問題（10章）に関係する．

また，次式で定義される量

$$J_{yz} = \int_A yzdA \qquad (5.29)$$

を**断面相乗モーメント**（product of inertia of area）といい，非対称曲げの問題（9.3節）に関係する．図5-9のように，対称軸を有する図形において断面相乗モーメントは常にゼロになる．したがって，本章で扱う曲げの問題では，対称軸を有する断面でしかもその対称軸を含む面内に曲げ変形が生じるため（5.1節の仮定②参照），断面相乗モーメントは解析に全く関与しない．

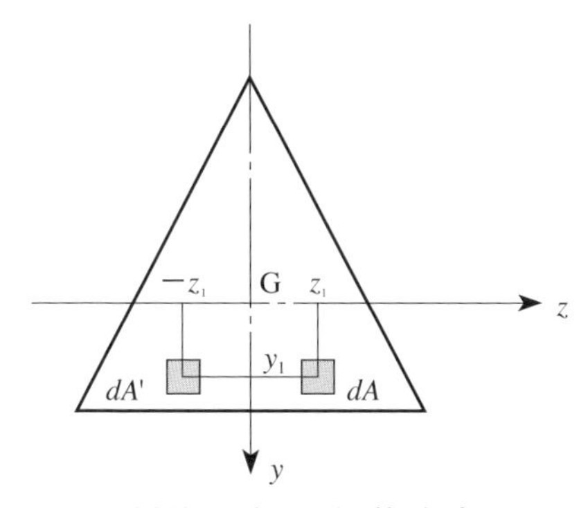

▲図5-9　対称軸を有する図形の断面相乗モーメント

2本の対称軸がある（上下左右に対称；$J_{yz}=0$，$Z_1=Z_2$）いくつかの断面形状について，断面二次モーメントと断面係数および断面二次半径を表5-1（p.102）に示し，その他の断面形状については付録・表3（p.280，p.281）に示す．

例題 5.1

図5-10のようなT型断面において図心Gの位置とz軸に関する断面二次モーメントとを求めよ．

解

底面から図心までの距離y_Gは式(5.14)より次式になる．

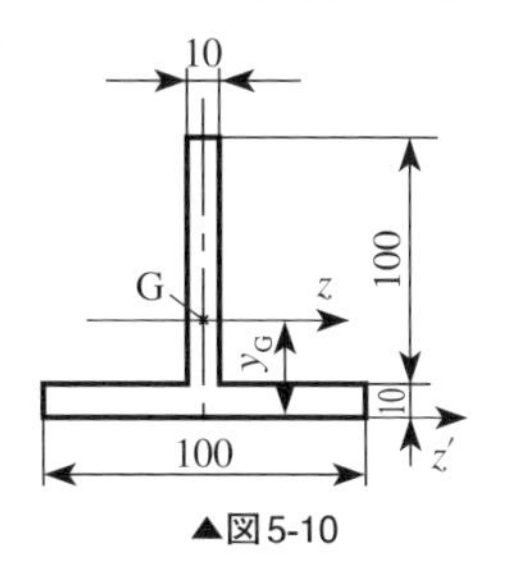

▲図5-10

▼表5-1　断面二次モーメント，断面係数，断面二次半径

断面形状	面積A	断面二次モーメント I_z	断面係数 $Z_1 = Z_2$	断面二次半径k_z
	bh	$\dfrac{bh^3}{12}$	$\dfrac{bh^2}{6}$	$\dfrac{h}{\sqrt{12}}$
	$b_2h_2 - b_1h_1$	$\dfrac{1}{12}(b_2h_2^3 - b_1h_1^3)$	$\dfrac{1}{6}\dfrac{b_2h_2^3 - b_1h_1^3}{h_2}$	$\sqrt{\dfrac{(b_2h_2^3 - b_1h_1^3)}{12(b_2h_2 - b_1h_1)}}$
	a^2	$\dfrac{a^4}{12}$	$\dfrac{\sqrt{2}}{12}a^3$	$\dfrac{a}{\sqrt{12}}$
	$\dfrac{\pi D^2}{4}$	$\dfrac{\pi D^4}{64}$	$\dfrac{\pi D^3}{32}$	$\dfrac{D}{4}$
	$\dfrac{\pi(D_2^2 - D_1^2)}{4}$	$\dfrac{\pi(D_2^4 - D_1^4)}{64}$	$\dfrac{\pi(D_2^4 - D_1^4)}{32D_2}$	$\dfrac{\sqrt{D_1^2 + D_2^2}}{4}$
	πab	$\dfrac{\pi}{4}ab^3$	$\dfrac{\pi}{4}ab^2$	$\dfrac{b}{2}$

$$y_G = \frac{\int_0^{10} 100y\,dy + \int_{10}^{110} 10y\,dy}{10 \times 100 \times 2} = 32.5\ (\mathrm{mm}) \tag{1}$$

z'軸に関する断面二次モーメント$I_{z'}$は式(5.15)より次式になる．

$$I_{z'} = \int_0^{10} 100y^2dy + \int_{10}^{110} 10y^2dy = 4.47 \times 10^6\ (\mathrm{mm}^4) \tag{2}$$

z軸に関する断面二次モーメントは式(5.17)より次式になる．

$$I_z = I_{z'} - y_G^2A = 4.47 \times 10^6 - 32.5^2 \times 2000 = 2.35 \times 10^6\ (\mathrm{mm}^4) \tag{3}$$

5.3 はりのせん断応力

2枚の板状のはりを重ねてひとつのはりとして曲げると，図5-11のように端面Aに食違いができる．板を完全に張り合わせてこの食違いが生じないようにすると，張り合わせた面にすべりを止めるようにせん断応力が生じる．本節では曲げ変形によるこのせん断応力について考える．図5-12(a)のように，幅bのはりにおいてdx離れた断面ABとCDとを考える．面ABには曲げ応力（垂直応力）$\sigma=\dfrac{M}{I_z}y$が作用し，面全体の合力は$\displaystyle\int_{y_1}^{e_1}\frac{M}{I_z}ydA$となる．同様に面CDには曲げ応力$\sigma+d\sigma=\dfrac{M+dM}{I_z}$が作用し，面全体の合力は$\displaystyle\int_{y_1}^{e_1}\frac{M+dM}{I_z}ydA$となる．また，面DAにはせん断力$\tau\times bdx$が作用している．したがって，要素ABCDにおける$x$軸方向の力のつりあいから

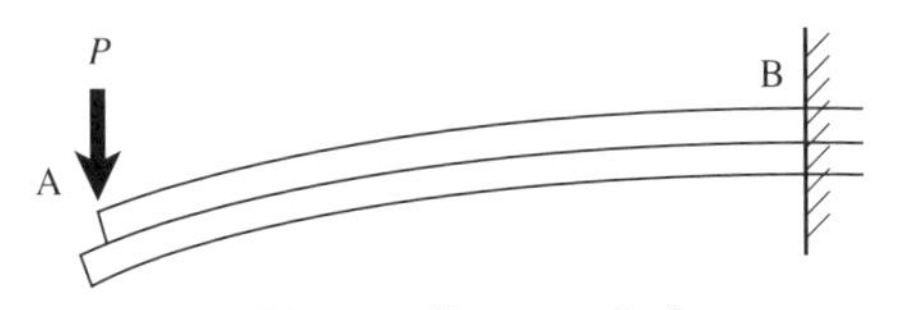

▲図5-11　2枚のはりの曲げ

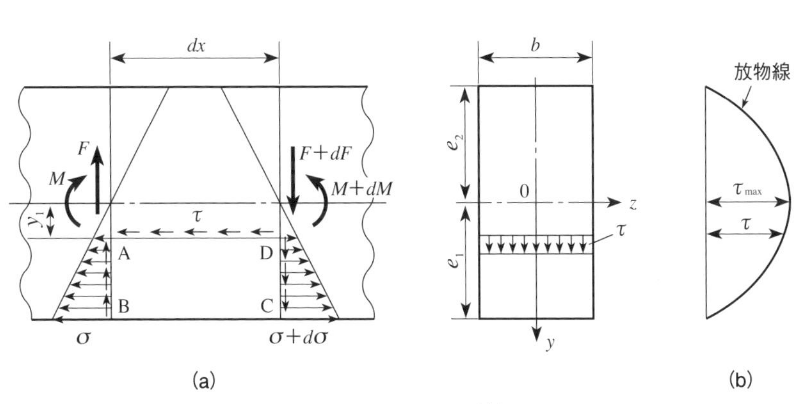

▲図5-12　はりのせん断力

$$\int_{y_1}^{e_1}\frac{M+dM}{I_z}ydA-\tau bdx-\int_{y_1}^{e_1}\frac{M}{I_z}ydA=0 \tag{5.30}$$

を得る．さらに，式(5.30)をせん断応力τについて解くと次式のように変形できる．

$$\tau=\frac{1}{I_z b}\frac{dM}{dx}\int_{y_1}^{e_1}ydA \tag{5.31}$$

式(5.31)において式(4.28)より $\frac{dM}{dx}=F$ ，また $\int_{y_1}^{e_1}ydA$ は中立軸から$y=y_1$と下面$y=e_1$との間にある部分の中立軸に関する断面一次モーメント$S_z(y_1)$に相当する．したがって，中立軸からy_1の位置におけるせん断応力$\tau(y_1)$は，一般の断面形状において次式になる．

$$\tau(y_1)=\frac{FS_z(y_1)}{I_z b} \tag{5.32}$$

式(5.32)を導出するにあたり，図5-12(a)における面DAに作用するせん断応力τを力のつりあい式(5.30)に用いたが，共役せん断応力（図1-7参照）を考慮すると，導出された式(5.32)にせん断力F（仮想断面は面AB）が現れても不思議ではない．

つぎに，いくつかの断面形状について，中立軸に関する断面一次モーメント$S_z(y_1)$を求めてせん断応力の分布を調べてみよう．長方形断面の場合，$S_z(y_1)$は

$$S_z(y_1)=\int_{y_1}^{h/2}bydy=\frac{b}{2}\left(\frac{h^2}{4}-y_1^2\right) \tag{5.33}$$

であり，$I_z=\frac{bh^3}{12}$ である．したがって，中立軸からy_1の位置におけるせん断応力$\tau(y_1)$は

$$\tau(y_1)=\frac{FS_z(y_1)}{I_z b}=\frac{3}{2}\frac{F}{bh}\left(1-\frac{4y_1^2}{h^2}\right)=\frac{3}{2}\tau_{mean}\left(1-\frac{4y_1^2}{h^2}\right) \tag{5.34}$$

のように放物線状に変化する（図5-12(b)参照）．ここで，τ_{mean}はせん断力Fを断面積bhで割った値で平均せん断応力を意味する．式(5.34)よりせん断応力$\tau(y_1)$は上下の自由表面$\left(y_1=\pm\frac{h}{2}\right)$で$\tau=0$となり，中央（$y_1=0$）で最大値

$$\tau_{\max}=\frac{3F}{2bh}=\frac{3}{2}\tau_{mean} \tag{5.35}$$

となる．曲げ応力（垂直応力）が中央でゼロとなり，上下の自由表面で最大値に達するのとは対照的である．

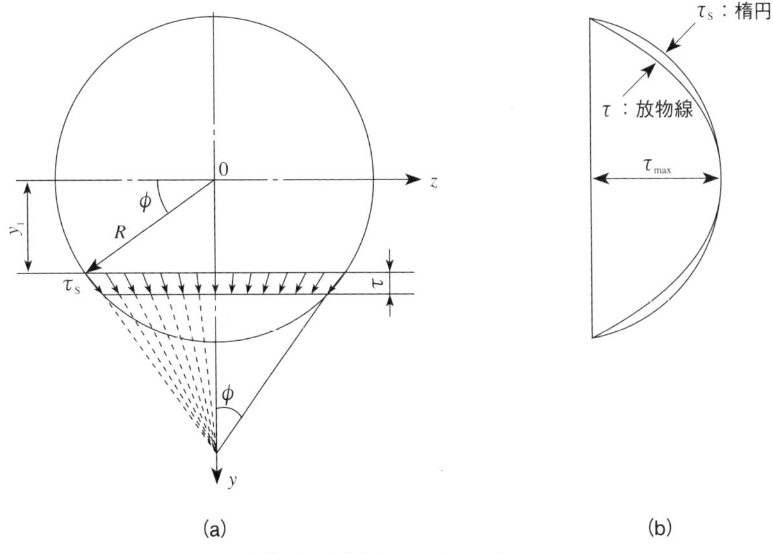

▲図5-13　円形断面におけるせん断力

半径Rの円形断面の場合，$dA=2\sqrt{R^2-y^2}dy$ にすると，断面一次モーメント$S_z(y_1)$は次式で表すことができる（図5-13(a)参照）．

$$S_z(y_1)=\int_{y_1}^{R}2\sqrt{R^2-y^2}ydy=\frac{2}{3}(R^2-y_1^2)^{3/2} \tag{5.36}$$

式(5.36)における積分は数学的手法を必要とするが，ここでは結果のみを示した．式(5.32)におけるbは $2\sqrt{R^2-y_1^2}$ に相当するので，せん断応力$\tau(y_1)$は

$$\tau(y_1)=\frac{FS_z}{I_zb}=\frac{4}{3}\frac{F}{\pi R^2}\left(1-\frac{y_1^2}{R^2}\right)=\frac{4}{3}\tau_{mean}\left(1-\frac{y_1^2}{R^2}\right) \tag{5.37}$$

のように放物線状に変化する（図5-13(b)参照）．ここでせん断応力τは図5-13(a)のように作用する方向がzの位置により異なる．詳しい説明は省略して結果だけ示すと，外周ではせん断力$\tau_s(y_1)$の分布は次式のような楕円状に変化する．

$$\tau_s(y_1)=\frac{\tau(y_1)}{\cos\phi}=\frac{4}{3}\tau_{mean}\left(1-\frac{y_1^2}{R^2}\right)^{1/2} \tag{5.38}$$

図5-14のようなH形断面の場合について考えよう．長方形断面では式(5.34)のように放物線状にせん断応力が変化することを示した．このときの考え方を図5-14(a)のようなH形断面のフランジ部とウェブ部とに適用すると，フランジ部でのせん断応力$\tau_F(y_1)$，ウェブ部でのせん断応力$\tau_W(y_1)$は，結果のみ示すとそれぞ

れ次式のように放物線状に変化する（図5-14(b)参照）．

$$\tau_F(y_1)=\frac{FS_z(y_1)}{I_z b}=\frac{F}{2I_z}\left(\frac{h_1^2}{4}-y_1^2\right) \tag{5.39}$$

$$\tau_W(y_1)=\frac{FS_z(y_1)}{I_z t}=\frac{F}{tI_z}\left\{\frac{t}{2}\left(\frac{h_2^2}{4}-y_1^2\right)+\frac{b}{8}\left(h_1^2-h_2^2\right)\right\} \tag{5.40}$$

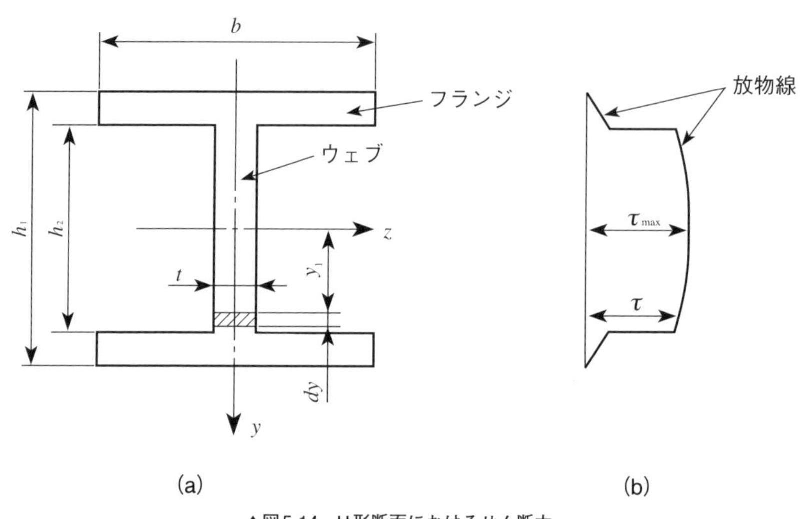

▲図5-14　H形断面におけるせん断力

H形鋼では，中立軸から遠方にあるフランジ部にほとんどの曲げ応力が作用しウェブ部にはわずかしか作用しない．一方せん断応力は，中央のウェブ部にほとんど作用しフランジ部にはわずかしか作用しない．

一般にスパンが長いはりは，曲げ応力を重視してはりを設計する必要がある．しかし，スパンが短いはりに集中荷重が作用する場合は，曲げモーメントが比較的小さくせん断力が大きくなることがある．このような場合は，曲げ応力よりもせん断応力を重視して設計する必要がある．4章で示したSFDとBMDは，本章で説明したはりに生じるせん断応力と曲げ応力をはりの各断面で評価する際に必要になる．

H形鋼とI形鋼

構造用鋼には形鋼と呼ばれる鋼材がある．これらは，断面形状と材質とがJISで標準化されており，前述の山形鋼やみぞ形鋼なども形鋼の一種である．この中に図1と2に断面形状を示すH形鋼とI形鋼とがある．図5-14(b)に示すように，フランジ部とウェブ部で不連続なせん断応力変化が生じるのでこの点に応力集中がおこる．この応力集中を避けるために図1と図2に示すように，フランジ部とウェブ部のつなぎ目に丸みをつけてある．H形鋼のほうがI形鋼よりも断面係数，断面二次半径や圧縮耐力が大きいため需要が多い．

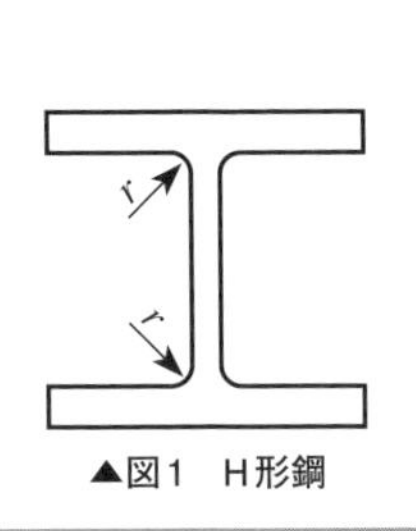

▲図1　H形鋼

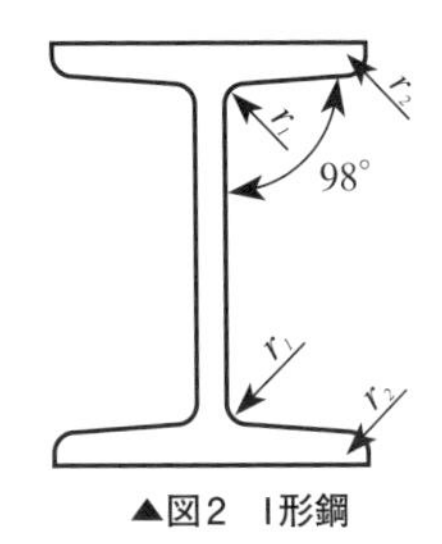

▲図2　I形鋼

新科学対話

本意で紹介したガリレオの「新科学対話」の冒頭には，職人達の経験として，小型の模型をそのまま大きくすると強度不足ですぐに壊れるという話が紹介されている（図1参照）．これは強度が断面積（相似比^2）に比例するのに対して，重量が体積（相似比^3）に比例するためである．たとえば，引張りの場合では模型の寸法を2倍にすると断面積は4倍，作用する荷重は8倍になる．したがって，式(2.1)より引張り応力は2倍になる．また，曲げの場合では式(5.10)より実物の曲げ応力は，$\sigma = \frac{(2^3P)\times(2l)}{(2^4I)}\times(2y) = 2\sigma_m$ となり模型の曲げ応力σ_mの2倍になる．同様にねじりに関しても，寸法を2倍にすると実物に生じるせん断応力は模型の2倍である．小型の機械ができてもこれを大型化することは強度面から再考する必要があり，模型を用いて強度試験をするときには，上述の点に注意しなければならない．この話に材料力学の原点をみる思いがする．

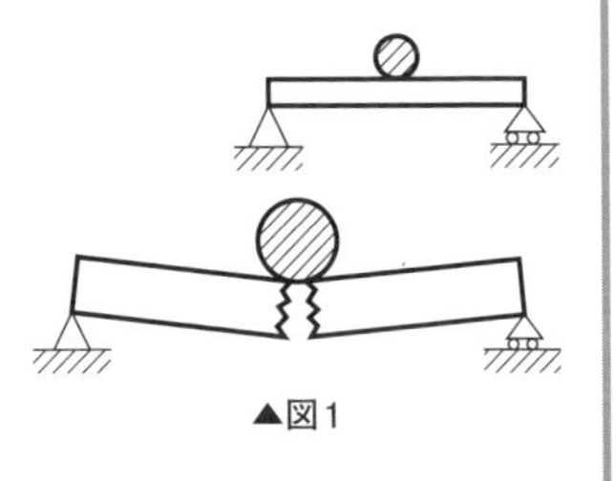
▲図1

5.4 平等強さのはり

はりに生じる曲げ応力は，式(5.10)より曲げモーメントに比例することから，曲げモーメント線図を描いたときに「最大曲げモーメントが生じる断面」で「最大曲げ応力」が発生する．この断面を**危険断面**（dangerous section）といい，破損する危険性が最も高い断面で，はりを設計する際によく考慮しなければならない箇所である（図5-15参照）．危険断面に生じる曲げ応力が，許容応力以下でなければならないという考え方のもとに，全長にわたって同一断面寸法のはりを採用しようとすれば経済性の面で問題がある．そこで，曲げ応力が一定値になるように，はりの断面形状を軸方向に変化させるという考え方が生まれる．このような考え方のもとに作られたはりを**平等強さのはり**（beam of uniform strength）という．

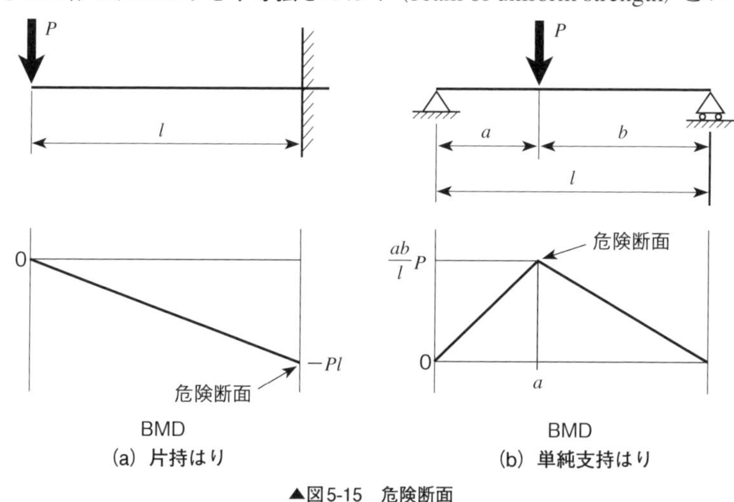

▲図5-15　危険断面

集中荷重が作用する片持はり

図5-16(a)のように，集中荷重Pが作用する長方形断面の片持はりがある．このはりに生じる曲げモーメントMは，式(4.2)より

$$M = -Px \tag{5.41}$$

である（図5-16(b)参照）．したがって，自由端からxの位置における最大応力$|\sigma|$は次式になる．

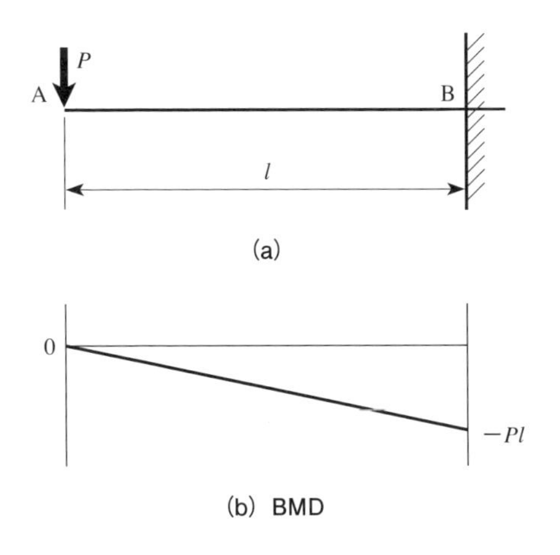

(a)

(b) BMD

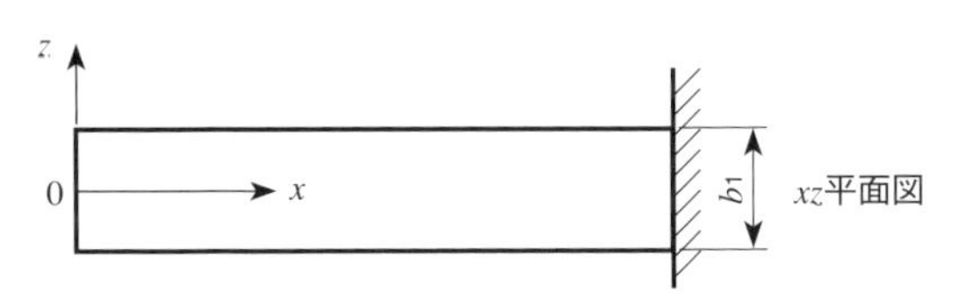

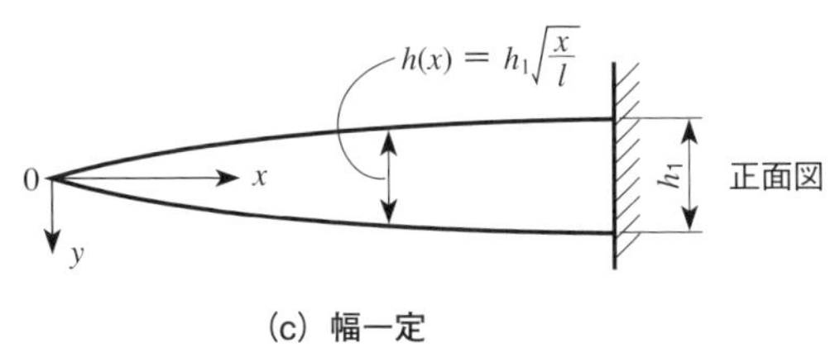

(c) 幅一定

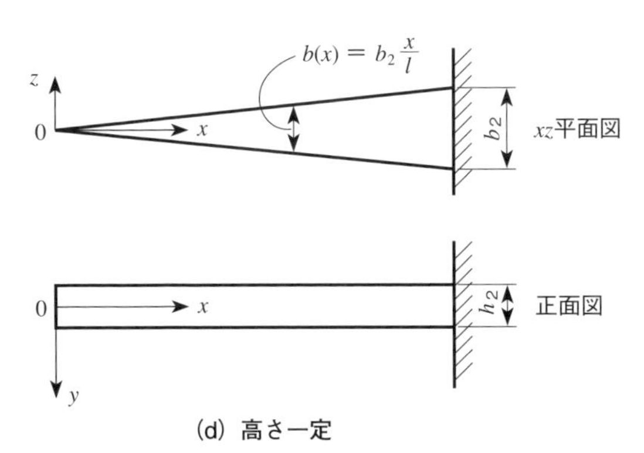

(d) 高さ一定

▲図5-16　平等強さのはり (1)

$$\left|\sigma\right| = \frac{\left|M\right|}{Z} = Px\frac{6}{bh^2} \tag{5.42}$$

式(5.42)の中で$6P$は一定値なので，曲げ応力を一定にするには

$$\frac{x}{bh^2} = 一定 \tag{5.43}$$

にすればよい．式(5.43)を満たせばどのように断面を変化させてもよいが，簡略化するためつぎの2つの場合について考えてみよう．

① 幅を一定値b_1として高さhを変化させる場合，高さhは

$$h(x) = h_1\sqrt{\frac{x}{l}} \tag{5.44}$$

となる（図5-16(c)参照）．ここでh_1は固定端での高さを表し，固定端の最大曲げ応力を許容応力σ_aに選べばh_1は次式になる．

$$h_1 = \sqrt{\frac{6Pl}{b_1\sigma_a}} \tag{5.45}$$

② 高さを一定値h_2にして幅bを変化させる場合，幅bは

$$b(x) = b_2\frac{x}{l} \tag{5.46}$$

となる（図5-16(d)参照）．ここでb_2は固定端での幅を表し，固定端の最大曲げ応力を許容応力σ_aに選べばb_2は次式になる．

$$b_2 = \frac{6Pl}{h_2^2\sigma_a} \tag{5.47}$$

曲げモーメントがゼロの点では計算上断面積がゼロとなる．しかし，実際にはせん断力が作用するため断面形状を修正する必要がある．

分布荷重が作用する片持はり

図5-17(a)のように，単位長さ当たりwの分布荷重が作用する片持はりに生じる曲げモーメントMは式(4.3)より得られるので（図5-17(b)参照），断面を長方形にすると，xの位置における最大応力$|\sigma|$は次式になる．

$$|\sigma| = \frac{|M|}{Z} = \frac{wx^2}{2}\frac{6}{bh^2} \tag{5.48}$$

したがって，曲げ応力を一定にするには

$$\frac{x^2}{bh^2} = 一定 \tag{5.49}$$

にすればよい．前述の例のように2つの場合について考えてみよう．

① 幅を一定値b_1として高さhを変化させる場合，高さhと固定端での高さh_1とはそれぞれ次式になる（図5-17(c)参照）．

$$h(x) = h_1\frac{x}{l} \qquad h_1 = \sqrt{\frac{3wl^2}{b_1\sigma_a}} \tag{5.50}$$

ここでh_1を決定する際，固定端の最大曲げ応力を許容応力σ_aとしている．

② 高さを一定値h_2にして幅bを変化させる場合，幅bと固定端での幅b_2とはそれぞれ次式になる（図5-17(d)参照）．

$$b(x) = b_2\frac{x^2}{l^2} \qquad b_2 = \frac{3wl^2}{h_2^2\sigma_a} \tag{5.51}$$

ここでb_2を決定する際，固定端の最大曲げ応力を許容応力σ_aとしている．

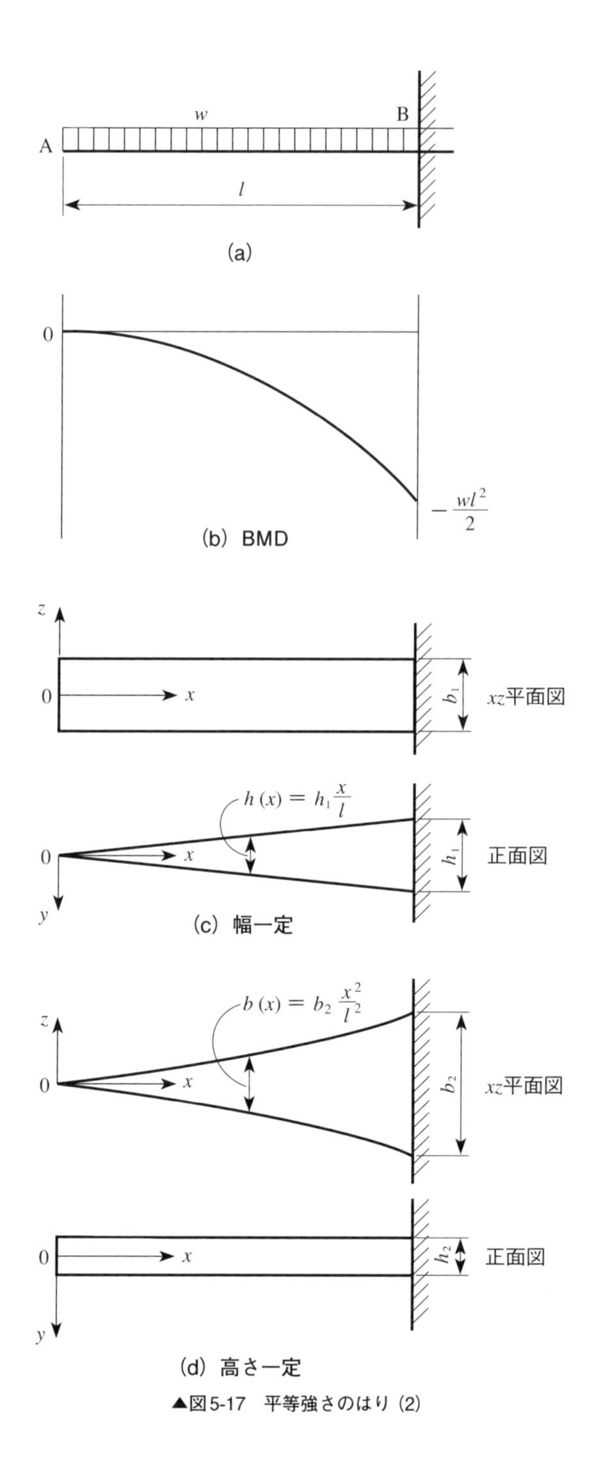

▲図5-17　平等強さのはり (2)

例題 5.2

図5-18(a)のように，単位長さ当たりwの分布荷重が作用する長方形断面の単純支持はりにおいて，曲げ応力が一定になるように幅を一定値にして高さを決めよ．

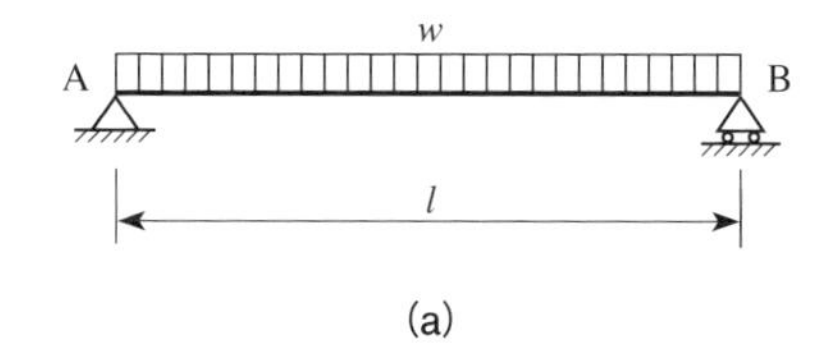

(a)

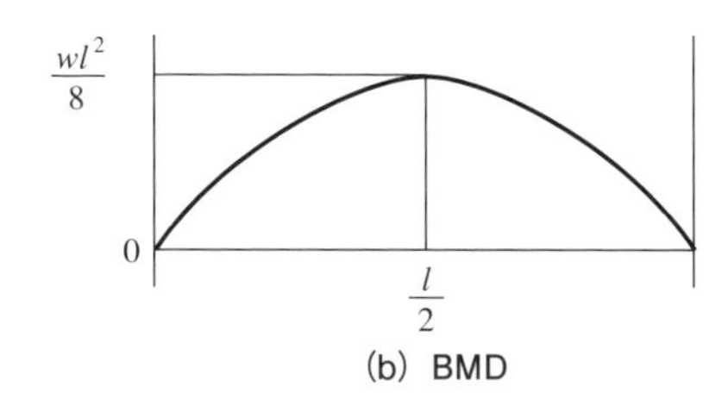

(b) BMD

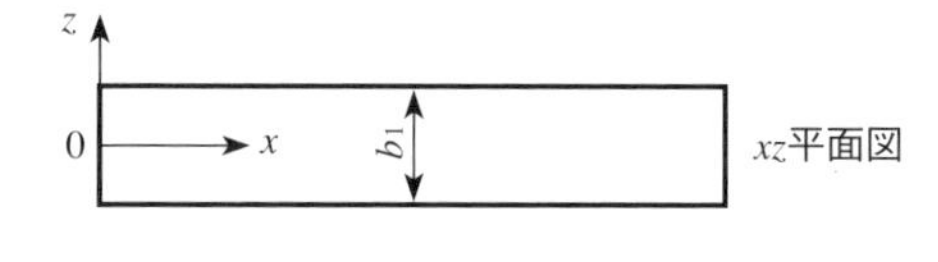

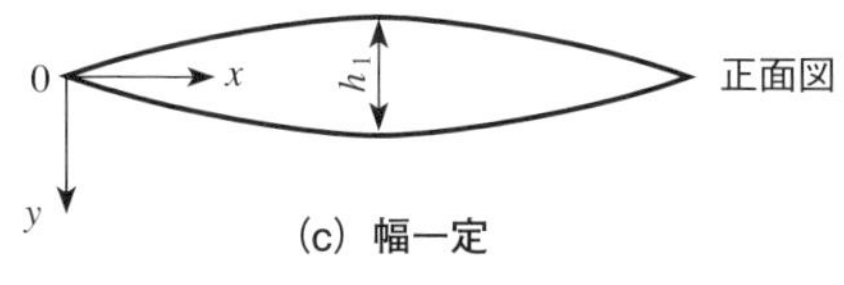

(c) 幅一定

▲図5-18　平等強さのはり (3)

解

支点Aからxの位置における曲げモーメントMは次式になる．

$$M = \frac{wl}{2}x - \frac{w}{2}x^2 \tag{5.52}$$

BMDは図5-18(b)のようになり，スパンの中央が危険断面である．xの位置における最大曲げ応力$|\sigma|$は

$$|\sigma| = \frac{|M|}{Z} = \frac{wx(l-x)}{2}\frac{6}{bh^2} \tag{5.53}$$

となるので，曲げ応力を一定にするには

$$\frac{x(l-x)}{bh^2}=C\ (\text{一定}) \tag{5.54}$$

とすればよい．幅を一定値b_1として高さhを変化させると，高さhは式(5.54)から

$$h(x)=C'\sqrt{x(l-x)} \tag{5.55}$$

の形式で書ける．式(5.53)より危険断面での最大曲げ応力を許容応力σ_aにすると

$$\frac{wl^2}{8}\frac{6}{b_1h_1^2}=\sigma_a \tag{5.56}$$

となる．危険断面$\left(x=\dfrac{l}{2}\right)$での高さ$h_1$は，式(5.56)を$h_1$について解き直して

$$h_1=\frac{l}{2}\sqrt{\frac{3w}{b_1\sigma_a}} \tag{5.57}$$

と得られ，式(5.55)は次式のように整理できる（図5-18(c)参照）．

$$h(x)=h_1\frac{2\sqrt{x(l-x)}}{l} \tag{5.58}$$

ガリレオ・ガリレイ

ガリレオ・ガリレイは大変興味深い人物である．彼は多くの業績を残していると共にエピソードも多い．ピサの斜塔で落体の実験をしたとか，「振り子の等時性」について聖堂のランプの振れを脈で測ることによって発見したとか，地動説に対する宗教裁判では「それでも地球は動く」と言ったなどなど．もしガリレオに興味を持たれた方にはつぎの本を紹介しておこう．ガリレオの人間性がわかる興味深い本である．

田中一郎著；ガリレオ，中公新書，1995.

また，彼は「すべての基本は円である」という信念のもとに，幾何学的に落体の運動を説明して「速度の時間変化が一定」という結論を実験により確認している（実験から法則を見出したのではない点が面白い）．この過程から，私は「彼が論理的な学者である」というよりも「強い信念とある種東洋哲学に似た自然観とをもった人間である」と感じている．

横に置いた柱に関するガリレオの問題 (2)

大理石の柱は，自重を考えるとスパンに等分布荷重が作用する単純支持はりとみなせる．この単純支持はりを図1のように3通りの方法で支持する場合を考える．図1(b)は，ガリレオの問題において第3の支点をスパンのちょうど中央に置き，支点の高さが他の2つの支点より高い場合に相当する．図1(b)の状態は，厳密には起り得ないがかなり近い状況が起ると考えてよい．図1(a)，(b)，(c)に対応するBMDをそれぞれ図2に示す．式(5.11)より，最大曲げ応力は曲げモーメント$|M|$に比例するので，図1(b)の支持方法は図1(a)のそれよりも大きな曲げ応力が生じることが分かる．支点間距離を伸ばしaをゼロに近づけると図1(c)に近づき，BMDからこの場合もはりは壊れると予想できる．この問題を設定する際，張出部分aが重要になる．このaを無視して考えると解決の糸口がなくなる．同じはりでも，支持点の位置を変えると壊れたり壊れなかったりする奇妙な難問題という第一印象を持っていたので紹介した．

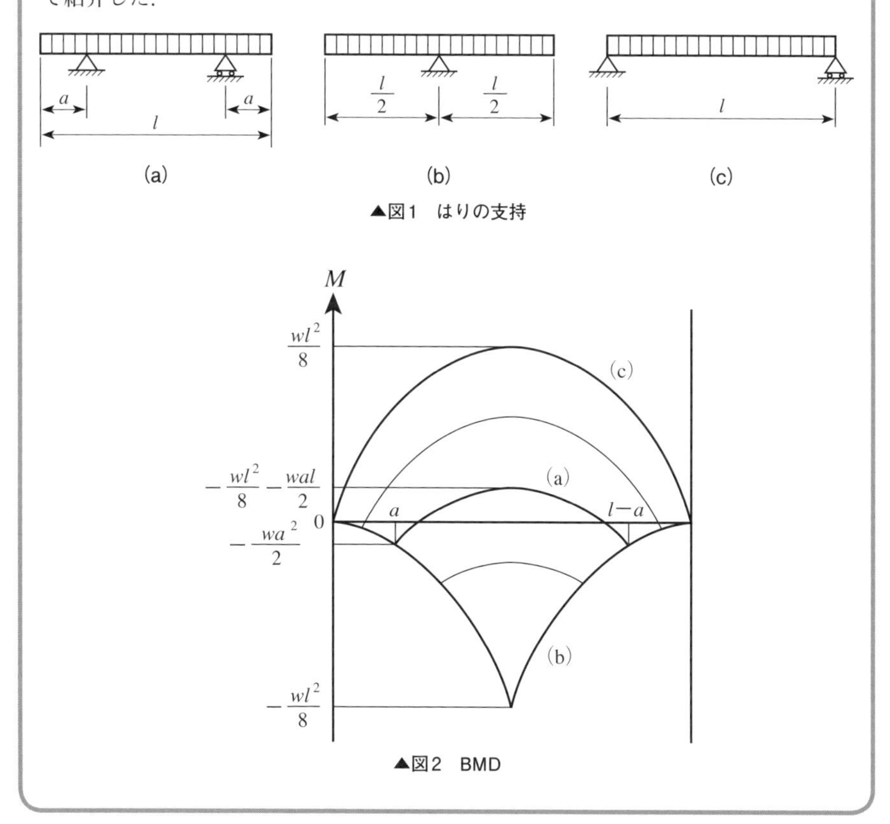

▲図1　はりの支持

▲図2　BMD

演習問題

1 図1のようなみぞ形鋼をはりとして用いるとき，つぎの問いに答えよ．

① 中立軸zに関する断面二次モーメントを求めよ．

② この材料の許容応力をσ_a=100MPaとするとき，加え得る最大曲げモーメントを求めよ．

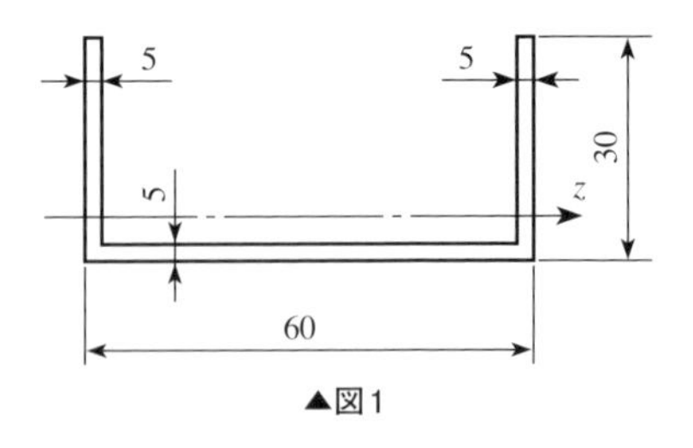

▲図1

2 図2(a)のような菱形のz軸に関する断面二次モーメントを求めよ．また，同じ形状を図2(b)のように置いたときのz軸に関する断面二次モーメントの大きさと比較せよ．

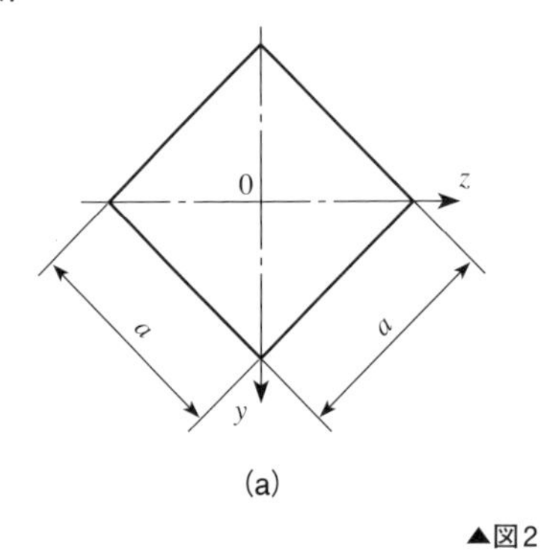

(a)

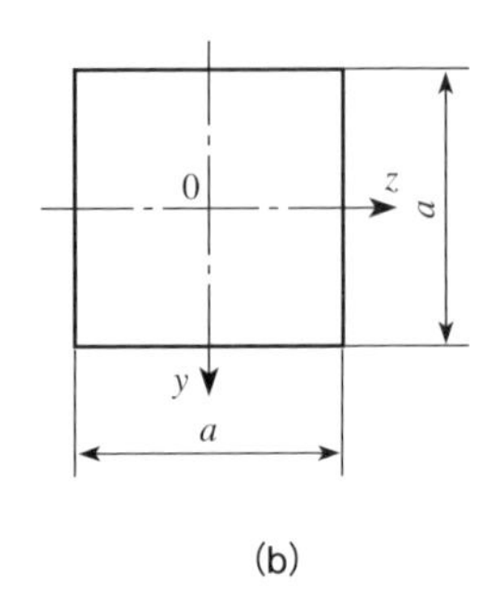

(b)

▲図2

3 図3のようなH形鋼をz軸に関して曲げた場合と，y軸について曲げた場合．

① 断面二次モーメントI_zとI_yとを比較せよ．

② 加え得る最大曲げモーメントを比較せよ．

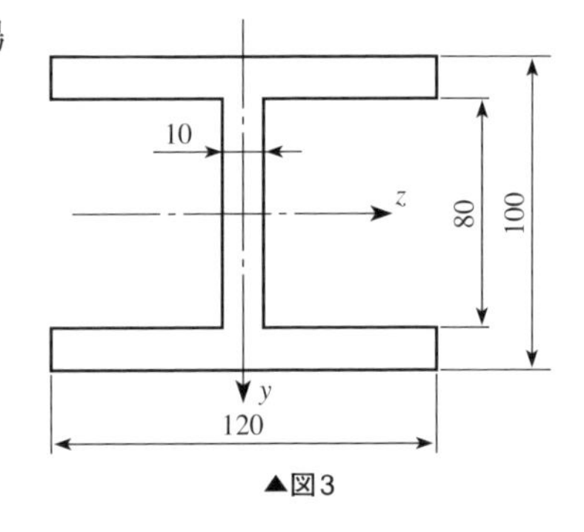

▲図3

4 スパンの中央に，集中荷重Pが作用する長さlの単純支持はりを，曲げ応力が一定になるような平等強さのはりにしたい．幅をスパン全長にわたって一定値b_0にするとき，高さhを決定せよ．

第6章

真直はりのたわみ

はりのたわみの計算は「たわみの基礎式」を積分することにより得られる．どのような「はりの曲げ問題」でも解析方法は同じである．

6.1 はりのたわみ曲線

本章では，はりの曲げによる変形の大きさについて議論する．図6-1のように左端を原点として，下向きを y 軸の正方向に，右向きを x 軸の正方向に座標軸をとる．図中の曲線 $y=f(x)$ は軸線の変形を示しており**たわみ曲線**（deflection curve）と呼ばれ，この曲線の y 座標値を**たわみ**（deflection）という．また，たわみ曲線の接線と，もとの水平な軸線とのなす角度 i を**たわみ角**（angle of inclination）という．このたわみ角は変形が小さいため

$$i \cong \tan i = \frac{dy}{dx} \tag{6.1}$$

と近似できる．点Cと ds 離れた点Dとにおける，それぞれの接線に垂直な線の交点が曲率中心のOである．したがって，∠CODは「たわみ角の変化 $-di$ 」に等しい．ここで，点Dのたわみ角は点Cのそれより小さくてたわみ角は減少するため，たわみ角の変化に負符号をつける．曲率半径を ρ とすると，$ds=\rho(-di)$ なので幾何学的に次式が得られる．

$$\frac{1}{\rho} = -\frac{di}{ds} = -\frac{di}{dx}\frac{dx}{ds} = \frac{-\dfrac{d^2y}{dx^2}}{1+\left(\dfrac{dy}{dx}\right)^2}\frac{1}{\sqrt{1+\left(\dfrac{dy}{dx}\right)^2}} \tag{6.2}$$

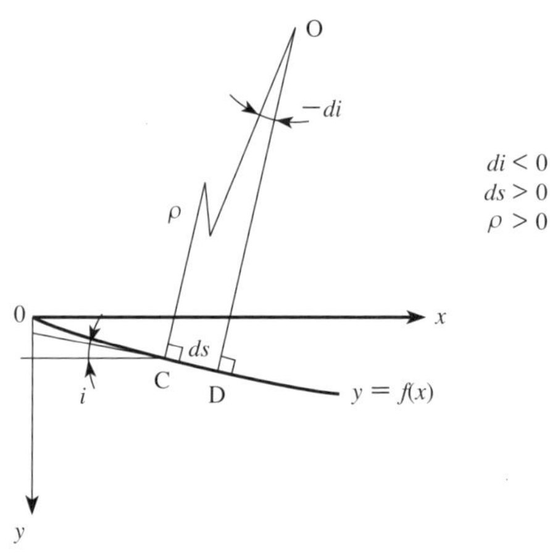

▲図6-1　はりのたわみ

数学的テクニック（1）

式(6.2)において $\dfrac{di}{dx}$ を求めるにあたり，式(6.1)より $i=\tan^{-1}\left(\dfrac{dy}{dx}\right)$ であることと，関数 $f(x)=\tan^{-1}x$ の導関数 $f'(x)$ は，$f'(x)=\dfrac{1}{1+x^2}$ であることを利用している．また，$\dfrac{dx}{ds}$ を求めるにあたり，$ds=\sqrt{(dx)^2+(dy)^2}=dx\sqrt{1+\left(\dfrac{dy}{dx}\right)^2}$ を用いている（図1参照）．材料力学をさらに進んで勉強していくと，しだいに数学的テクニックを駆使する必要性が高まるため全体像をつかみ難くなる．できるだけ力学としての本質は何かを自問自答しながら勉強する必要がある．

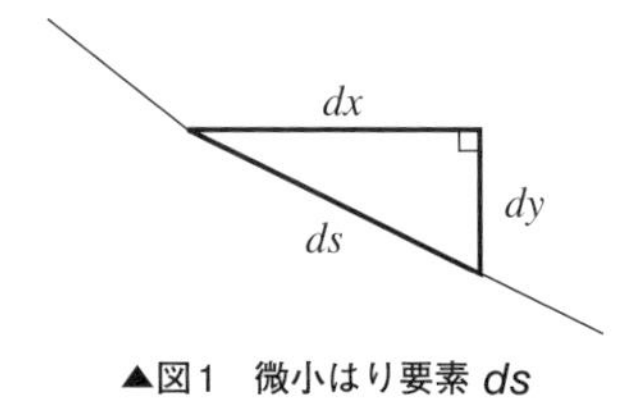

▲図1　微小はり要素 ds

たわみ角 i が小さいので，式(6.1)から dy/dx は微小量となり，高次の微小量を無視すると式(6.2)は次式で近似できる．

$$\frac{1}{\rho}=-\frac{d^2y}{dx^2} \tag{6.3}$$

数学的テクニック（2）

式(6.2)中にある $\left(\dfrac{dy}{dx}\right)^2$ …①　と $\dfrac{d^2y}{dx^2}$ …②　とは表記上ではよく似ているが数学的には全く意味が異なる．$\dfrac{dy}{dx}$ が微小量であれば，①は2乗なのでさらに小さな高次の微小量となる．②は $\dfrac{dy}{dx}$ の変化率なので，$\dfrac{dy}{dx}$ が小さくとも②が小さいとは言えない．本欄のタイトルを数学的テクニックとしたが，これは本質的な事柄なのかもしれない．

式(5.9)を(6.3)に代入すると次式になり

$$EI\frac{d^2y}{dx^2}=-M(x) \tag{6.4}$$

ここで I ははりの断面二次モーメントを表す．式(6.4)を**たわみの基礎式**（fundamental equation for bending deflection of beam）といい，この微分方程式を順次積分すると，たわみ角 $i=\dfrac{dy}{dx}$，さらにたわみ y を得ることができる．

はりのたわみ

はりのたわみについてつぎの2点を補足しておこう．

①たわみの基礎式(6.4)の両辺を微分して，式(4.26)と(4.28)とを用いると次式が得られる．

$$\frac{d}{dx}\left(EI\frac{d^2y}{dx^2}\right)=-\frac{dM}{dx}=-F(x) \tag{1}$$

$$\frac{d^2}{dx^2}\left(EI\frac{d^2y}{dx^2}\right)=-\frac{dF}{dx}=w(x) \tag{2}$$

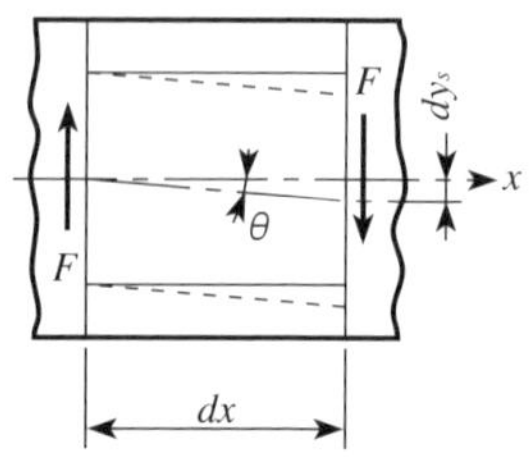

▲図1 せん断変形によるたわみ

式(1)あるいは(2)を基礎方程式として，これらを積分することによりはりの問題を解くこともできる．たわみの基礎式(6.4)，式(1)，(2)を導くにあたり力のつりあいが用いられており，これらの式は変位により表されたつりあいの式といえる（p.159「応力空間とひずみ空間」参照）．

②曲げ応力以外にせん断応力によって，図1のように変形してたわみが生じる．このたわみ y_s とせん断力 F とにはつぎの関係がある．

$$\theta=\frac{dy_s}{dx}=\frac{\alpha F(x)}{AG} \tag{3}$$

ここで A と G とは，それぞれはりの断面積とせん断弾性係数とを表す．また，α は中立軸上のせん断応力の最大値と平均値との比（長方形断面の場合 $\alpha=1.5$，円形断面の場合 $\alpha=\dfrac{4}{3}$）である．式(3)を x で微分すると

$$AG\frac{d^2y_s}{dx^2}=\alpha w(x) \tag{4}$$

が得られる．この式(4)がせん断応力によるたわみの基礎式に相当するが，たわみ y_s は曲げ応力によるたわみに比べると極めて小さいことから，無視してもかまわない．

6.2 片持はり

図6-2のように，一端に集中荷重 P が作用する片持はりの変形量を調べてみよう．曲げモーメントは $M(x)=-Px$ なので，式(6.4)よりたわみの基礎式は

$$EI\frac{d^2y}{dx^2}=-M=Px \tag{6.5}$$

となる．2回積分するとそれぞれ次式を得る．

$$EI\frac{dy}{dx}=\frac{P}{2}x^2+c_1 \tag{6.6}$$

$$EIy=\frac{P}{6}x^3+c_1x+c_2 \tag{6.7}$$

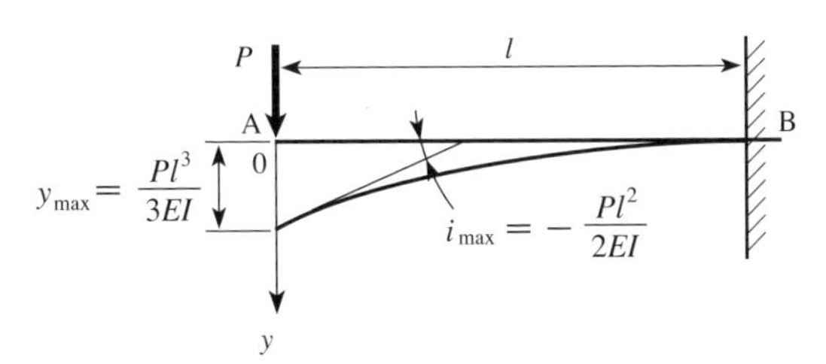

▲図6-2　集中荷重が作用する片持はり

ここで c_1，c_2 は積分定数を表す．この積分定数は境界条件より決定する．つまり，式(6.6)と(6.7)とにおいて，固定端（$x=l$）でたわみ角がゼロ $\left(\frac{dy}{dx}=0\right)$，また，たわみがゼロ（$y=0$）より次式を得る．

$$\frac{P}{2}l^2+c_1=0 \tag{6.8}$$

$$\frac{P}{6}l^3+c_1l+c_2=0 \tag{6.9}$$

式(6.8)と(6.9)とを連立させて解くと，積分定数 c_1 と c_2 とを次式のように決定できる．

$$c_1=-\frac{P}{2}l^2,\quad c_2=\frac{P}{3}l^3 \tag{6.10}$$

したがって，積分定数を式(6.6)および(6.7)に代入すれば，たわみ角 i とたわみ y とがそれぞれ次式のように定まる．

$$i = \frac{dy}{dx} = \frac{P}{2EI}(x^2 - l^2) \tag{6.11}$$

$$y = \frac{P}{6EI}(x^3 - 3l^2x + 2l^3) \tag{6.12}$$

最大たわみ角 $i_{\max}$ と最大たわみ $y_{\max}$ とは $x = 0$ で生じ，それぞれ式(6.11)と(6.12)とから次式になる．

$$i_{\max} = -\frac{Pl^2}{2EI} \tag{6.13}$$

$$y_{\max} = \frac{Pl^3}{3EI} \tag{6.14}$$

つぎに図6-3のように，等分布荷重 w が作用する片持はりの変形を調べてみよう．曲げモーメントは $M = -\frac{w}{2}x^2$ である（式(4-3)参照）．したがって，たわみの基礎式は

$$EI\frac{d^2y}{dx^2} = -M = \frac{w}{2}x^2 \tag{6.15}$$

である．2回積分するとそれぞれ次式になる．

$$EI\frac{dy}{dx} = \frac{w}{6}x^3 + c_1 \tag{6.16}$$

$$EIy = \frac{w}{24}x^4 + c_1x + c_2 \tag{6.17}$$

ここで c_1 と c_2 とは積分定数である．境界条件：固定端（$x = l$）でたわみ角がゼロ $\left(\frac{dy}{dx} = 0\right)$，また，たわみがゼロ（$y = 0$）より積分定数 c_1 および c_2 を決定すると

$$c_1 = -\frac{w}{6}l^3, \qquad c_2 = \frac{w}{8}l^4 \tag{6.18}$$

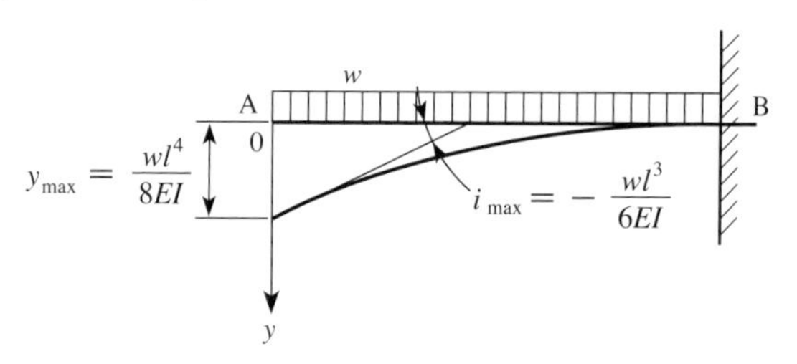

▲図6-3　等分布荷重が作用する片持はり

となる．したがって，たわみ角 i とたわみ y とはそれぞれ次式のようになる．

$$i=\frac{dy}{dx}=\frac{w}{6EI}(x^3-l^3) \qquad (6.19)$$

$$y=\frac{w}{24EI}(x^4-4l^3x+3l^4) \qquad (6.20)$$

最大たわみ角 $i_{\max}$ と最大たわみ $y_{\max}$ とは $x=0$ で生じ，次式になる．

$$i_{\max}=-\frac{wl^3}{6EI} \qquad (6.21)$$

$$y_{\max}=\frac{wl^4}{8EI} \qquad (6.22)$$

例題 6.1

図6-4のように，先端にモーメント荷重 M_A が作用する片持はりの最大たわみ角と最大たわみとを求めよ．

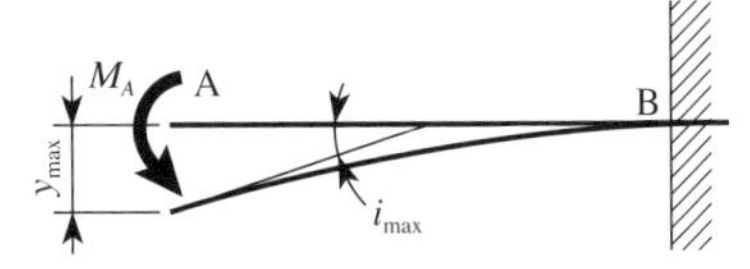

▲図6-4　モーメント荷重が作用する片持はり

解

曲げモーメントは $M=-M_A$ の一定値である．したがって，たわみの基礎式は

$$EI\frac{d^2y}{dx^2}=M_A \qquad (1)$$

となる．たわみの基礎式を2回積分するとそれぞれ次式になる．

$$EI\frac{dy}{dx}=M_A(x-l)+c_1 \qquad (2)$$

$$EIy=\frac{M_A}{2}(x-l)^2+c_1(x-l)+c_2 \qquad (3)$$

$x=l$ で $\frac{dy}{dx}=0$，$y=0$ より　　$c_1=0$,　$c_2=0$　　(4)

したがって，最大たわみ角 $i_{\max}$ と最大たわみ $y_{\max}$ とは $x=0$ で生じ，次式になる．

$$i_{\max}=-\frac{M_A l}{EI},\quad y_{\max}=\frac{M_A l^2}{2EI} \qquad (5)$$

6.3 単純支持はり

図6-5のように集中荷重 P が作用する単純支持はりを考えよう．力とモーメントのつりあいより支点反力は $R_A = \dfrac{Pb}{l}$ および $R_B = \dfrac{Pa}{l}$ である（4.4節参照）．この問題では区間により曲げモーメントの式が異なるので，AC間とCB間においてそれぞれ別個のたわみ曲線を仮定して，それぞれのたわみ曲線が点Cにおいて滑らかにつながるように積分定数を決定する．

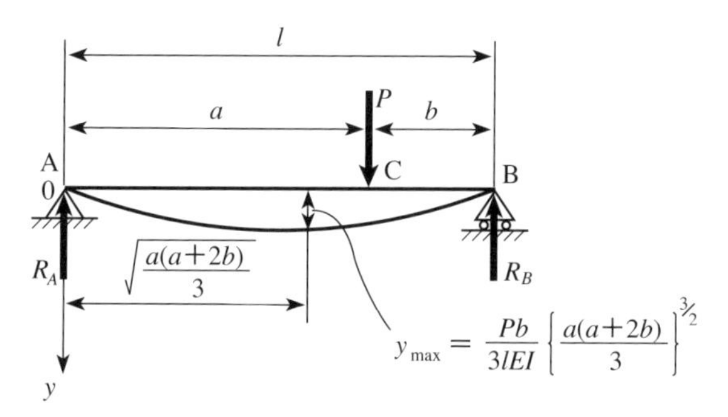

▲図6-5　集中荷重が作用する単純支持はり

① AC間（$0 \leq x \leq a$）では，曲げモーメントは $M_1 = R_A x = \dfrac{Pb}{l}x$ なので，たわみの基礎式は

$$EI\frac{d^2 y_1}{dx^2} = -\frac{Pb}{l}x \tag{6.23}$$

となる．式(6.23)を2回積分するとそれぞれ次式になる．

$$EI\frac{dy_1}{dx} = -\frac{Pb}{2l}x^2 + c_1 \tag{6.24}$$

$$EIy_1 = -\frac{Pb}{6l}x^3 + c_1 x + c_2 \tag{6.25}$$

ここで c_1 と c_2 とは積分定数である

② CB間（$a \leq x \leq l$）では，曲げモーメントは $M_2 = R_A x - P(x-a) = \dfrac{Pa}{l}(l-x)$ なので，たわみの基礎式は

$$EI\frac{d^2y_2}{dx^2}=-\frac{Pa}{l}(l-x) \tag{6.26}$$

となる．2回積分するとそれぞれ次式になる．

$$EI\frac{dy_2}{dx}=\frac{Pa}{2l}(l-x)^2+c_3 \tag{6.27}$$

$$EIy_2=-\frac{Pa}{6l}(l-x)^3-c_3(l-x)+c_4 \tag{6.28}$$

ここで c_3 と c_4 とは積分定数である．これら4個の積分定数はつぎの4個の境界条件から決定できる．

① $x=0$ で $y_1=0$ より　　$c_2=0$　　(6.29)

② $x=l$ で $y_2=0$ より　　$c_4=0$　　(6.30)

③ $x=a$ で $\frac{dy_1}{dx}=\frac{dy_2}{dx}$ より　　$-\frac{Pb}{2l}a^2+c_1=\frac{Pa}{2l}(l-a)^2+c_3$　　(6.31)

④ $x=a$ で $y_1=y_2$ より　　$-\frac{Pb}{6l}a^3+c_1a=-\frac{Pa}{6l}(l-a)^3-c_3(l-a)$　　(6.32)

ここで境界条件③は，連続したはりが変形時に図6-6のように折れ曲らないことを意味している．式(6.31)と(6.32)とから残りの積分定数 c_1 と c_3 とを定めると

$$c_1=\frac{Pab(a+2b)}{6l},\qquad c_3=\frac{-Pab(2a+b)}{6l} \tag{6.33}$$

を得る．したがって，区間ACではたわみ角 i_1 とたわみ y_1 とは次式になる．

$$i_1=\frac{dy_1}{dx}=\frac{Pb}{6lEI}\left\{-3x^2+a(a+2b)\right\} \tag{6.34}$$

$$y_1=\frac{Pb}{6lEI}\left\{-x^3+a(a+2b)x\right\} \tag{6.35}$$

また，区間BCではたわみ角 i_2 とたわみ y_2 とは次式になる．

$$i_2=\frac{dy_2}{dx}=\frac{Pa}{6lEI}\left\{3(l-x)^2-b(2a+b)\right\} \tag{6.36}$$

$$y_2=\frac{Pa}{6lEI}\left\{-(l-x)^3+b(2a+b)(l-x)\right\} \tag{6.37}$$

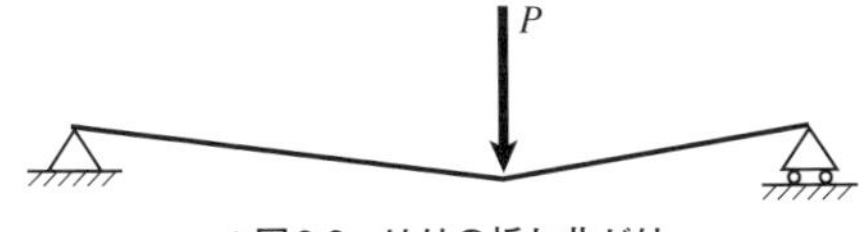

▲図6-6　はりの折れ曲がり

最大たわみの生じる位置 x は，$a > b$ の場合には区間ACに生じて $\dfrac{dy}{dx} = 0$ とおくと

$$x = \sqrt{\frac{a(a+2b)}{3}} \tag{6.38}$$

を得る．最大たわみは式(6.35)に(6.38)を代入することにより次式になる．

$$y_{\max} = \frac{Pb}{3lEI}\left\{\frac{a(a+2b)}{3}\right\}^{3/2} \tag{6.39}$$

式(6.38)において b をゼロに近づける時 $(a \to l)$ の極限をとると，$x = \dfrac{l}{\sqrt{3}} = 0.577l$ となる．したがって，単純支持はりに集中荷重が作用する場合には，近似的に中央が最大たわみの位置とおいてもよい．

特異関数の利用

曲げモーメントが区間によって異なる場合は，それぞれの区間において曲げモーメントの式をたてる必要がある．しかし，つぎのような特異関数

$$n \geq 0, \quad \langle x-a\rangle^n = \begin{cases} 0 & (x-a \leq 0) \\ (x-a)^n & (x-a \geq 0) \end{cases}$$

を用いると，曲げモーメントを1つの式で表すことができ計算が大幅に簡略化される．この特異関数 $\langle x-a\rangle^n$ は，微分や積分の演算について普通の関数 $\langle x-a\rangle^n$ と同じように扱うことができて

$$\int \langle x-a\rangle^n dx = \frac{1}{n+1}\langle x-a\rangle^{n+1} \qquad (n \geq 0)$$

$$\frac{d}{dx}\langle x-a\rangle^n = n\langle x-a\rangle^{n-1} \qquad (n \geq 1)$$

となる．詳しくはつぎのテキストを参考にされたい．

竹園茂男著；基礎材料力学，朝倉書店，1984.

例題 6.2

図6-7のように，長さ $l = 1$m の単純支持はりにおいて $l/2$ の区間に等分布荷重 $w = 1000$N/m が作用する場合，点Cにおけるたわみ y_C を求めよ．ただし，はりの材料のヤング率を $E = 200$GPa とする．

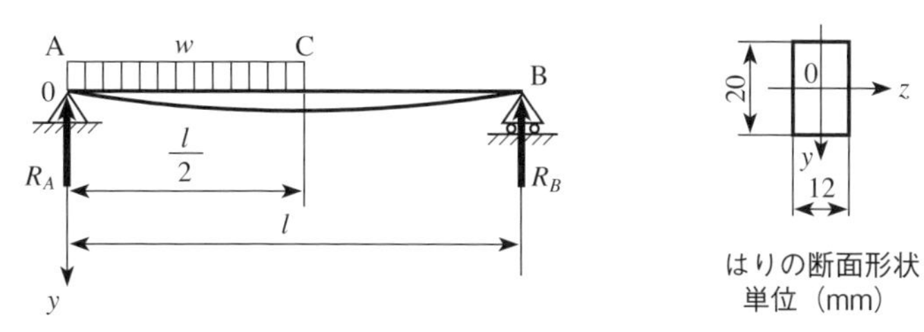

▲図6-7　等分布荷重が作用する単純支持はり

解

区間ACとBCとにおける曲げモーメント M_1 と M_2 とはそれぞれ式(4.16)と(4.18)とから得られ

$$M_1 = R_A x - \frac{w}{2}x^2 = \frac{3wl}{8}x - \frac{w}{2}x^2 \tag{6.40}$$

$$M_2 = R_A x - \frac{wl}{2}\left(x - \frac{l}{4}\right) = -\frac{wl}{8}x + \frac{wl^2}{8} = -\frac{wl}{8}(x - l) \tag{6.41}$$

となる．したがって，対応するたわみの基礎式はそれぞれ

$$EI\frac{d^2y_1}{dx^2} = \frac{w}{2}x^2 - \frac{3wl}{8}x \tag{6.42}$$

$$EI\frac{d^2y_2}{dx^2} = \frac{wl}{8}(x - l) \tag{6.43}$$

となる．式(6.42)と(6.43)とを2回積分すると，それぞれ次式になる．

$$EI\frac{dy_1}{dx} = \frac{w}{6}x^3 - \frac{3wl}{16}x^2 + c_1 \tag{6.44}$$

$$EIy_1 = \frac{w}{24}x^4 - \frac{wl}{16}x^3 + c_1x + c_2 \tag{6.45}$$

$$EI\frac{dy_2}{dx} = \frac{wl}{16}(x - l)^2 + c_3 \tag{6.46}$$

$$EIy_2 = \frac{wl}{48}(x - l)^3 + c_3(x - l) + c_4 \tag{6.47}$$

積分定数 c_1～c_4 を決定するために，点A，B，Cにおける境界条件よりつぎの4つの関係式が得られる．

① $x=0$ で $y_1=0$ より　　$c_2=0$　　(6.48)

② $x=\dfrac{l}{2}$ で $\dfrac{dy_1}{dx}=\dfrac{dy_2}{dx}$ より　　$\dfrac{wl^3}{24}+c_3=c_1$　　(6.49)

③ $x=\dfrac{l}{2}$ で $y_1=y_2$ より　　$c_1+c_3=\dfrac{wl^3}{192}$　　(6.50)

④ $x=l$ で $y_2=0$ より　　$c_4=0$　　(6.51)

積分定数 c_1 および c_3 はそれぞれ次式になる.

$$c_1=\frac{3wl^3}{128},\qquad c_3=-\frac{7wl^3}{384} \tag{6.52}$$

断面形状から断面二次モーメントは

$$I=\frac{(12\times10^{-3})\times(20\times10^{-3})^3}{12}=8\times10^{-9}(\mathrm{m}^4)$$

である.

したがって, $x=\dfrac{l}{2}$ におけるたわみ y_C は次式になる.

$$\begin{aligned} y_C&=\frac{1}{EI}\left\{\frac{w}{24}\left(\frac{l}{2}\right)^4-\frac{wl}{16}\left(\frac{l}{2}\right)^3+\frac{3wl^3}{128}\left(\frac{l}{2}\right)\right\}\\ &=\frac{10^3}{(200\times10^9)\times(8\times10^{-9})}\left\{\frac{5}{768}\right\}=4.1\times10^{-3}(\mathrm{m}) \end{aligned} \tag{6.53}$$

精密測定とはりの支持

スパン全長 l にわたって, 等分布荷重が作用するはりを図1のように支持すると, 端面から支持点までの距離 a により変形のようすが異なる. したがって, 精密測定をする場合には, この変形を考慮して測定器を支持する必要がある. 以下に代表的な支持方法を示す.

① $a=0.2113l$ エアリー(Airy)点:両端面AとBとが平行

② $a=0.2203l$ ベッセル(Bessel)点:中立面上で全長の変化量が最小

③ $a=0.2232l$ 全長にわたるたわみが最小で, 両端と中央のたわみが等しい

④ $a=0.2386l$ 中央のたわみがゼロ

ちなみにエアリー点とベッセル点とは, ともに有名な天文学者の名前に由来している. エアリーは応力関数で, ベッセルはベッセル関数でよく知られている.

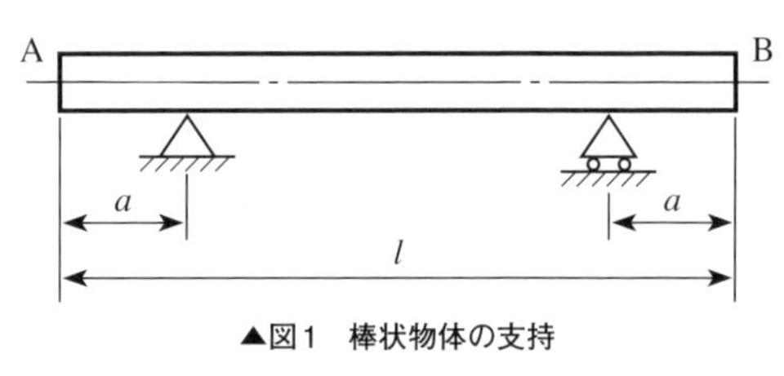

▲図1　棒状物体の支持

例題 6.3

図6-8のようにスパンの途中にある点Cに，モーメント M_C が作用する単純支持はりにおいて，点Cのたわみ y_C とたわみ角 i_C を求めよ．

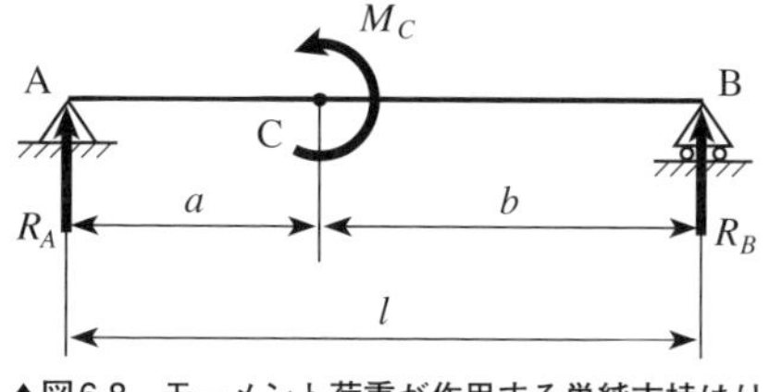

▲図6-8　モーメント荷重が作用する単純支持はり

解

区間ACとBCとにおける曲げモーメント M_1 と M_2 とはそれぞれ式(4.23)と(4.24)とから得られ

$$M_1 = \frac{M_C}{l}x \tag{6.54}$$

$$M_2 = \frac{M_C}{l}(x-l) \tag{6.55}$$

となる．したがって，たわみの基礎式は次式になる．

$$EI\frac{d^2y_1}{dx^2} = -\frac{M_C}{l}x \tag{6.56}$$

$$EI\frac{d^2y_2}{dx^2} = -\frac{M_C}{l}(x-l) \tag{6.57}$$

これらの式を2回積分するとそれぞれ次式になる．

$$EI\frac{dy_1}{dx} = -\frac{M_C}{l}\left(\frac{x^2}{2}+c_1\right) \tag{6.58}$$

$$EIy_1 = -\frac{M_C}{l}\left(\frac{x^3}{6}+c_1x+c_2\right) \tag{6.59}$$

$$EI\frac{dy_2}{dx} = -\frac{M_C}{l}\left\{\frac{(x-l)^2}{2}+c_3\right\} \tag{6.60}$$

$$EIy_2 = -\frac{M_C}{l}\left\{\frac{(x-l)^3}{6} + c_3(x-l) + c_4\right\} \tag{6.61}$$

積分定数 $c_1 \sim c_4$ は，つぎのような境界条件により定まる．

① $x=0$ で $y_1=0$ より　　$c_2=0$　　(6.62)

② $x=a$ で $\frac{dy_1}{dx}=\frac{dy_2}{dx}$ より　　$\frac{a^2}{2}+c_1=\frac{b^2}{2}+c_3$　　(6.63)

③ $x=a$ で $y_1=y_2$ より　　$\frac{a^3}{6}+c_1a=\frac{-b^3}{6}-c_3b$　　(6.64)

④ $x=l$ で $y_2=0$ より　　$c_4=0$　　(6.65)

式(6.63)と(6.64)とから c_2 と c_3 とが決まり，次式になる．

$$c_1 = \frac{1}{6l}(2b^3-3a^2b-a^3), \qquad c_3 = \frac{1}{6l}(2a^3-3ab^2-b^3) \tag{6.66}$$

式(6.58)あるいは(6.60)に $x=a$ を代入して点Cにおけるたわみ角 i_C を求め，同様に式(6.59)あるいは(6.61)から点Cにおけるたわみ y_C を求めると，それぞれ次式になる．

$$i_C = -\frac{M_C}{3EIl}(a^2-ab+b^2) \tag{6.67}$$

$$y_C = \frac{M_C}{3EIl}ab(a-b) \tag{6.68}$$

数学的テクニック（3）

たわみの基礎式を積分する際に，たとえば式(6.27)，(6.28)，(6.60)，(6.61)などにおいて $(x-l)$ を1つの変数として扱っている．これは境界条件から積分定数を決める場合に計算をできるだけ簡略化するように工夫したためである．境界条件を入れる位置 $(x-l)$ を含めた形で積分すると，積分定数を容易に決定できる．曲げモーメントが区間により異なる場合はたわみの基礎式が2つできる．このような場合は特に有効である．

6.4 不静定はり

はりの曲げにおいてつりあい式は，垂直方向の力のつりあいとモーメントのつりあいとの2式だけである．したがって，図6-9に示されているはりは，未知の支点反力（R_A，R_Bなど）や固定モーメント（M_A，M_B）の個数がつりあい式の数を上回っている．このようなはりを**不静定はり**（statically indeterminate beam）といい，つりあい式だけでは解くことができない．未知量の個数とつりあい式の個数の差を**不静定次数**という．以前の章でしばしば不静定問題の解法を説明したように「不静定問題は変形を考慮して関係式を導く」ことを指針としてたわみ変形を考察する．

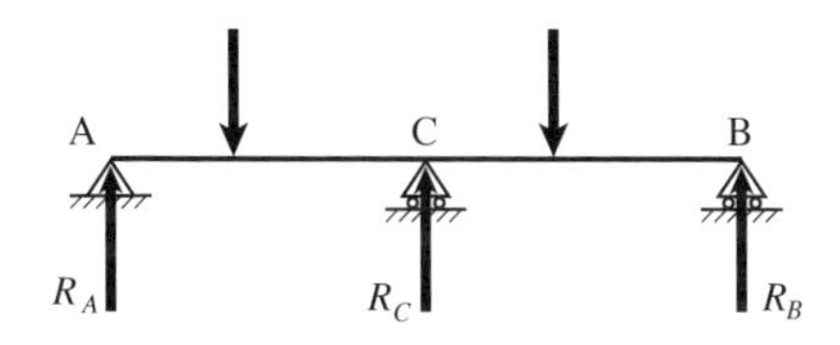

(a) 連続はり

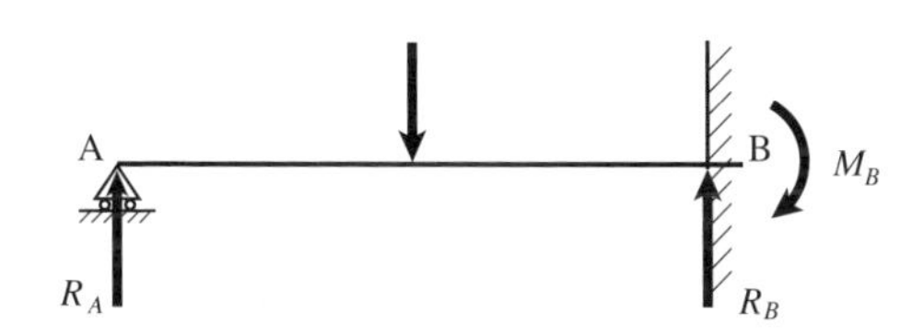

(b) 一端固定，他端単純支持はり

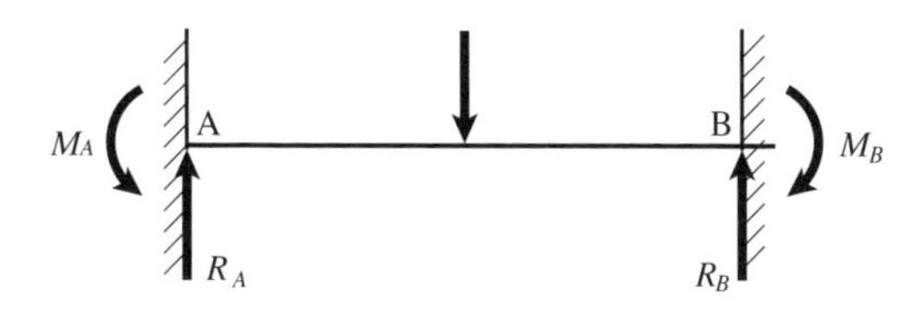

(c) 両端固定はり

▲図6-9　不静定はり

一端固定，他端単純支持はり

図6-10(a)のような等分布荷重 w が作用する一端固定，他端単純支持はりを考えよう．力のつりあいとモーメントのつりあい（B点回り）とは次式になる．

$$R_A + R_B - wl = 0 \tag{6.69}$$

$$R_A l - \frac{wl^2}{2} + M_B = 0 \tag{6.70}$$

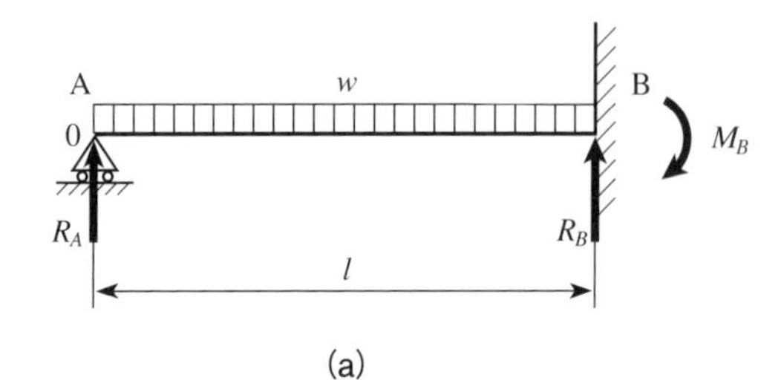

(a)

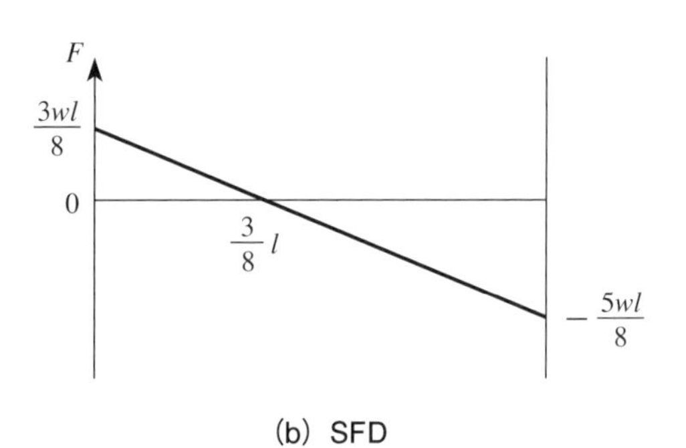

(b) SFD

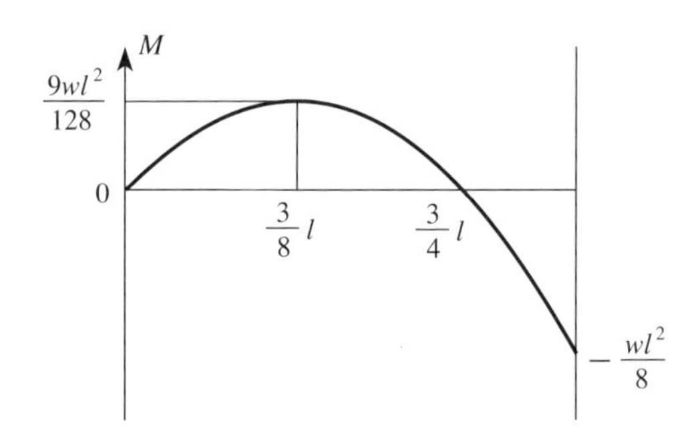

(c) BMD

▲図6-10　一端固定，他端単純支持はり

支点反力 R_A，R_B と固定モーメント M_B とが未知量であり，つりあい式だけで

は解くことができない不静定問題（不静定次数1）である．曲げモーメントは，$M = R_A x - \frac{1}{2} w x^2$ なので，たわみの基礎式は次式になる．

$$EI \frac{d^2 y}{dx^2} = -M = \frac{w}{2} x^2 - R_A x \tag{6.71}$$

式(6.71)を2回積分すると，それぞれ次式になる．

$$EI \frac{dy}{dx} = \frac{w}{6} x^3 - \frac{R_A}{2} x^2 + c_1 \tag{6.72}$$

$$EIy = \frac{w}{24} x^4 - \frac{R_A}{6} x^3 + c_1 x + c_2 \tag{6.73}$$

つぎの3つの条件が境界条件として考えられる．

①$x = 0$ で $y = 0$ より　$c_2 = 0$　(6.74)

②$x = l$ で $y = 0$ より　$\frac{w}{24} l^4 - \frac{R_A}{6} l^3 + c_1 l + c_2 = 0$　(6.75)

③$x = l$ で $\frac{dy}{dx} = 0$ より　$\frac{w}{6} l^3 - \frac{R_A}{2} l^2 + c_1 = 0$　(6.76)

未知量は R_A，R_B，M_B および積分定数の c_1，c_2 の5個であり，関係式はつりあい式(6.69)と(6.70)および式(6.74)～(6.76)の5個である．これらの式を連立させると，すべての未知量を決定でき，

$$R_A = \frac{3}{8} wl, \quad R_B = \frac{5}{8} wl, \quad M_B = \frac{1}{8} wl^2, \quad c_1 = \frac{wl^3}{48}, \quad c_2 = 0 \tag{6.77}$$

を得る．以上の結果をまとめてSFDとBMDとを描くとそれぞれ図6-10(b)と(c)とになる．

両端固定はり

図6-11(a)のように，両端を固定したはりのスパンの途中にある点Cに集中荷重 P が作用する場合を考えよう．厳密には固定支持の場合は軸方向にも反力が生じる（図4-2(c)参照）が，水平方向の反力を無視して，固定端には垂直方向の反力 R_A，R_B と固定モーメント M_A，M_B とが生じるものとする．力とモーメントのつりあいは

$$R_A + R_B - P = 0 \tag{6.78}$$

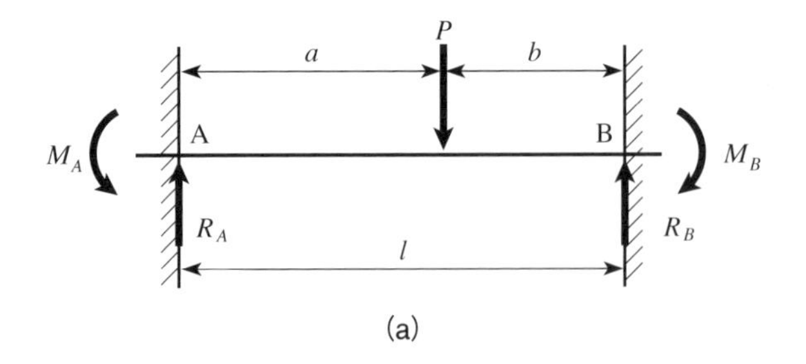

(a)

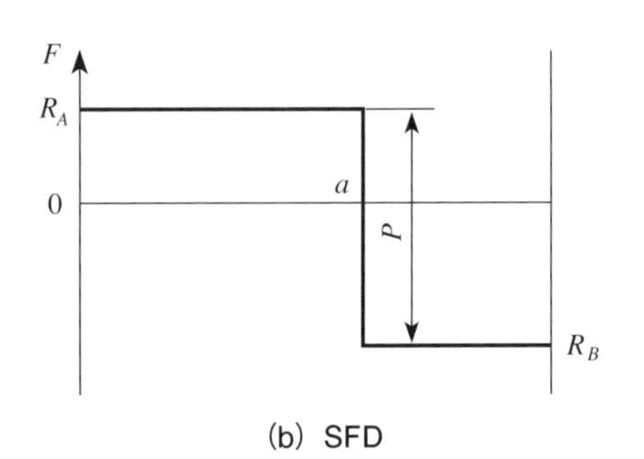

(b) SFD

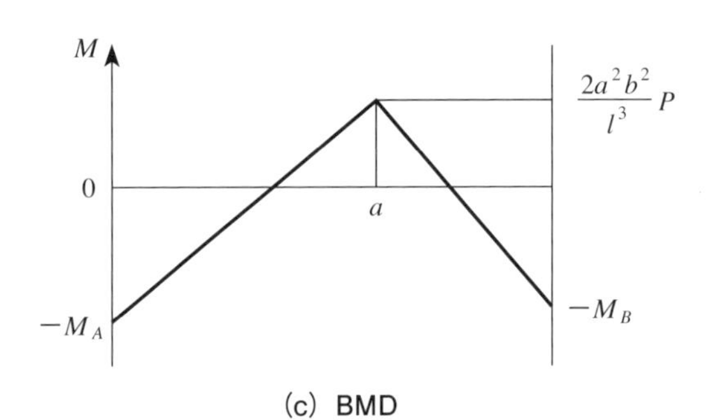

(c) BMD

▲図6-11　両端固定はり

$$R_A l - M_A - Pb + M_B = 0 \tag{6.79}$$

となる．したがって，未知量が4個に対してつりあい式2個（不静定次数2）の不静定問題である．

①$0 \leq x \leq a$では，曲げモーメントは$M_1 = -M_A + R_A x$

$$EI\frac{d^2y_1}{dx^2} = M_A - R_A x \tag{6.80}$$

②$a \leq x \leq l$では，曲げモーメントは$M_2 = -M_A + R_A x - P(x-a) = -M_B - R_B(x-l)$

紙面版 **電脳会議** DENNOUKAIGI 一切無料

今が旬の書籍情報を満載してお送りします！

『電脳会議』は、年6回刊行の無料情報誌です。2023年10月発行のVol.221より**リニューアル**し、**A4判・32頁カラー**と**ボリュームアップ**。弊社発行の新刊・近刊書籍や、注目の書籍を担当編集者自らが紹介しています。今後は図書目録はなくなり、『電脳会議』上で弊社書籍ラインナップや最新情報などをご紹介していきます。新しくなった『電脳会議』にご期待下さい。

電子書籍・雑誌を読んでみよう！

技術評論社　GDP　検索

で検索、もしくは左のQRコード・下のURLからアクセスできます。

https://gihyo.jp/dp

1. アカウントを登録後、ログインします。
【外部サービス(Google、Facebook、Yahoo!JAPAN)でもログイン可能】
2. ラインナップは入門書から専門書、趣味書まで 3,500点以上！
3. 購入したい書籍を カート に入れます。
4. お支払いは「PayPal™」にて決済します。
5. さあ、電子書籍の読書スタートです！

◉ご利用上のご注意　当サイトで販売されている電子書籍のご利用にあたっては、以下の点にご留意

■インターネット接続環境　電子書籍のダウンロードについては、ブロードバンド環境を推奨いたします。

■閲覧環境　PDF版については、Adobe ReaderなどのPDFリーダーソフト、EPUB版については、EPUB

■電子書籍の複製　当サイトで販売されている電子書籍は、購入した個人のご利用を目的としてのみ、閲覧、ご覧いただく人数分をご購入いただきます。

■改ざん・複製・共有の禁止　電子書籍の著作権はコンテンツの著作権者にありますので、許可を得ない

Software Design も電子版で読める！

電子版定期購読がお得に楽しめる!

くわしくは、
「**Gihyo Digital Publishing**」
のトップページをご覧ください。

電子書籍をプレゼントしよう!

Gihyo Digital Publishing でお買い求めいただける特定の商品と引き替えが可能な、ギフトコードをご購入いただけるようになりました。おすすめの電子書籍や電子雑誌を贈ってみませんか?

こんなシーンで…

- ご入学のお祝いに
- 新社会人への贈り物に
- イベントやコンテストのプレゼントに　………

◎**ギフトコードとは?**　Gihyo Digital Publishing で販売している商品と引き替えできるクーポンコードです。コードと商品は一対一で結びつけられています。

くわしい**ご利用方法**は、「**Gihyo Digital Publishing**」をご覧ください。

ノフトのインストールが必要となります。
印刷を行うことができます。法人・学校での一括購入においても、利用者1人につき1アカウントが必要となり、

也人への譲渡、共有はすべて著作権法および規約違反です。

電脳会議

紙面版

新規送付のお申し込みは…

電脳会議事務局　検 索

で検索、もしくは以下の QR コード・URL から登録をお願いします。

https://gihyo.jp/site/inquiry/dennou

「電脳会議」紙面版の送付は送料含め費用は一切無料です。
登録時の個人情報の取扱については、株式会社技術評論社のプライバシーポリシーに準じます。

技術評論社のプライバシーポリシーはこちらを検索。

https://gihyo.jp/site/policy/

技術評論社　電脳会議事務局
〒162-0846 東京都新宿区市谷左内町21-13

$$EI\frac{d^2y_2}{dx^2} = M_B + R_B(x-l) \tag{6.81}$$

式(6.80)と(6.81)とを2回積分すると，それぞれ次式になる．

$$EI\frac{dy_1}{dx} = M_A x - \frac{R_A}{2}x^2 + c_1 \tag{6.82}$$

$$EIy_1 = \frac{M_A}{2}x^2 - \frac{R_A}{6}x^3 + c_1 x + c_2 \tag{6.83}$$

$$EI\frac{dy_2}{dx} = M_B(x-l) + \frac{R_B}{2}(x-l)^2 + c_3 \tag{6.84}$$

$$EIy_2 = \frac{M_B}{2}(x-l)^2 + \frac{R_B}{6}(x-l)^3 + c_3(x-l) + c_4 \tag{6.85}$$

ここで $c_1 \sim c_4$ は積分定数を表し，次の6つの境界条件より関係式を得る．

① $x=0$ で $\dfrac{dy_1}{dx}=0$ より　$c_1=0$　(6.86)

② $x=0$ で $y_1=0$ より　$c_2=0$　(6.87)

③ $x=l$ で $\dfrac{dy_2}{dx}=0$ より　$c_3=0$　(6.88)

④ $x=l$ で $y_2=0$ より　$c_4=0$　(6.89)

⑤ $x=a$ で $\dfrac{dy_1}{dx}=\dfrac{dy_2}{dx}$ より　$M_A a - \dfrac{R_A}{2}a^2 = M_B(a-l) + \dfrac{R_B}{2}(a-l)^2$　(6.90)

⑥ $x=a$ で $y_1=y_2$ より　$\dfrac{M_A}{2}a^2 - \dfrac{R_A}{6}a^3 = \dfrac{M_B}{2}(a-l)^2 + \dfrac{R_B}{6}(a-l)^3$　(6.91)

式(6.78)，(6.79)，(6.90)と(6.91)とを連立させて未知量について解くと次式を得る．

$$R_A = \frac{b^2(3a+b)}{l^3}P, \qquad M_A = \frac{ab^2}{l^2}P \tag{6.92}$$

$$R_B = \frac{a^2(3b+a)}{l^3}P, \qquad M_B = \frac{a^2 b}{l^2}P \tag{6.93}$$

SFDとBMDとはそれぞれ図6-11(b)と(c)とになる．

横に置いた柱に関するガリレオの問題 (3)

前章で考えたガリレオの問題を再度考えてみよう．図1(a)のように，3つ支点を精度よく水平に設定すればはりは不静定はりになる．ここで簡略化するために，前問のようなはりの張り出し a をゼロとする．このときBMDは図1(b)のようになり，当然ではあるがはりは破壊しない．このように材料力学での解析と現実との間には「微妙な」違いがある．現実の問題を解析する際には，このような違いにどの程度まで気付いて考慮できるか，あるいは無視できると判断できるかが，優れたエンジニアかどうかの分岐点になるように思う．ところで図1(b)から危険断面は $x=\dfrac{l}{2}$ の位置であり，最大曲げモーメントを小さくより安全にするには，中央の支点Cを少し低くすればよいことにお気付きだろうか．

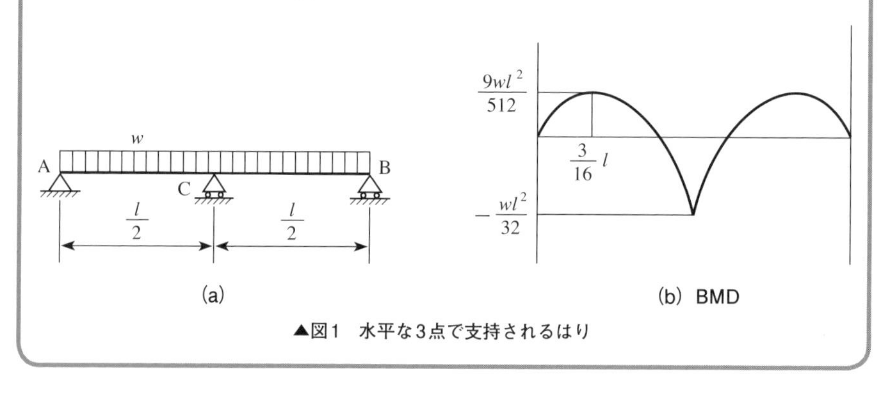

▲図1　水平な3点で支持されるはり

ここではりの問題を解く手順を以下にまとめておこう．

[手順]

1. 座標系を設定して，未知量である支点反力と固定モーメントとの方向を仮定する．
2. 仮定された支点反力と固定モーメントとの向きを考慮にいれて，力のつりあい式とモーメントのつりあい式とをたてる．
3. 曲げモーメントを求め，たわみの基礎式に代入する．
4. 1回積分してたわみ角を求める．
5. さらに1回積分してたわみを求める．
6. 境界条件を代入して積分定数を求める．
7. 不静定問題の場合は，境界条件から得られた条件式とつりあい式とを連立させて未知量を求める．

● 例題 6.4

図6-12のように，等分布荷重 w が作用するはりの一端をばね定数 k のばねで支えている．反力 R_B，R_C と固定モーメント M_B および点Aのたわみ δ_A を求めよ．

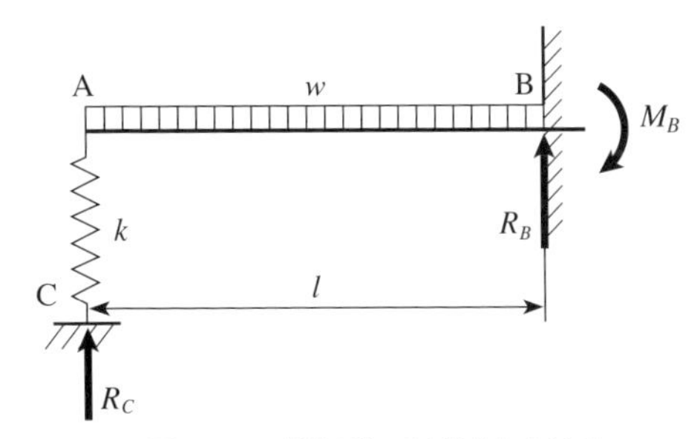

▲図6-12　一端をばねで支持されたはり

解

力のつりあいとモーメントのつりあいとはそれぞれ次式になる．

$$R_B + R_C - wl = 0 \tag{6.94}$$

$$R_C l - \frac{wl^2}{2} + M_B = 0 \tag{6.95}$$

この場合は，はりに関して未知量3個（不静定次数1）の不静定問題となる．はりの曲げモーメントは

$$M(x) = R_C x - \frac{w}{2} x^2 \tag{6.96}$$

である．したがって，はりのたわみの基礎式は次式になる．

$$EI \frac{d^2 y}{dx^2} = -M(x) = \frac{w}{2} x^2 - R_C x \tag{6.97}$$

式(6.97)を2回積分するとそれぞれ次式になる．

$$EI \frac{dy}{dx} = \frac{w}{6} x^3 - \frac{R_C}{2} x^2 + c_1 \tag{6.98}$$

$$EIy = \frac{w}{24} x^4 - \frac{R_C}{6} x^3 + c_1 x + c_2 \tag{6.99}$$

積分定数 c_1，c_2 と R_B，R_C，M_B はつぎの境界条件から決定される．

① $x = 0$ で $y = \delta_A$ より　　$c_2 = \delta_A EI$　　(6.100)

② $x = l$ で $\dfrac{dy}{dx} = 0$ より　　$\dfrac{wl^3}{6} - \dfrac{R_C l^2}{2} + c_1 = 0$　　(6.101)

③ $x=l$ で $y=0$ より　$$\frac{wl^4}{24}-\frac{R_C l^3}{6}+c_1 l+c_2=0 \quad (6.102)$$

点Aのたわみ δ_A が未知量であるため，さらにばねの変形を考慮して次式の関係を得る．

$$R_c=k\delta_A \quad (6.103)$$

式(6.94)，(6.95)と(6.100)〜(6.103)を連立させて解くと，支点反力と固定モーメントを次式のように得る．

$$R_C=\frac{3kwl^4}{8(3EI+kl^3)},\quad R_B=\frac{wl(24EI+5kl^3)}{8(3EI+kl^3)},\quad M_B=\frac{wl^2(12EI+kl^3)}{8(3EI+kl^3)} \quad (6.104)$$

また，点Aのたわみ δ_A は次式になる．

$$\delta_A=\frac{R_C}{k}=\frac{3wl^4}{8(3EI+kl^3)} \quad (6.105)$$

式(6.105)においてばね定数を大きく（$k\to\infty$）すると $\delta_A\to0$ となり，図6-10(a)のようなはりに近づき，ばね定数を小さく（$k\to0$）すると片持はりに近づき，δ_A は式(6.22)の値に近づく．

重ね合わせ法

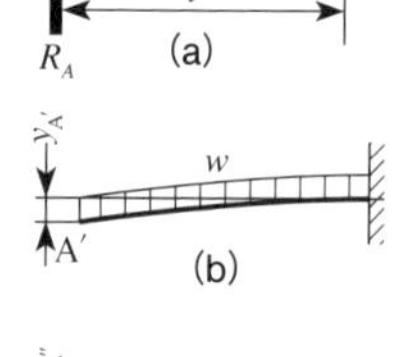

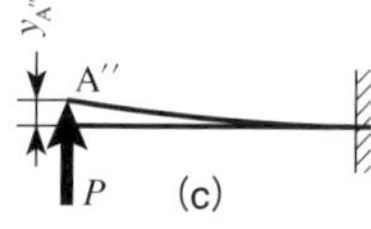

(c)

図1 重ね合わせ法

図1(a)のような不静定問題を図1(b)，(c)のように2つの静定問題として解き，その解を重ね合わせて求めてみよう．図1(b)において点A'のたわみは式(6.22)より

$$y_{A'}=\frac{wl^4}{8EI} \quad (1)$$

である．また，図1(c)において点A"のたわみは式(6.14)より

$$y_{A''}=-\frac{Pl^3}{3EI} \quad (2)$$

である．点Aのたわみは式(1)と(2)との重ね合わせとして得られ，$y_{A'}+y_{A''}=0$ である．このとき図1(c)における荷重 P が支点反力 R_A に相当するので

$$R_A=P=\frac{3wl}{8} \quad (3)$$

が得られ，式(6.77)に一致する．このように静定はりの解を重ね合わせて解く方法を「**重ね合わせ法**」という．この解法では与えられた不静定はりをどのような静定はりの問題に分解するかが解くうえでのポイントになる．

演習問題

1 図1のように，等分布荷重 w と集中荷重 P とが作用する長さ l の片持ちはりABについて，つぎの問いに答えよ．

① 点Aのたわみを求めよ．

② 点Aのたわみがゼロになるような集中荷重 P を求めよ．

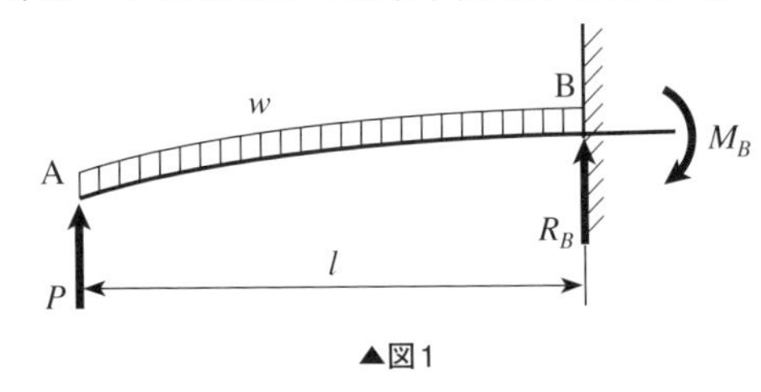

▲図1

2 図2のように，スパンの途中点Cにモーメント M_C が作用する一端固定，他端単純支持のはりがある．つぎの問いに答えよ．

① 反力 R_A，R_B および固定モーメント M_B を求めよ．

② $a = 40$cm，$b = 60$cm，$M_C = 200$Nmのとき SFD およびBMDを描け．

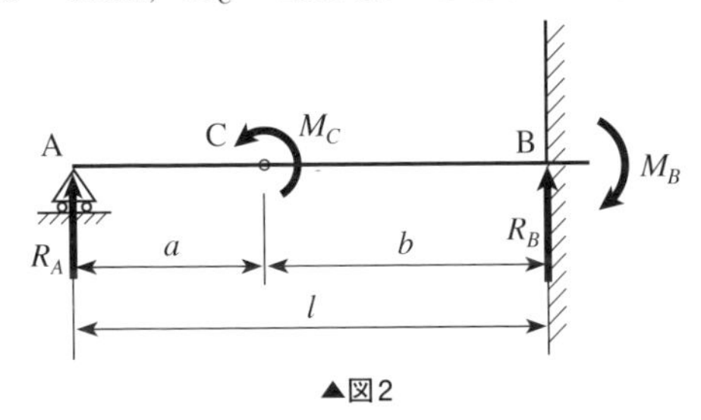

▲図2

3 図3のように両端固定はりの一端Aを δ_0 だけ下方に移動した．両端の支点反力と固定モーメントを求めよ．

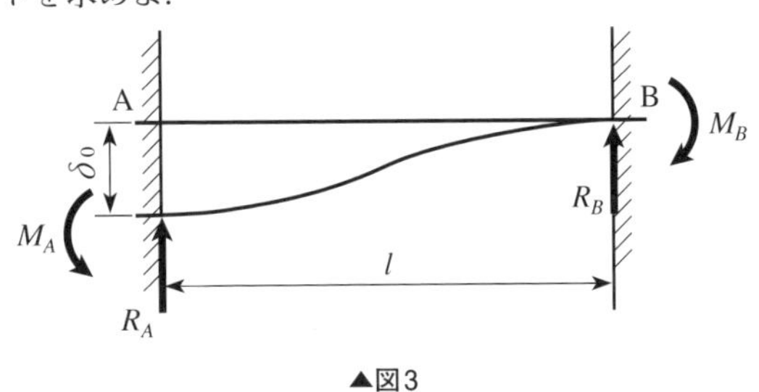

▲図3

4 図4のように，片持はりABとCDとがローラーを介してつながっており，ABには等分布荷重 w が作用している．2つのはりは同じ材料で作られ同じ断面形状であり，縦弾性係数を E，はりの断面二次モーメントを I とするときにつぎの問いに答えよ．

① 両端の反力と固定モーメントとを求めよ．

② 点Bのたわみを求めよ．

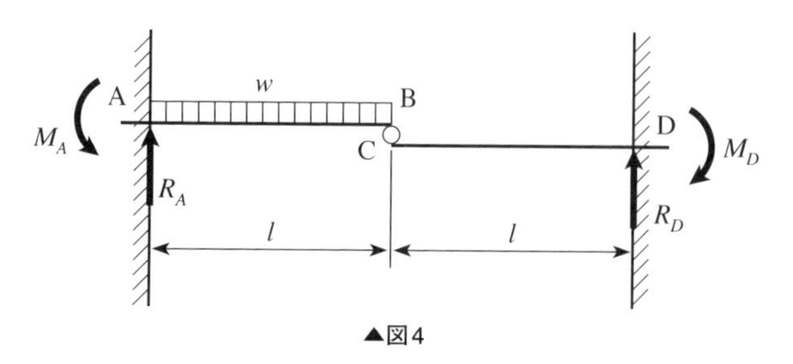

▲図4

5 図5のような段付きはりの中央Eに荷重 P が作用しているとき，固定モーメント M_A を求めよ．ただし，AC，BD間とCD間との断面二次モーメントを，それぞれ I_1 および I_2 とする．また，縦弾性係数を E とする．

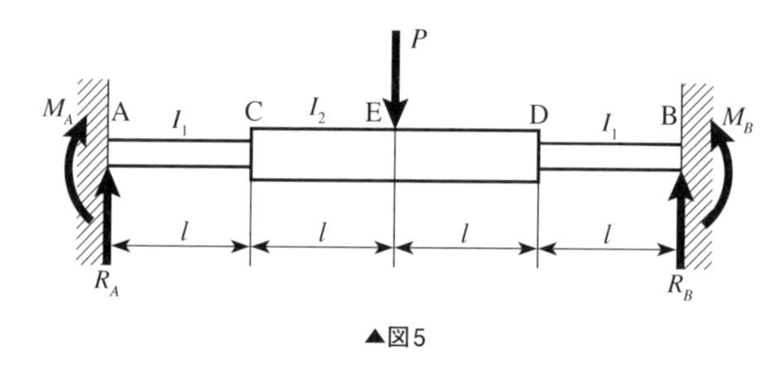

▲図5

6 図6のような三角形のはりにおいて端部Bが剛体壁に固定され，自由端Aに集中荷重 P が作用している．点Aにおけるたわみとたわみ角とを求めよ．

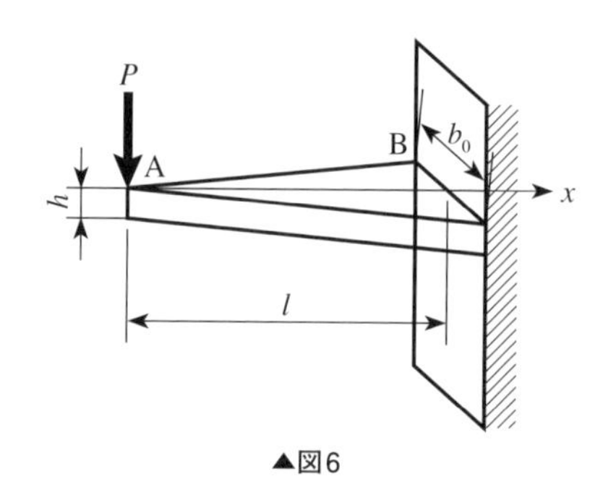

▲図6

第7章

組み合わせ応力

応力とひずみとは，2階のテンソルであるために座標変換すると方向余弦の二次式で展開できる．これを図的に表したのがモールの応力円とひずみ円である．図の描き方と読み方に注意すること．

7.1 応力と座標変換

前章までは応力を単位面積当たりの内力として扱ってきたが，本節ではさらに深く応力の意味について考える．3次元物体に外力が加わり内部に応力が生じている状態を記述するために，図7-1のように各辺の長さがそれぞれ dx，dy，dz の微小六面体要素を考える．

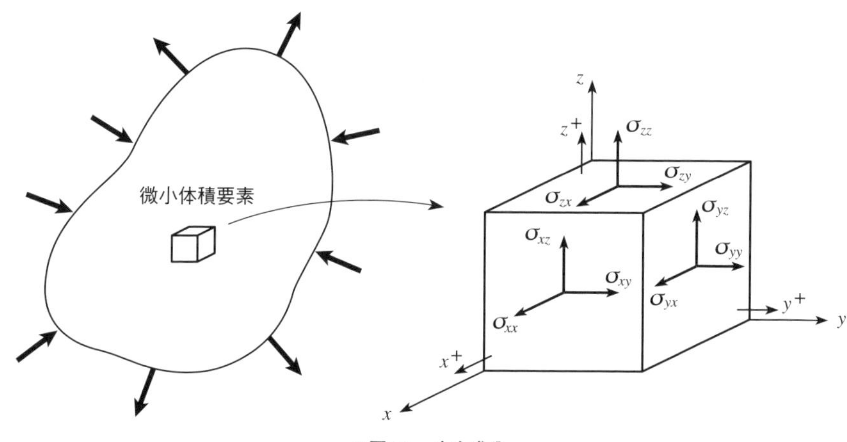

▲図7-1　応力成分

外向きの法線ベクトルの方向により面の方向を定義する．たとえば，外向きの法線が x 軸の正方向であれば正の面（x^+面），x 軸の負方向であれば負の面（x^-面）という．応力は内力の向きと作用する面の向きとを表示する必要がある．そこで，応力成分を σ_{ij} のように2つの添字を用いて記述し，「最初の添字 i は作用面の方向」を，「後の添字 j は面に加わる内力の方向」を表すと約束する．つまり，σ_{xx} は x^+面に作用する（内力の方向が）x 軸正方向の応力を表す．また，微小要素を引張る状態を表すためには微小要素を外側へ引く応力は等価といえるので，x^-面に作用する（内力の方向が）x 軸負方向の応力も正の σ_{xx} とする．同様な定義に従うと，σ_{xy} は x^+面に作用する y 軸正方向（x^-面に作用する y 軸負方向）の応力を表し，σ_{yx} は y^+面に作用する x 軸正方向（y^-面に作用する x 軸負方向）の応力を表している．添字 i と j とが同じ記号で構成されている場合は垂直応力を表し，2つの添字を1つに簡略化できる．つまり，「$xx \to x$，$yy \to y$，$zz \to z$」と表すことができる．また，添字が異なる記号で構成されている場合はせん断応力を表し，垂直応力と明確に区別するために応力の記号を $\sigma \to \tau$ と表す場合が多い．弾性力学でよく用いられるσ_{xx}やσ_{xy}は，材料力学で用いられるσ_xやτ_{xy}と等価である．さらに図1-7で示したように，共役せん断応力により$\tau_{xy}=\tau_{yx}$と添字を入れ替えてよいことから，σ_{ij}における添字iとjとは，面の方向と内力の方向とのどちらに約束してもよいことになる．結局，応力テンソル$\boldsymbol{\sigma}$はつぎのような対称テンソルの形式で表される．

$$\boldsymbol{\sigma}=\begin{bmatrix}\sigma_{xx} & \sigma_{xy} & \sigma_{xz}\\ \sigma_{yx} & \sigma_{yy} & \sigma_{yz}\\ \sigma_{zx} & \sigma_{zy} & \sigma_{zz}\end{bmatrix}\Rightarrow\begin{bmatrix}\sigma_{x} & \tau_{xy} & \tau_{zx}\\ \tau_{xy} & \sigma_{y} & \tau_{yz}\\ \tau_{zx} & \tau_{yz} & \sigma_{z}\end{bmatrix} \tag{7.1}$$

この表記法は広く用いられているが，応力成分が1つの添字で表されていても応力は2階のテンソルである．力のようなベクトルの成分は$\mathbf{F}=\begin{bmatrix}F_x & F_y & F_z\end{bmatrix}$のように1つ添字で記述されるのと比較すると，応力が力とは異なった物理量であることが理解できる．

テンソルの語源

テンソル（tensor）の語源はtense（引張り）＋orである．引張った状態を記述するために導入されたことを連想させる言葉である．歴史的にはテンソルの概念が応力解析を通して確立されており，材料力学と密接な関係がある．ちなみにvectorはラテン語の運ぶこと，scalarはscale＋arで尺度やものさしに関係している言葉である．新しい概念の言葉でも語源を知ると何となく理解できるものである．

座標軸を原点のまわりに適当に回転移動すると，せん断応力成分がすべてゼロになる方向が必ず存在する．このときの座標軸を**主軸**（principal axis）といい，主軸に垂直な面を**主面**（principal plane）という．座標軸を主軸に選んだ場合には，主面上に作用する応力は垂直応力（σ_1，σ_2，σ_3）のみでこれを**主応力**$\boldsymbol{\sigma}_0$（principal stress）といい，テンソル表示では次式のように対角成分のみになる．

$$\boldsymbol{\sigma}_0=\begin{bmatrix}\sigma_1 & 0 & 0\\ 0 & \sigma_2 & 0\\ 0 & 0 & \sigma_3\end{bmatrix} \tag{7.2}$$

行列の固有値と主応力

線形数学に慣れている人には，式(7.1)から(7.2)への変換は行列の対角化として理解できるであろう．したがって，σの特性方程式である行列式

$$\begin{vmatrix} \sigma_x - \sigma & \tau_{xy} & \tau_{zx} \\ \tau_{xy} & \sigma_y - \sigma & \tau_{yz} \\ \tau_{zx} & \tau_{yz} & \sigma_z - \sigma \end{vmatrix} = 0$$

を解くと，3つの固有値σが主応力 (σ_1，σ_2，σ_3) になっている．

つぎに座標変換による応力成分の変化を考えてみよう．図7-2のように原点Oの近傍に微小六面体要素をとり，xy 座標系においてσ_x，σ_y，τ_{xy} が作用しているとする．法線が x 軸と角度θをなす斜面には，垂直な応力σと平行な応力τとが作用している．この斜面に垂直な応力σと平行な応力τは，xy 座標系を反時計回りにθだけ回転させた$x'y'$座標系における垂直応力とせん断応力とに相当する．σ_x，σ_y，τ_{xy} とσ，τとの関係は，微小三角柱要素ABC-A'B'C'において斜面の法線方向と接線方向との力のつりあいから得られ，それぞれ次式になる．

$$\sigma dzds - \sigma_x dzdy \cos\theta - \sigma_y dzdx \sin\theta - \tau_{xy} dzdy \sin\theta - \tau_{yx} dzdx \cos\theta = 0 \quad (7.3)$$

$$\tau dzds + \sigma_x dzdy \sin\theta - \sigma_y dzdx \cos\theta - \tau_{xy} dzdy \cos\theta + \tau_{yx} dzdx \sin\theta = 0 \quad (7.4)$$

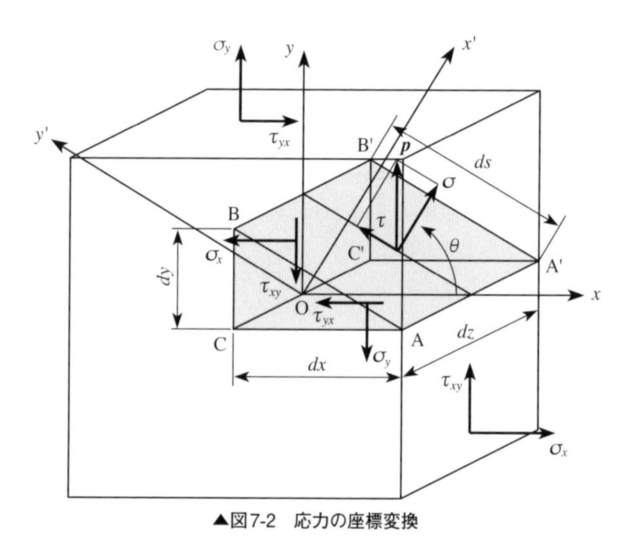

▲図7-2　応力の座標変換

共役せん断応力 $\tau_{xy}=\tau_{yx}$ と $\dfrac{dx}{ds}=\sin\theta$，$\dfrac{dy}{ds}=\cos\theta$ の関係を用いると，式(7.3)

と(7.4)とはそれぞれ次式になる．

$$\begin{aligned}\sigma &= \sigma_x\cos^2\theta+\sigma_y\sin^2\theta+2\tau_{xy}\sin\theta\cos\theta\\ &= \frac{1}{2}(\sigma_x+\sigma_y)+\frac{1}{2}(\sigma_x-\sigma_y)\cos 2\theta+\tau_{xy}\sin 2\theta\end{aligned} \tag{7.5}$$

$$\begin{aligned}\tau &= -(\sigma_x-\sigma_y)\sin\theta\cos\theta+\tau_{xy}(\cos^2\theta-\sin^2\theta)\\ &= -\frac{1}{2}(\sigma_x-\sigma_y)\sin 2\theta+\tau_{xy}\cos 2\theta\end{aligned} \tag{7.6}$$

したがって式(7.5)と(7.6)は，xy 座標系を反時計回りに θ だけ回転させた $x'y'$ 座標系での垂直応力 $\sigma_{x'x'}$ とせん断応力 $\tau_{x'y'}$ とを表している．また，図7-2のベクトル p:$|p|=\sqrt{\sigma^2+\tau^2}$ を**応力ベクトル**（stress vector）という．応力テンソル（式(7.1)）との違いに注意が必要である．

テンソル解析での座標変換

1階のテンソル（ベクトル）F_k と2階のテンソル σ_{kl} との座標変換はそれぞれ

$$F'_i=\sum_{k=1}^{3}a_{ik}F_k \qquad \sigma'_{ij}=\sum_{k=1}^{3}\sum_{l=1}^{3}a_{ik}a_{jl}\sigma_{kl}$$

と書ける．ここで a_{ik} などは x'_i 軸と x_k 軸のなす角の方向余弦を表す（図1参照）．右辺と左辺との添字をそろえるために，a_{ik} は $k\rightarrow i$ に，a_{jl} は $l\rightarrow j$ に変換するマトリックスだと思えばよい．また，テンソル解析で異方性材料の応力 σ_{ij} とひずみ ε_{kl} との関係を記述すると

$$\sigma_{ij}=\sum_{k=1}^{3}\sum_{l=1}^{3}E_{ijkl}\varepsilon_{kl}$$

となる．ここで材料の一般的な弾性定数 E_{pqrs}（4階のテンソル）を座標変換すると，次式のようになり，実に美しい形でテンソルの世界が広がっていく．

$$E'_{ijkl}=\sum_{p=1}^{3}\sum_{q=1}^{3}\sum_{r=1}^{3}\sum_{s=1}^{3}a_{ip}a_{jq}a_{kr}a_{ls}E_{pqrs}$$

したがって，座標変換に関して力，応力，弾性定数はそれぞれ三角関数の1次式，2次式，4次式で表される．ちなみに零階のテンソル（スカラー）は座標変換に関して不変である．いわゆる「難しい」数学を用いると「簡潔に」表現できるのである．

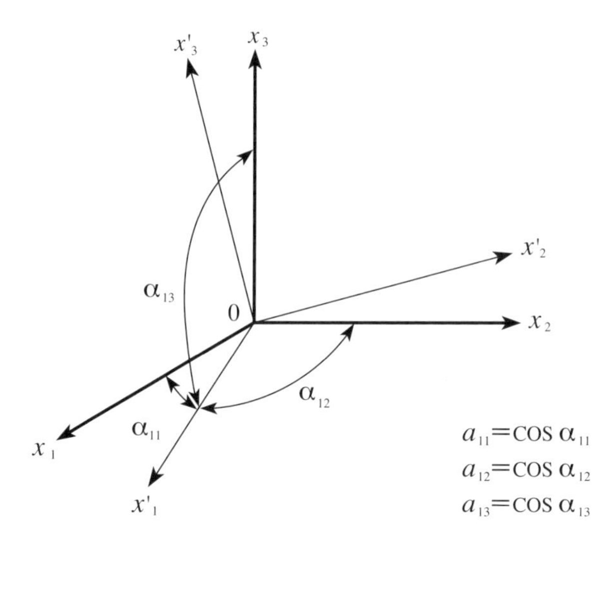

	x_1	x_2	x_3
x'_1	a_{11}	a_{12}	a_{13}
x'_2	a_{21}	a_{22}	a_{23}
x'_3	a_{31}	a_{32}	a_{33}

▲図1 座標軸の回転を表すマトリックス

ベクトルからテンソルへ

内力（せん断力と軸力）は，作用面の方向と力の方向により「符号」が決まる量であるが，座標変換に関しては応力のようなテンソルの座標変換とはならず，ベクトルの座標変換に従う．これは，「大きさ」を問題にするときに，応力が単位面積当たりの内力であるため，座標変換により作用面の面積が変化するためである．一方，内力では作用面の面積は問題にならない．

本書において内力は，ベクトルからテンソルへと概念を拡張する上で中間的な橋渡しをしていると理解してよい．「応力はテンソルである」ということを正しく理解することが重要である．

7.2 モールの応力円

式(7.5)と(7.6)から主応力や最大せん断応力を求めることは可能であるが，より簡単な図的解法をモール（Mohr）が提案した．式(7.5)と(7.6)からθを消去すると

$$\left(\sigma-\frac{\sigma_x+\sigma_y}{2}\right)^2+\tau^2=\left(\frac{\sigma_x-\sigma_y}{2}\right)^2+\tau_{xy}^2 \qquad (7.7)$$

となり，ちょうど$\sigma-\tau$座標系で図7-3のように点C$\left(\frac{1}{2}(\sigma_x+\sigma_y), 0\right)$を中心として半径$\frac{1}{2}\sqrt{(\sigma_x-\sigma_y)^2+4\tau_{xy}^2}$の円の方程式になる．これを**モールの応力円**（Mohr's stress circle）という．

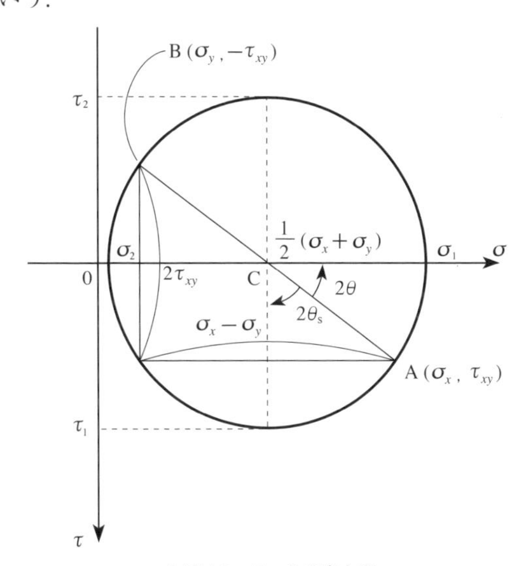

▲図7-3　モールの応力円

応力成分σ_x，σ_y，τ_{xy}が与えられたときにモールの応力円を描く手順は以下のようになる．

① 横軸にσ（右向きを正），縦軸にτ（下向きを正）をとる．
② $\sigma-\tau$座標系で2点A(σ_x，τ_{xy})とB(σ_y，$-\tau_{xy}$)をとる．
③ ABがσ軸と交わる点を中心とし，ABを直径とする円を描く．

7 組み合わせ応力

主応力はせん断応力がゼロの状態なので，図7-3においてσ軸と交わるσ_1とσ_2となる．したがって，

$$\left.\begin{matrix}\sigma_1\\ \sigma_2\end{matrix}\right\} = \frac{1}{2}(\sigma_x + \sigma_y) \pm \frac{1}{2}\sqrt{(\sigma_x - \sigma_y)^2 + 4\tau_{xy}^2} \qquad (7.8)$$

となる．また主面の方向θは，モールの応力円では必ず点A$(\sigma_x,\ \tau_{xy})$から2θの角度で表されて次式になる．

$$\tan 2\theta = \frac{2\tau_{xy}}{\sigma_x - \sigma_y} \qquad (7.9)$$

最大せん断応力τ_1とτ_2は，**主せん断応力**（principal shearing stress）とも呼ばれ次式になる．

$$\left.\begin{matrix}\tau_1\\ \tau_2\end{matrix}\right\} = \pm\frac{1}{2}\sqrt{(\sigma_x - \sigma_y)^2 + 4\tau_{xy}^2} \qquad (7.10)$$

また，最大せん断応力が生じる面の法線方向θ_sは，モールの応力円では点A$(\sigma_x,\ \tau_{xy})$から$2\theta_s$の角度で表されて次式になる．

$$\tan 2\theta_s = -\frac{\sigma_x - \sigma_y}{2\tau_{xy}} \qquad (7.11)$$

図7-3において点Aから$2\theta_s$を時計回りに描いたが，この場合$\theta_s < 0$である．点Aから$2\theta_s$を反時計回りにとると$\theta_s > 0$となる．

● 例題 7.1

主応力が 200MPa, $\sigma_1 = -100$MPa であるとき，つぎの問いに答えよ．

①最大せん断応力の値を求めよ．

②垂直応力がゼロになる面の方向とその面でのせん断応力の値を求めよ．

解

主応力はせん断応力がゼロの状態なので，モールの応力円は A(200, 0)と，B(−100, 0)とを直径とする円になる．

①図7-4(a)より最大せん断応力は $\tau_{max} = 150$MPa である．

②垂直応力がゼロの状態に対応する点は図7-4(a)の点CとDとである．したがって，せん断応力τと方向θとはそれぞれ

$$\tau = \pm\sqrt{150^2 - 50^2} = \pm 100\sqrt{2} = \pm 141\ \text{MPa},\quad \cos 2\theta = -\frac{50}{150} = -\frac{1}{3},\quad \theta = \pm 54.7°$$

である．σ_1が作用する面から反時計回りに$\theta = 54.7°$の方向に垂直な面では，$\tau = -141$MPaとなり，図7-4(b)のような応力状態になる．

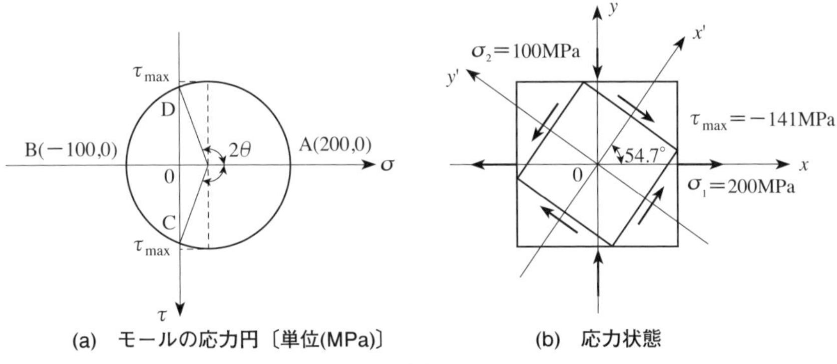

(a)　モールの応力円〔単位(MPa)〕　　(b)　応力状態

▲図7-4

モールの応力円の描き方

モールの応力円の描き方はテキストにより微妙に異なっている．τ 軸の方向，直径を決める2点の取り方，座標系を反時計回りにθ回転させるとき，応力円上での回転方向2θの取り方により以下のように分けられる．

①τ 軸：下向きを正，点A(σ_x, τ_{xy})と点B(σ_y, $-\tau_{xy}$)とを直径，反時計回りに2θ.

②τ 軸：上向きを正，点A(σ_x, τ_{xy})と点B(σ_y, $-\tau_{xy}$)とを直径，時計回りに2θ.

③τ 軸：上向きを正，点A(σ_x, $-\tau_{xy}$)と点B(σ_y, τ_{xy})とを直径，反時計回りに2θ.

他のテキストと併読する際には，描き方の違いに注意して図を比較する必要がある．本書は①の描き方でτ 軸の方向に違和感がある．②の描き方の場合では，座標系を回転させる方向とモールの応力円上での角度2θの方向とが逆になる．③の描き方の場合では，せん断応力の値をモールの応力円から読む際に負符号をつける必要がある．どの描き方にも一長一短がある．しかし，どの方法で描いてもモールの応力円から得られる情報は同じである．

モールの応力円について注意すべき点

モールの応力円について誤解しやすい点がある．図1中の点Aは，図2(a)において x 面上に作用している応力に対応している．しかし，図1中の点Bは，図2(a)において x 面から反時計回りに90°回転した y 面上の応力ではない．点Bは図2(b)のように，座標軸を反時計回りに90°回転させたときの x' 面に作用する応力の状態に対応している．y' 軸の方向を考えるとせん断応力の値が逆符号になることが理解できよう．点Bは応力円を簡便に描くために定めた点であると理解してよい．

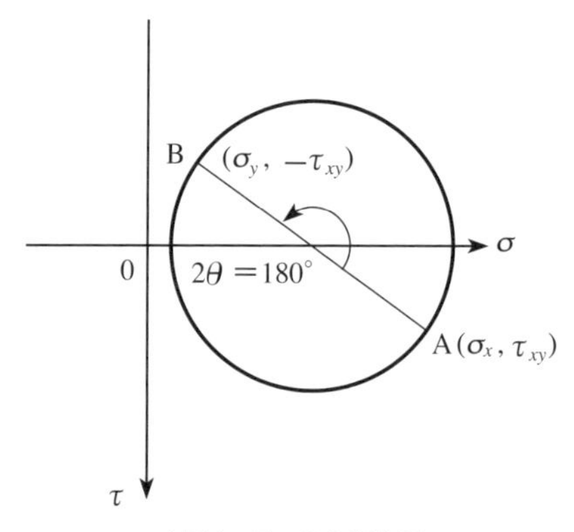

▲図1　モールの応力円

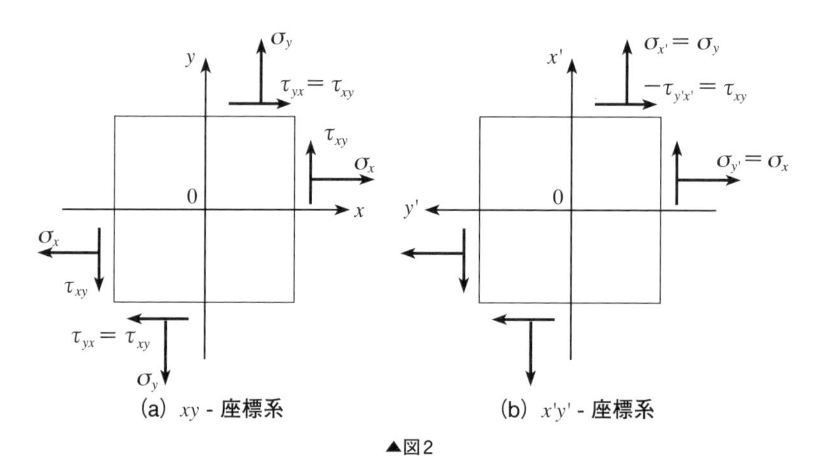

▲図2

代表的な応力状態をモールの応力円で描いてみよう.

① **一軸引張り（一軸圧縮）**：原点を通る円（図7-5(a)参照）

② **等二軸引張り（等二軸圧縮）**：半径ゼロの点円となり，せん断応力は座標系をどのような方向にとろうとも常にゼロになる（図7-5(b)参照）.

③ **一軸引張り，一軸圧縮**：応力円の中心が原点となり，最大せん断応力が主応力の値に等しくなる（図7-5(c)参照）.

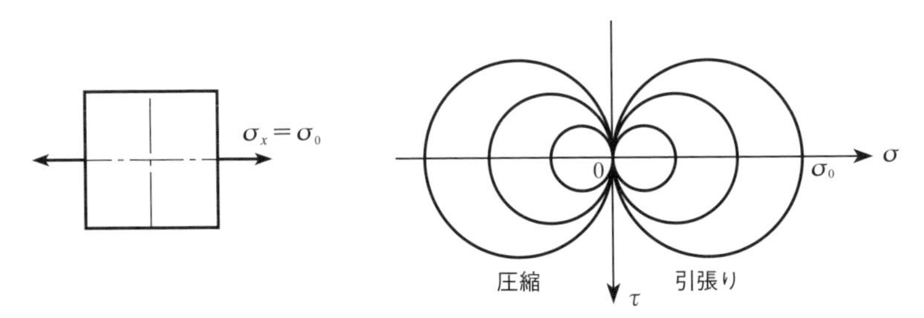

(a) 一軸引張り（一軸圧縮）

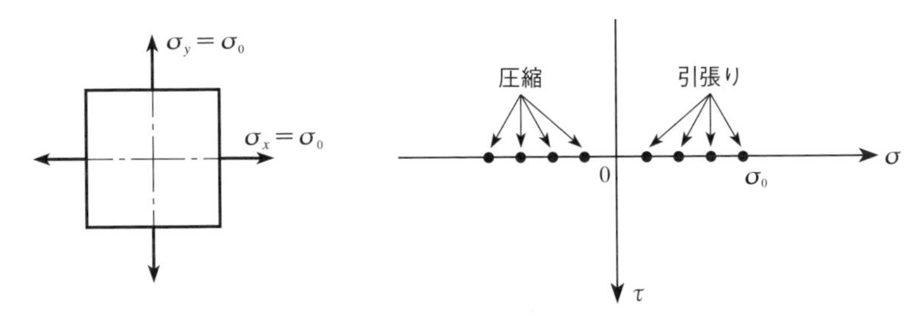

(b) 等二軸引張り（等二軸圧縮）

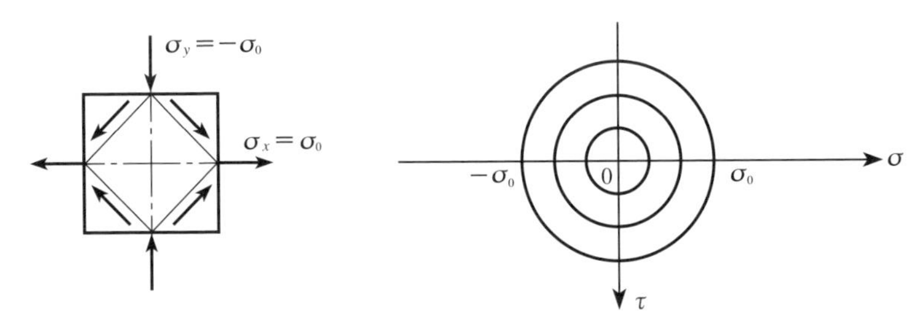

(c) 一軸引張り，一軸圧縮

▲図7-5　代表的な応力状態

7

組み合わせ応力

例題 7.2

σ_x=400MPa, σ_y=－200MPa, τ_{xy}=300MPaであるとき，つぎの問いに答えよ．

① 主応力の値とその主軸の方向とを求めよ．

② 最大せん断応力とその作用する方向とを求めよ．

③ σ_xが作用する面から反時計回りに30°回転した面の応力状態を示せ．

解

点A(400, 300)とB(−200, −300)を直径とする円を$\sigma-\tau$座標系に描くと，図7-6(a)のように中心(100, 0)，半径$300\sqrt{2}$の円になる．

① 図7-6(a)より$\sigma_1 = 100 + 300\sqrt{2} = 524.3$ (MPa)，$\sigma_2 = 100 - 300\sqrt{2} = -324.3$ (MPa)，主応力の方向は$\tan 2\theta_1 = \dfrac{300}{400-100} = 1 \quad \therefore \theta_1 = \dfrac{\pi}{8}, \dfrac{5\pi}{8}$

② 図7-6(a)より$\tau_{\max} = \pm 300\sqrt{2} = \pm 424.3$ (MPa)，最大せん断応力の方向は$\theta_2 = \dfrac{3\pi}{8}, \dfrac{7\pi}{8}$

③ 図7-6(a)より$2\theta_3 = \dfrac{\pi}{3}$に対応する点Cは

$$\sigma = 100 + 300\sqrt{2}\cos\left(\frac{\pi}{3} - \frac{\pi}{4}\right) = 509.8 \text{ (MPa)}$$

$$\tau = -300\sqrt{2}\sin\left(\frac{\pi}{3} - \frac{\pi}{4}\right) = -109.8 \text{ (MPa)}$$

である．このときせん断応力の値が負符号なので，せん断力τを示す矢印が座標軸のy'軸とは逆向きになることに注意されたい(図7-6(b)参照)．

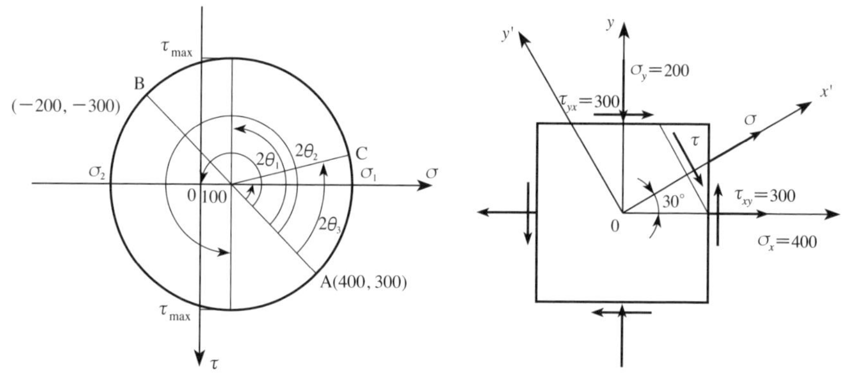

(a) モールの応力円　単位(MPa)　　(b) 応力状態　単位(MPa)

▲図7-6

7.3 ひずみと座標変換

1章で縦ひずみを伸びの変化率，せん断ひずみを角度変化で定義したがさらに詳しく考察してみよう．図7-7のように，変形前の微小要素ABCDがA'B'C'D'に変形したとする．点AがA'に移動することは変形前の点と変形後の点とを結ぶベクトル$\mathrm{u}(u_x,\ u_y)$で表現できる．このように，全ての点の変位が解析できると変形のようすを知ることができるが，系全体が剛体的に並進あるいは回転しても変位が生じる．あるいは応力と変形とを関連付けるときに変位量が系の大きさによって変わるために，変位は変形を適切に記述する物理量とは言い難い．そこで系の変形を考察するために線分ABの変化を調べてみる．x軸方向の線分ABの長さがx軸方向へ変化する割合（垂直ひずみ）をε_{xx}とすると次式が得られる．

$$\varepsilon_{xx} = \frac{\mathrm{A'B'} - \mathrm{AB}}{\mathrm{AB}} = \frac{\mathrm{A'B''} - \mathrm{AB}}{\mathrm{AB}} = \frac{\partial u_x}{\partial x} \tag{7.12}$$

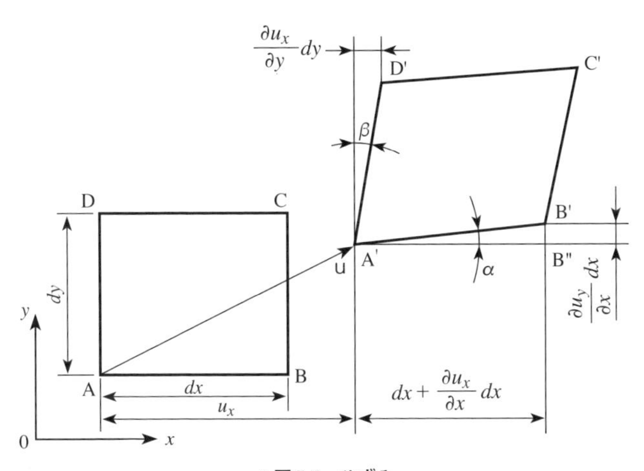

▲図7-7　ひずみ

系全体の剛体的な並進は変位を微分する際に消えてしまう．さらに線分ABと元の水平軸とのなす角度αは次式になる．

$$\alpha \cong \tan\alpha = \frac{\mathrm{B'B''}}{\mathrm{A'B''}} \cong \frac{\partial u_y}{\partial x} \tag{7.13}$$

しかし，角度αだけでは系全体の剛体的な回転を含むために変形のようすを評価できない．そこで図7-7のように，線分ABに垂直なADと変形後のA'D'とのな

す角度 $\beta=\dfrac{\partial u_x}{\partial y}$ をとり，$\alpha+\beta$ の角度変化を変形の程度の指標にしてせん断ひずみ γ_{xy} とする．したがって，次式になる．

$$\gamma_{xy}=\frac{\partial u_x}{\partial y}+\frac{\partial u_y}{\partial x}=\gamma_{yx} \tag{7.14}$$

ここで応力成分と同じように添字を簡略化して「$xx\to x$，$yy\to y$」と表記すると，ひずみ成分 ε_x，ε_y，γ_{xy} を定義できる．図7-8のように，xy 座標系と反時計回りに角度 θ だけ回転した $x'y'$ 座標系とを定めると，座標変換は次式のように表される．

$$x=x'\cos\theta-y'\sin\theta,\qquad y=x'\sin\theta+y'\cos\theta \tag{7.15}$$

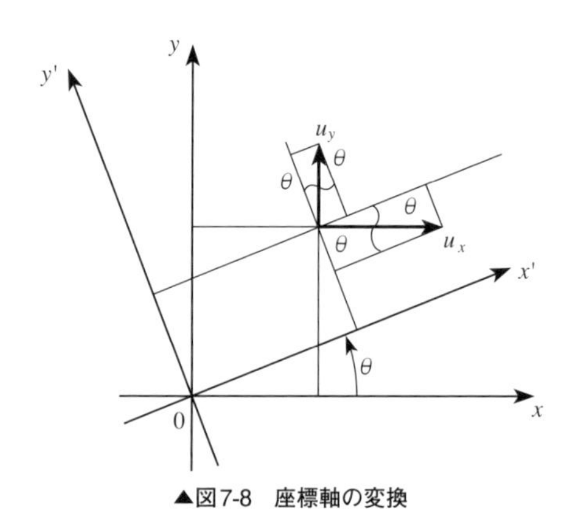

▲図7-8　座標軸の変換

また，$x'y'$ 座標系での変位成分（$u_{x'}$，$u_{y'}$）は

$$u_{x'}=u_x\cos\theta+u_y\sin\theta,\qquad u_{y'}=-u_x\sin\theta+u_y\cos\theta \tag{7.16}$$

となる．さらに式(7.15)を用いると，次式の演算子を得ることができる．

$$\frac{\partial}{\partial x'}=\frac{\partial x}{\partial x'}\frac{\partial}{\partial x}+\frac{\partial y}{\partial x'}\frac{\partial}{\partial y}=\cos\theta\frac{\partial}{\partial x}+\sin\theta\frac{\partial}{\partial y} \tag{7.17}$$

したがって，式(7.16)と(7.17)とから $x'y'$ 座標系におけるひずみ成分 $\varepsilon_{x'}$ が得られ，同様な手順から $\varepsilon_{y'}$，$\gamma_{x'y'}$ が得られ，それぞれ次式のようになる．

$$\begin{aligned}\varepsilon_{x'}&=\frac{\partial u_{x'}}{\partial x'}=\left(\cos\theta\frac{\partial}{\partial x}+\sin\theta\frac{\partial}{\partial y}\right)(u_x\cos\theta+u_y\sin\theta)\\&=\varepsilon_x\cos^2\theta+\varepsilon_y\sin^2\theta+\frac{1}{2}\gamma_{xy}\sin2\theta\\&=\frac{1}{2}(\varepsilon_x+\varepsilon_y)+\frac{1}{2}(\varepsilon_x-\varepsilon_y)\cos2\theta+\frac{1}{2}\gamma_{xy}\sin2\theta\end{aligned} \tag{7.18}$$

$$\varepsilon_{y'} = \frac{\partial u_{y'}}{\partial y'} = (-\sin\theta \frac{\partial}{\partial x} + \cos\theta \frac{\partial}{\partial y})(-u_x \sin\theta + u_y \cos\theta)$$
$$= \varepsilon_x \sin^2\theta + \varepsilon_y \cos^2\theta - \frac{1}{2}\gamma_{xy}\sin 2\theta \quad (7.19)$$

$$\gamma_{x'y'} = \frac{\partial u_{x'}}{\partial y'} + \frac{\partial u_{y'}}{\partial x'} = -(\varepsilon_x - \varepsilon_y)\sin 2\theta + \gamma_{xy}\cos 2\theta \quad (7.20)$$

式(7.5)，(7.6)と(7.18)，(7.20)とを比較すると，σ_x，σ_y，τ_{xy}がε_x，ε_y，$\gamma_{xy}/2$に相当している．したがって，式(7.18)と(7.20)からθを消去すると，ちょうどモールの応力円と同じような中心$\left(\frac{\varepsilon_x + \varepsilon_y}{2}, 0\right)$，半径$\sqrt{\left(\frac{\varepsilon_x - \varepsilon_y}{2}\right)^2 + \left(\frac{\gamma_{xy}}{2}\right)^2}$の円の方程式になる．これを**モールのひずみ円**（Mohr's strain circle）という．

ひずみ成分ε_x，ε_y，$\gamma_{xy}/2$が与えられたときに，モールのひずみ円を描く手順は以下のようになる．

① 横軸にε（右向きを正），縦軸に$\gamma/2$（下向きを正）をとる．
② $\varepsilon - \gamma/2$座標系で2点A(ε_x，$\gamma_{xy}/2$)とB(ε_y，$-\gamma_{xy}/2$)をとる．
③ ABがε軸と交わる点を中心とし，ABを直径とする円を描く．

せん断ひずみがゼロになる**主ひずみ**（principal strain）ε_1，ε_2は，図7-9においてε軸と交わる点となる．したがって，

$$\left.\begin{matrix}\varepsilon_1\\ \varepsilon_2\end{matrix}\right\} = \frac{1}{2}\left(\varepsilon_x + \varepsilon_y\right) \pm \frac{1}{2}\sqrt{\left(\varepsilon_x - \varepsilon_y\right)^2 + 4\left(\gamma_{xy}/2\right)^2} \quad (7.21)$$

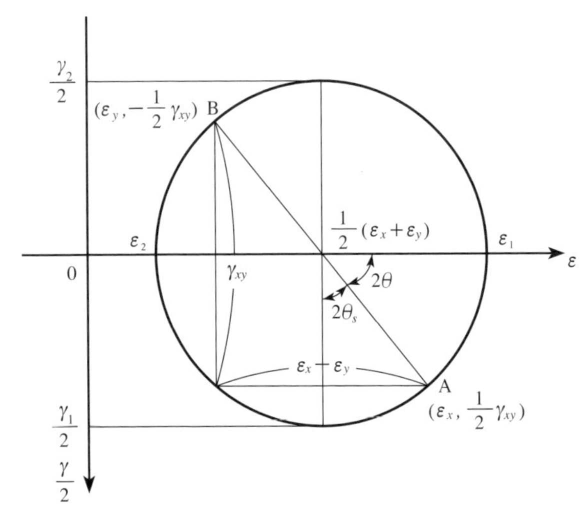

▲図7-9　モールのひずみ円

となる．また主軸の方向θは，モールのひずみ円では点Aから2θの角度で表されて（反時計回りでは）次式になる．

$$\tan 2\theta = \frac{\gamma_{xy}}{\varepsilon_x - \varepsilon_y} \tag{7.22}$$

最大せん断ひずみγ_1とγ_2とは**主せん断ひずみ**（principal shearing stress）とも呼ばれ，次式から得られる．

$$\left.\begin{matrix} \gamma_1/2 \\ \gamma_2/2 \end{matrix}\right\} = \pm \frac{1}{2}\sqrt{\left(\varepsilon_x - \varepsilon_y\right)^2 + 4\left(\gamma_{xy}/2\right)^2} \tag{7.23}$$

また，最大せん断ひずみが生じる面の法線方向θ_sは，モールのひずみ円では点A(ε_x，$\gamma_{xy}/2$)から$2\theta_s$の角度で表されて（時計回りでは）次式になる．

$$\tan 2\theta_s = -\frac{\varepsilon_x - \varepsilon_y}{\gamma_{xy}} \tag{7.24}$$

以上のように，ひずみと応力とは座標変換に対して同様に取り扱えることから，ひずみも応力と同じくテンソル量であることが理解できる．

工学ひずみと物理ひずみ

モールのひずみ円において縦軸を$\frac{1}{2}\gamma$とすると，ひずみと応力とを数学的に全く同じく取り扱うことができる．したがって，x_i方向の変位をu_iと表すときに，ひずみ成分を$\varepsilon_{ij} = \frac{1}{2}\left(\frac{\partial u_j}{\partial x_i} + \frac{\partial u_i}{\partial x_j}\right)$のように定義すると，数学的に美しく理論展開できる．ひずみテンソルの成分ε_{ij}において，添字に応力テンソルのような物理的意味を明確に与えることは難しいが，ひずみの定義式で示すと，添字の数学的意味を明確にできる．このようなひずみをテンソル形式で表示すると

$$\begin{bmatrix} \varepsilon_{xx} & \varepsilon_{xy} & \varepsilon_{xz} \\ \varepsilon_{yx} & \varepsilon_{yy} & \varepsilon_{yz} \\ \varepsilon_{zx} & \varepsilon_{zy} & \varepsilon_{zz} \end{bmatrix} \Rightarrow \begin{bmatrix} \varepsilon_x & \frac{1}{2}\gamma_{xy} & \frac{1}{2}\gamma_{zx} \\ \frac{1}{2}\gamma_{xy} & \varepsilon_y & \frac{1}{2}\gamma_{yz} \\ \frac{1}{2}\gamma_{zx} & \frac{1}{2}\gamma_{yz} & \varepsilon_z \end{bmatrix}$$

であり，ε_{ij}を**物理ひずみ**，ε_x，γ_{xy}などを**工学ひずみ**と呼ぶ．せん断ひずみとせん断応力とを弾性定数で関係づけるフックの法則では，工学ひずみを用いることに注意されたい．

7.4 応力とひずみの関係

x 軸方向の引張り応力σ_xと垂直ひずみε_xの間には，式(1.10)より次式の関係がある．

$$\varepsilon_x = \frac{1}{E}\sigma_x \tag{7.25}$$

また，y 軸方向の引張り応力σ_yとひずみε_xの関係はポアソン比νを用いると

$$\varepsilon_x = -\nu\varepsilon_y = \frac{-\nu}{E}\sigma_y \tag{7.26}$$

である．さらに z 軸方向の引張り応力σ_zとひずみε_xの関係も同様に

$$\varepsilon_x = -\nu\varepsilon_z = \frac{-\nu}{E}\sigma_z \tag{7.27}$$

である．これら3軸の応力を同時に加えると，ひずみε_xは重ね合わせの原理から，式(7.25)～(7.27)を加え合わせることにより得られ，一般的な3次元の応力とひずみとの関係は

$$\varepsilon_x = \frac{1}{E}\{\sigma_x - \nu(\sigma_y + \sigma_z)\} \tag{7.28}$$

となる．また同様に

$$\varepsilon_y = \frac{1}{E}\{\sigma_y - \nu(\sigma_z + \sigma_x)\} \tag{7.29}$$

$$\varepsilon_z = \frac{1}{E}\{\sigma_z - \nu(\sigma_x + \sigma_y)\} \tag{7.30}$$

の関係が得られる．せん断応力については式(1.11)を3次元に拡張して

$$\gamma_{xy} = \frac{\tau_{xy}}{G},\quad \gamma_{yz} = \frac{\tau_{yz}}{G},\quad \gamma_{zx} = \frac{\tau_{zx}}{G} \tag{7.31}$$

の関係が得られる．式(7.28)～(7.31)を応力について解き直すと次式が得られる．

$$\sigma_x = \frac{E}{(1+\nu)(1-2\nu)}\{(1-\nu)\varepsilon_x + \nu(\varepsilon_y + \varepsilon_z)\} \tag{7.32}$$

$$\sigma_y = \frac{E}{(1+\nu)(1-2\nu)}\{(1-\nu)\varepsilon_y + \nu(\varepsilon_z + \varepsilon_x)\} \tag{7.33}$$

$$\sigma_z = \frac{E}{(1+\nu)(1-2\nu)}\{(1-\nu)\varepsilon_z + \nu(\varepsilon_x + \varepsilon_y)\} \tag{7.34}$$

$$\tau_{xy} = G\gamma_{xy}, \quad \tau_{yz} = G\gamma_{yz}, \quad \tau_{zx} = G\gamma_{zx} \tag{7.35}$$

3次元応力状態を次のように2次元的に取り扱ってもよい場合がある．

① **平面応力状態**（plane stress state）

図7-10(a)のように，薄い板状物体において面内に外力が作用している状態を考えよう．この状態は，z 面に作用する応力がない場合，すなわち$\sigma_z = \tau_{zx} = \tau_{yz} = 0$の状態に近似的に対応しており，**平面応力状態**という．式(7.28)～(7.31)からひずみを求めると，ひずみ成分は次式のように3次元的になる．

$$\varepsilon_x = \frac{1}{E}(\sigma_x - \nu\sigma_y), \quad \varepsilon_y = \frac{1}{E}(\sigma_y - \nu\sigma_x), \quad \varepsilon_z = -\frac{\nu}{E}(\sigma_x + \sigma_y) \tag{7.36}$$

$$\gamma_{xy} = \frac{\tau_{xy}}{G}, \quad \gamma_{yz} = \gamma_{zx} = 0 \tag{7.37}$$

一方，式(7.36)と(7.37)とから応力について解き直すと，応力成分は次式のように2次元的になる．

$$\sigma_x = \frac{E}{1-\nu^2}(\varepsilon_x + \nu\varepsilon_y), \quad \sigma_y = \frac{E}{1-\nu^2}(\varepsilon_y + \nu\varepsilon_x), \quad \tau_{xy} = G\gamma_{xy} \tag{7.38}$$

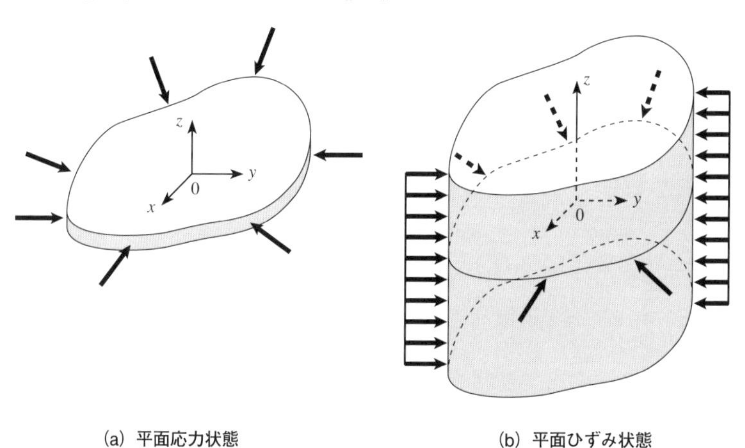

(a) 平面応力状態
($\sigma_z = \tau_{zx} = \tau_{yz} = 0$)

(b) 平面ひずみ状態
($\varepsilon_z = \gamma_{zx} = \gamma_{yz} = 0$)

▲図7-10　平面応力状態と平面ひずみ状態

② **平面ひずみ状態**（plane strain state）

図7-10(b)のように，z 軸方向に長い物体が軸方向の変形を拘束されて，周囲から z 軸方向に一様な外力を受けている状態を考えよう．この状態は，z 軸に垂直な断面ではひずみが2次元的（$\varepsilon_z = \gamma_{zx} = \gamma_{yz} = 0$）になり，**平面ひずみ状態**という．

式(7.32)〜(7.35)から応力を求めると応力成分は次式のように3次元的になる．

$$\sigma_x = \frac{E}{(1+\nu)(1-2\nu)}\{(1-\nu)\,\varepsilon_x + \nu\varepsilon_y\} \tag{7.39}$$

$$\sigma_y = \frac{E}{(1+\nu)(1-2\nu)}\{(1-\nu)\,\varepsilon_y + \nu\varepsilon_x\} \tag{7.40}$$

$$\sigma_z = \frac{\nu E}{(1+\nu)(1-2\nu)}(\varepsilon_x + \varepsilon_y) \tag{7.41}$$

$$\tau_{xy} = G\gamma_{xy} \tag{7.42}$$

一方，式(7.39)〜(7.42)をひずみについて解き直すと，次式のようにひずみ成分は2次元的になる．

$$\varepsilon_x = \frac{1-\nu^2}{E}\left(\sigma_x - \frac{\nu}{1-\nu}\sigma_y\right) \tag{7.43}$$

$$\varepsilon_y = \frac{1-\nu^2}{E}\left(\sigma_y - \frac{\nu}{1-\nu}\sigma_x\right) \tag{7.44}$$

$$\gamma_{xy} = \frac{1}{G}\tau_{xy} \tag{7.45}$$

応力空間（stress space）とひずみ空間（strain space）

専門的な用語を用いて書き表すと，「力学量と幾何学量とはそれぞれ応力空間とひずみ空間とをつくる」となる（図1参照）．この応力空間とひずみ空間とは，それぞれ「つりあい」と「連続性」とを基本原理にしている．このうち「変位の連続性」をひずみで表したものが**適合条件式**（compatibility conditions）と呼ばれている．つりあい式と適合条件式とは，それぞれの空間の物理量で表すと材料の特性に無関係であり理論的に導くことができる．これに対して，構成式は2つの空間の関係を表した式で材料によって異なり，実験によってのみ求めることができる．この構成式を用いると，つりあいの式をひずみ空間の物理量で表現することができ（p.120「はりのたわみ」参照），逆に適合条件を応力空間の物理量で表現することもできる．これらの場合，材料特性を表す弾性係数が式中に現れることになる．

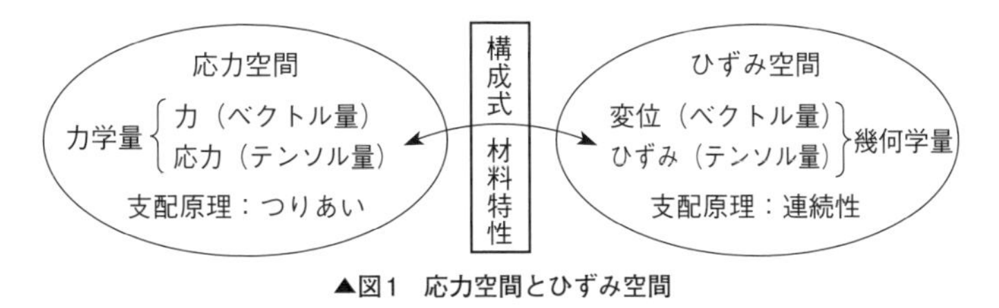

▲図1　応力空間とひずみ空間

7.5 曲げとねじりを受ける軸

伝動軸に歯車やベルト車を取り付けると，軸は駆動力を伝えるねじりモーメントとベルトの張力などによる曲げモーメントを同時に受ける．このような場合には，ねじりによりせん断応力（ねじり応力）が生じると同時に，曲げにより垂直応力（曲げ応力）が生じる（図7-11(a)参照）．つまり，次式で表される応力状態になる．

$$\sigma_x = \frac{M}{Z} = \frac{32}{\pi D^3}M , \quad \sigma_y = 0 , \quad \tau_{xy} = \frac{T}{Z_p} = \frac{16}{\pi D^3}T \qquad (7.46)$$

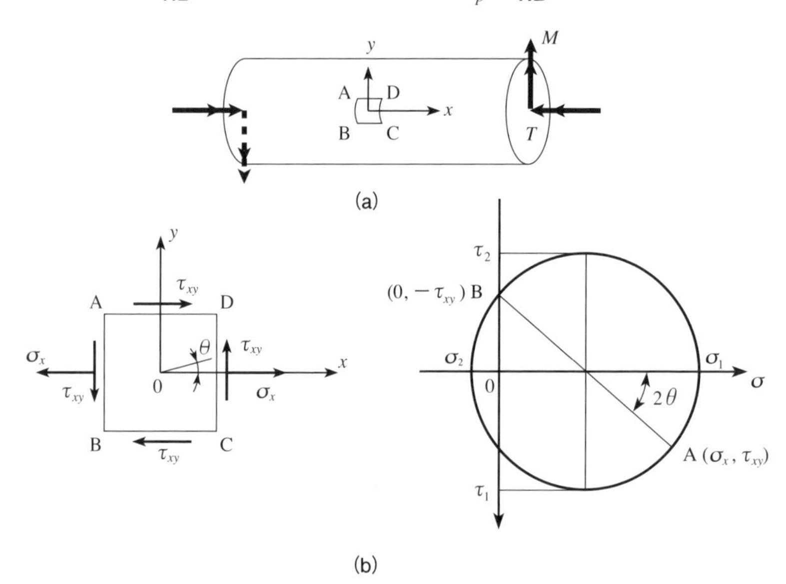

▲図7-11　曲げとねじりを受ける軸

この応力状態はモールの応力円では図7-11(b)のようになる．したがって，最大主応力σ_1は次式になる．

$$\begin{aligned}\sigma_1 &= \frac{1}{2}\,\sigma_x + \frac{1}{2}\sqrt{\sigma_x^2 + 4\tau_{xy}^2} \\ &= \frac{32}{\pi D^3}\left\{\frac{1}{2}\left(M + \sqrt{M^2 + T^2}\right)\right\} = \frac{32}{\pi D^3}\,M_e\end{aligned} \qquad (7.47)$$

ここで$M_e = \frac{1}{2}\left(M + \sqrt{M^2 + T^2}\right)$を**相当曲げモーメント**（equivalent bending moment）という．また，最大せん断応力τ_1は次式になる．

$$\tau_1 = \frac{1}{2}\sqrt{\sigma_x^2 + 4\tau_{xy}^2} = \frac{16}{\pi D^3}\sqrt{M^2 + T^2} = \frac{16}{\pi D^3} T_e \quad (7.48)$$

ここで $T_e = \sqrt{M^2 + T^2}$ を**相当ねじりモーメント**（equivalent twisting moment）という．

例題 7.3

図7-12(a)のようにベルトの張力が引張り側 P_1=2kN，ゆるみ側 P_2=400Nで，ベルト車の重量 W=100N，軸の許容せん断応力を80MPaとするときに軸径 d を定めよ．

解

軸に作用するねじりモーメント T と曲げモーメント M とはそれぞれ次式になる（図7-12(b)参照）．

$$T = \frac{D}{2}\left(P_1 - P_2\right) = \frac{0.1 \times (2000 - 400)}{2} = 80\ (\mathrm{Nm}) \quad (1)$$

$$M = l\sqrt{(P_1 + P_2)^2 + W^2} = 0.1 \times \sqrt{(2000 + 400)^2 + 100^2} = 240.2\ (\mathrm{Nm}) \quad (2)$$

相当ねじりモーメント T_e は式(7.48)より

$$T_e = \sqrt{M^2 + T^2} = \sqrt{240.2^2 + 80^2} = 253.2\ (\mathrm{Nm}) \quad (3)$$

となる．軸に生じる最大せん断応力は，ねじりモーメント T_e が作用する軸と同じ大きさになるので，軸径は式(3.10)より次式のように定まる．

$$d \geq \sqrt[3]{\frac{16T_e}{\pi\tau_a}} = \sqrt[3]{\frac{16 \times 253.2}{\pi \times 80 \times 10^6}} = 2.53 \times 10^{-2}\ (\mathrm{m}) \quad (4)$$

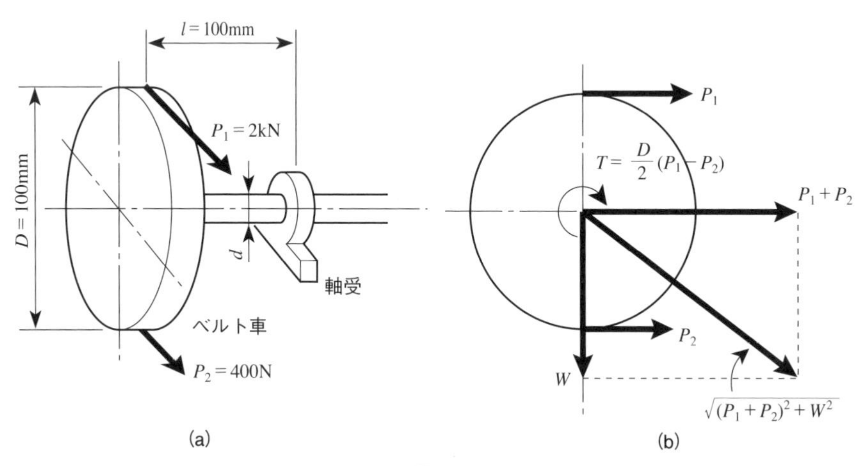

▲図7-12

7.6 弾性係数間の関係

本書では弾性定数として縦弾性係数 E，横弾性係数 G，体積弾性係数 K，ポアソン比 ν を紹介した．他にも**ラーメの定数**（Lame's constant）と呼ばれる弾性定数の定義の仕方があるが，どのように弾性定数を選ぼうとも等方性弾性体では独立した弾性定数は2個である．したがって，2個の弾性定数により材料特性を表すと，残りの弾性定数はすべてその2個の弾性定数で表すことができる．この関係をまとめると表7-1になる．

▼表7-1　弾性定数間の関係

	E, G	E, K	E, ν	G, K	G, ν	K, ν
E	E	E	E	$\dfrac{9KG}{3K+G}$	$2(1+\nu)G$	$3K(1-2\nu)$
G	G	$\dfrac{3EK}{9K-E}$	$\dfrac{E}{2(1+\nu)}$	G	G	$\dfrac{(3-6\nu)K}{2(\nu+1)}$
K	$\dfrac{EG}{3(3G-E)}$	K	$\dfrac{E}{3(1-2\nu)}$	K	$\dfrac{2(1+\nu)G}{3(1-2\nu)}$	K
ν	$\dfrac{E-2G}{2G}$	$\dfrac{3K-E}{6K}$	ν	$\dfrac{3K-2G}{6K+2G}$	ν	ν

表7-1に示される E，K と ν との関係を導いてみよう．静水圧 $\sigma_x=\sigma_y=\sigma_z=\sigma$ が作用するときに垂直ひずみは等しくなり $\varepsilon_x=\varepsilon_y=\varepsilon_z=\varepsilon$ で表される．式(7.32)〜(7.34)を加え合わせて式(1.9)を考慮すると

$$3\sigma = \frac{E}{1-2\nu}\,\varepsilon_V \tag{7.49}$$

となる．ここで ε_V は体積ひずみを表す．式(1.12)と(7.49)から体積弾性係数 K は次式になる．

$$K = \frac{E}{3(1-2\nu)} \tag{7.50}$$

気体の状態方程式

弾性定数は構成式（1章参照）に示されているとおり，それぞれ異なった物理量である力学量と幾何学量とを関連付ける材料固有の特性値である．気体の状態方程式 $pV=nRT$（ここで p：圧力，V：体積，n：モル数，R：気体定数，T：温度）は，圧力（力学量）と体積（幾何学量）との関係を示しているので，ある種の構成式と考えられる．したがって，R は気体に固有の材料定数とみなすことができる．このような観点から，「弾性固体は体積変化とゆがみ変形とに抵抗する弾性定数を2個有する物体」で「気体は体積変化のみに抵抗する弾性定数1個を有する物体」であるといえる．

弾性係数間の関係

E，G，ν の関係を調べるために，平面応力状態で図1のように大きさの等しい引張りと圧縮応力が作用する応力状態を考えてみよう．このときひずみは式(7.36)より

$$\varepsilon_x = \frac{1+\nu}{E}\sigma_0,\ \varepsilon_y = -\frac{1+\nu}{E}\sigma_0,\ \tau_{xy} = 0 \qquad (1)$$

である．座標軸を反時計回りに $\pi/4$ だけ回転したときには，垂直応力はゼロになり，せん断応力は $\tau' = -\sigma_0$ となる（図7-5(c)参照）．このとき $x'y'$ 座標系でのせん断ひずみは図2のモールのひずみ円により

$$\frac{\gamma'}{2} = -\frac{1+\nu}{E}\sigma_0 = \frac{1+\nu}{E}\tau' \qquad (2)$$

となる．式(2)より次式を得る．

$$\tau' = \frac{E}{2(1+\nu)}\gamma' = G\gamma' \qquad (3)$$

したがって，

$$G = \frac{E}{2(1+\nu)} \qquad (4)$$

が得られる．表7-1において4つの弾性係数に対して式(4)と(7.50)との2つの関係式が得られたことになるので，これらの弾性係数のうち2個は独立になる．したがって，この2つの式から表7-1にある全ての関係式を導出できる．

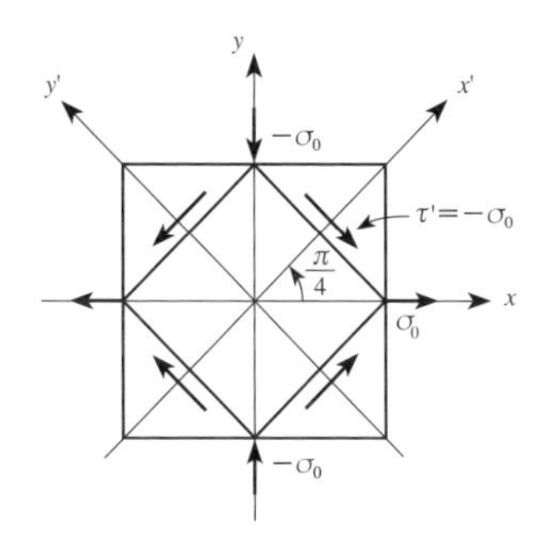

▲図1

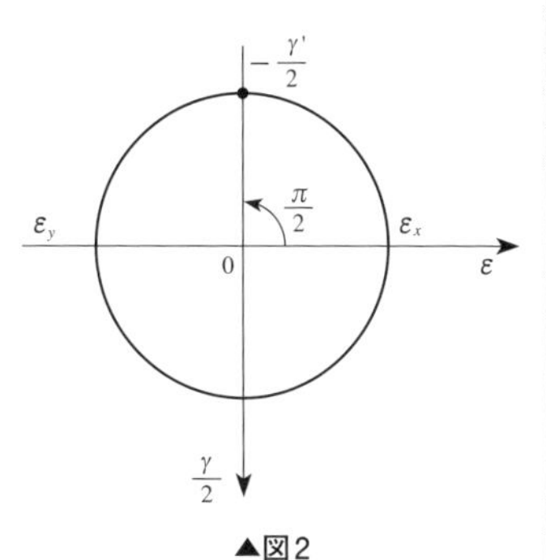

▲図2

7.7 応力測定の原理

応力の測定には図7-13に示すような**ひずみゲージ**（strain gauge）が広く用いられている．応力測定しようとする物体にひずみゲージを貼り付けると，物体の変形によりゲージ内にある細い導線が伸びるとともに線径が細くなり，電気抵抗が変化するのでひずみを測定することができる．しかし，1つのひずみゲージでは1方向の垂直ひずみしか測定できない．そこで，角度αだけ傾けた3つのひずみゲージにより3方向の線ひずみを測定し，主ひずみを計算により求める．さらに，主ひずみと主応力との方向が一致するので，主応力はフックの法則を用いて容易に算定できる．図7-14のように，主軸方向から反時計回りにθ傾いた方向にゲージを貼りつけて測定した線ひずみをε'とし，さらにα，2α傾いた方向の線ひずみをそれぞれ，ε''，ε'''とする．図7-15に示すモールのひずみ円より，ε'，ε''，ε'''と主ひずみε_1，ε_2には次式（次ページ）の関係がある．

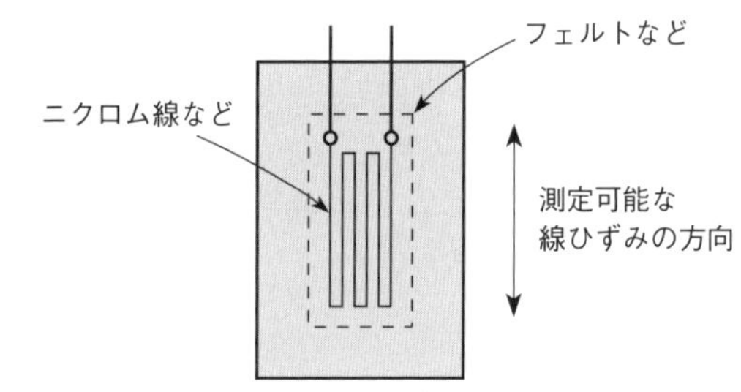

▲図7-13　ひずみゲージ

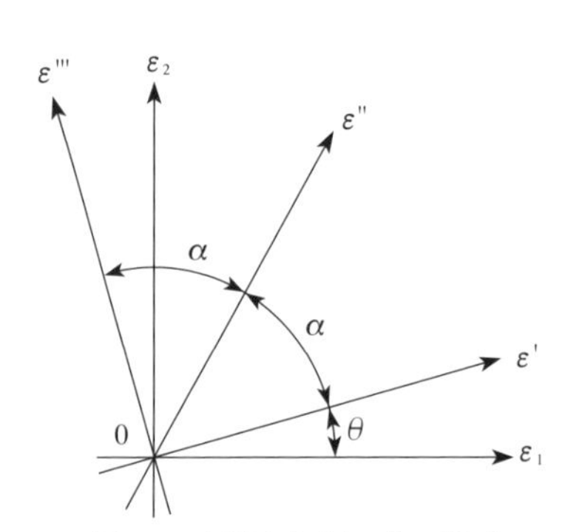

▲図7-14　測定方向（ε'，ε''，ε'''）と主ひずみ方向（ε_1，ε_2）

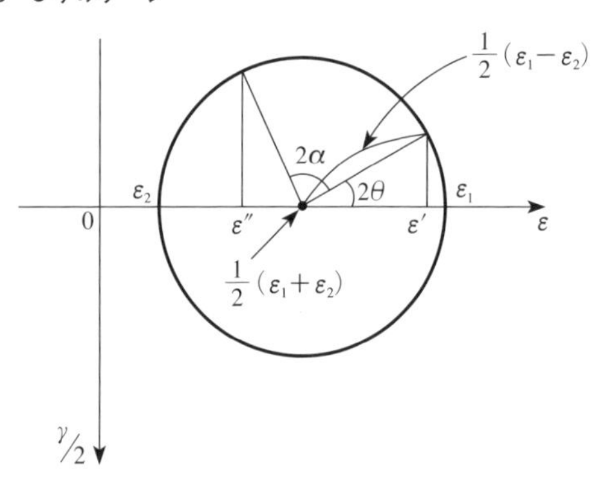

▲図7-15　モールのひずみ円

$$\varepsilon' = \frac{1}{2}(\varepsilon_1 + \varepsilon_2) + \frac{1}{2}(\varepsilon_1 - \varepsilon_2)\cos 2\theta \tag{7.51}$$

$$\varepsilon'' = \frac{1}{2}(\varepsilon_1 + \varepsilon_2) + \frac{1}{2}(\varepsilon_1 - \varepsilon_2)\cos 2(\theta + \alpha) \tag{7.52}$$

$$\varepsilon''' = \frac{1}{2}(\varepsilon_1 + \varepsilon_2) + \frac{1}{2}(\varepsilon_1 - \varepsilon_2)\cos 2(\theta + 2\alpha) \tag{7.53}$$

一般には$\alpha=60^\circ$または$\alpha=45^\circ$にとる場合が多く，3つのひずみゲージを組み込んだ**ひずみロゼット**（strain rosette）も市販されている．

式(7.51)～(7.53)に$\alpha=60^\circ$を代入して解くと次式になる．

$$\varepsilon_1 + \varepsilon_2 = \frac{2}{3}(\varepsilon' + \varepsilon'' + \varepsilon''') \tag{7.54}$$

$$\varepsilon_1 - \varepsilon_2 = \frac{2\sqrt{2}}{3}\sqrt{(\varepsilon' - \varepsilon'')^2 + (\varepsilon'' - \varepsilon''')^2 + (\varepsilon''' - \varepsilon')^2} \tag{7.55}$$

$$\tan 2\theta = \sqrt{3}\,\frac{\varepsilon''' - \varepsilon''}{2\varepsilon' - \varepsilon'' - \varepsilon'''} \tag{7.56}$$

また，$\alpha=45^\circ$の場合には次式になる．

$$\varepsilon_1 + \varepsilon_2 = \varepsilon' + \varepsilon''' \tag{7.57}$$

$$\varepsilon_1 - \varepsilon_2 = \sqrt{2}\sqrt{(\varepsilon' - \varepsilon'')^2 + (\varepsilon'' - \varepsilon''')^2} \tag{7.58}$$

$$\tan 2\theta = \frac{\varepsilon' + \varepsilon''' - 2\varepsilon''}{\varepsilon' - \varepsilon'''} \tag{7.59}$$

ひずみゲージで応力を測定する場合は，平面応力状態として考えることが多いので，式(7.38)に主ひずみを代入すると主応力が得られる．

ひずみの測定

本節でひずみゲージによる応力測定を示したが，全ての力学量は直接的に測ることができない．力学量を得るためには，直接測定した幾何学量の結果を構成式によって換算するという間接測定しているのである．考えてみれば，ばね秤で力を測定しているように思い込んでいるが，実際はばねの伸び（変形）を測定している．本来はひずみの測定というべきかもしれない．ひずみゲージ以外にもX線回折やモアレ縞などを利用してひずみを測定する方法がある．

演習問題

1 図1のように，縦弾性係数 E，ポアソン比 ν の材料を剛体製の円筒に隙間なくはめ込んだ．この状態で圧縮荷重 P を加えたときに，材料の見かけの弾性係数はいくらか．

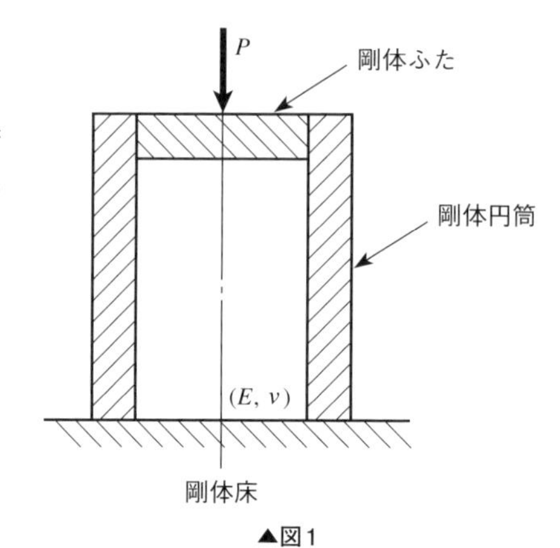

▲図1

2 主応力が $\sigma_1 = 100\text{MPa}$，$\sigma_2 = -50\text{MPa}$ である平面応力状態において，つぎの問に答えよ．

① 最大せん断応力とその方向を求めよ．

② 垂直応力が作用しない面の方向と，その面におけるせん断応力とを求めよ．

③ σ_1 が作用する面から，時計回りに30°傾いた面における垂直応力とせん断応力とを求めよ．

3 図2のように，直径50mmの丸棒にねじりモーメント $T = 200\text{Nm}$ と横荷重 $P = 500\text{N}$ とが同時に作用する場合，軸に生じる最大引張り応力と最大せん断応力を求めよ．

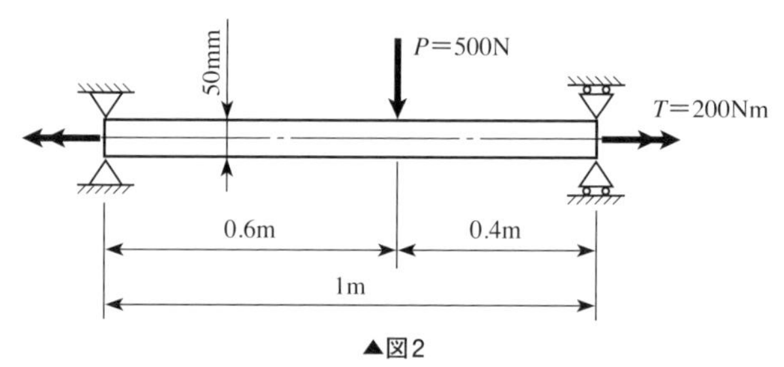

▲図2

4 軟鋼の引張り試験から縦弾性係数206GPaを，ねじり試験から横弾性係数82GPaを得た．このことからポアソン比を求めよ．

5 軟鋼製の板表面に $\alpha = 45°$ のひずみロゼットを貼り付けて，$\varepsilon' = \varepsilon'' = 3.62 \times 10^{-4}$，$\varepsilon''' = -6.4 \times 10^{-5}$ のひずみを測定した．この点での主応力の大きさと方向とを求めよ．

第8章

ひずみエネルギによる弾性問題の解法

ひずみエネルギは保存則を適用できるスカラー量である．衝撃の問題はこの考え方を利用して解く．もう一つの重要な事項は「エネルギ原理」である．ひずみエネルギを関数として扱うと前章までとは異なる解法が可能になる．

8.1 ひずみエネルギ

弾性体に外力が作用しながら作用点が変位すると，外力は弾性体に仕事をする．この外力がした仕事は，物体内部に**弾性エネルギ**（elastic energy）として蓄えられる．この**ひずみエネルギ**（strain energy）を考察することにより，新しい視点を導入することができる．前章までの基本的な考え方は，（力やモーメントの）つりあいと（変位の）連続性とであった．エネルギにおける基本的な考えは保存則とエネルギ原理と呼ばれる一種の変分原理である．これらを利用することにより新しい解法が可能になる．

図8-1は，荷重－伸び線図（$P-\lambda$ 線図）とひずみエネルギ U との関係である．線形弾性体の場合，ひずみエネルギ U は次式で定義される．

$$U=\int Pd\lambda=\frac{1}{2}P\cdot\lambda \tag{8.1}$$

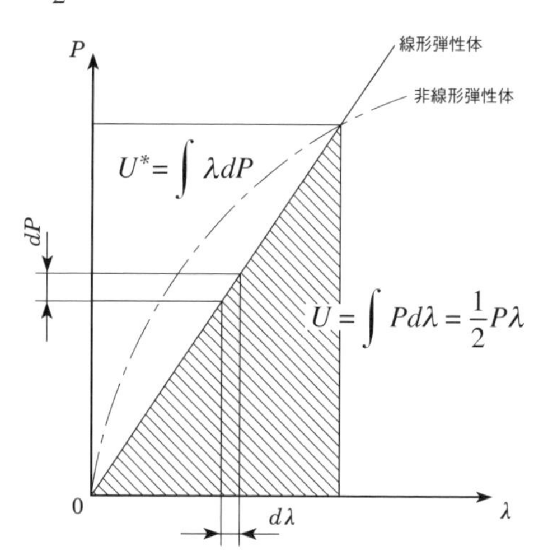

▲図8-1　ひずみエネルギUとコンプリメンタリエネルギU^*

したがって，図8-1において式(8.1)はハッチングの部分の面積に相当する．また，次式で定義される U^*を**コンプリメンタリエネルギ**（complementary energy）という．

$$U^*=\int\lambda dP \tag{8.2}$$

線形弾性体の場合には明らかに

$$U = U^* \tag{8.3}$$

となるが非線形弾性体では式(8.3)は成立しない．ひずみエネルギは初等力学で扱われるばねの弾性の位置エネルギ

$$U = \frac{1}{2}kx^2 = \frac{1}{2}F(x)x \tag{8.4}$$

と等価である．ここで k はばね定数，$F(x)$ は伸び x においてばねに作用する力である．一様な断面積 A で長さ l の棒を x 軸方向に引張るとして，式(8.1)を変形すると

$$U = \frac{1}{2}\left(\sigma_x A\right)\left(\frac{\sigma_x}{E}l\right) = \frac{1}{2}\sigma_x\varepsilon_x Al \tag{8.5}$$

となる．Al は棒の体積に相当することから，単位体積当たりのひずみエネルギ u は

$$u = \frac{1}{2}\sigma_x\varepsilon_x = \frac{\sigma_x^2}{2E} \tag{8.6}$$

である．1次元におけるこの考え方を3次元に拡張し，せん断応力 τ_{ij} とせん断ひずみ γ_{ij} によるエネルギ $\frac{1}{2}\tau_{xy}\gamma_{xy}$ なども考慮に入れると，単位体積当たりのひずみエネルギ u は

$$u = \frac{1}{2}(\sigma_x\varepsilon_x + \sigma_y\varepsilon_y + \sigma_z\varepsilon_z + \tau_{xy}\gamma_{xy} + \tau_{yz}\gamma_{yz} + \tau_{zx}\gamma_{zx}) \tag{8.7}$$

と一般化できる．式(8.7)において，せん断応力がゼロの状態を考え，さらにフックの法則式(7.28)～(7.30)を用いて，ひずみを主応力 σ_1，σ_2 および σ_3 に変換して単位体積当たりのひずみエネルギ u を表すと次式になる．

$$u = \frac{1}{2E}\left\{\left(\sigma_1^2 + \sigma_2^2 + \sigma_3^2\right) - 2\nu\left(\sigma_1\sigma_2 + \sigma_2\sigma_3 + \sigma_3\sigma_1\right)\right\} \tag{8.8}$$

ここで ν はポアソン比である．式(8.8)において $\sigma_1 = \sigma_2 = \sigma_3 = \sigma$ の静水圧が加わるとき，ひずみエネルギ u が正であるためには，ポアソン比 ν が0.5以下であることが必要となる．このようなエネルギ的考察から，ポアソン比には上限値0.5が存在することが分かる．

引張り・圧縮によるひずみエネルギ

図8-2のように，荷重 P が作用する1軸応力状態では，応力 σ_x は

$$\sigma_x(x) = \frac{P}{A(x)} \tag{8.9}$$

である．したがって，単位体積当たりのひずみエネルギ u は

$$u = \frac{1}{2}\sigma_x\varepsilon_x = \frac{1}{2E}\left(\frac{P}{A(x)}\right)^2 \tag{8.10}$$

となり，ひずみエネルギの分布は x の関数になる．棒全体のひずみエネルギ U は，式(8.10)を棒全体にわたって積分することにより得られ，次式になる．

$$U = \int_0^l uA(x)dx = \int_0^l \frac{1}{2E}\left(\frac{P}{A(x)}\right)^2 A(x)dx = \int_0^l \frac{P^2}{2EA(x)}dx \tag{8.11}$$

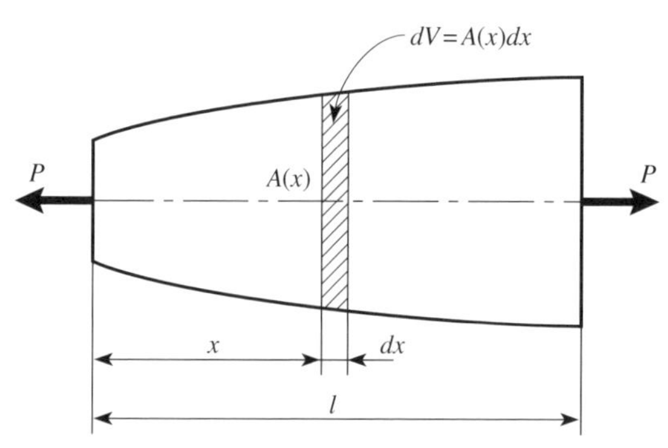

▲図8-2　引張りによるひずみエネルギ

ねじりによるひずみエネルギ

図8-3のように，トルク T が作用する丸棒にはせん断応力 τ のみが生じ，式(3.8)より

$$\tau = \frac{Tr}{I_p} \tag{8.12}$$

となる．ねじり応力は横断面において周方向に作用するが（図3-3参照），せん断応力 τ に対応するひずみを γ と表すと，単位体積当たりのひずみエネルギ $u = \frac{1}{2}\tau\gamma$ なので，式(8.12)より

$$u = \frac{1}{2}\tau\gamma = \frac{\tau^2}{2G} = \frac{T^2r^2}{2GI_p^2} \tag{8.13}$$

となる．丸棒全体のひずみエネルギ U は，式(8.13)を棒全体にわたって積分することにより得られ，次式になる．

$$U=\int_V u dV=\int_0^l \int_A \frac{T^2}{2GI_p^2} r^2 dAdx=\int_0^l \left\{\frac{T^2}{2GI_p^2}\int_A r^2 dA\right\} dx=\int_0^l \frac{T^2}{2GI_p} dx \quad (8.14)$$

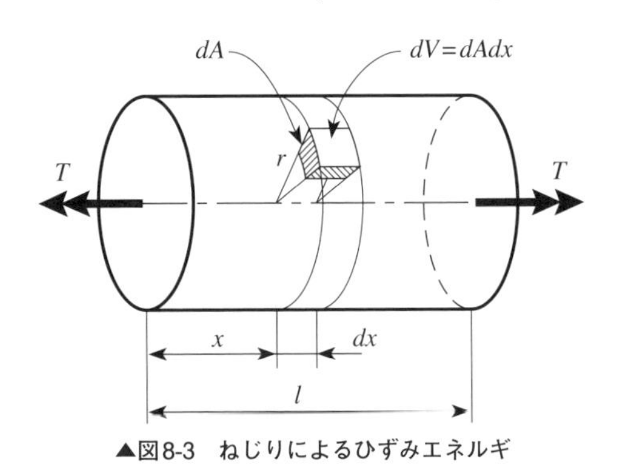

▲図8-3　ねじりによるひずみエネルギ

曲げによるひずみエネルギ

図8-4のように，曲げモーメント M が作用するはりの曲げ応力 σ_x は，式(5.10)より

$$\sigma_x=\frac{M}{I}y \quad (8.15)$$

となる．したがって，曲げ応力による単位体積当たりのひずみエネルギ u は

$$u=\frac{1}{2}\sigma_x\varepsilon_x=\frac{\sigma_x^2}{2E}=\frac{1}{2E}\left(\frac{My}{I}\right)^2 \quad (8.16)$$

となる．はりの曲げにおいては，軸力が生じないように支持をしているので，軸力は考慮しなくてもよい．また，せん断力によるひずみエネルギは，曲げ応力によるひずみエネルギに比べて小さいので，式(8.16)をはり全体にわたって積分す

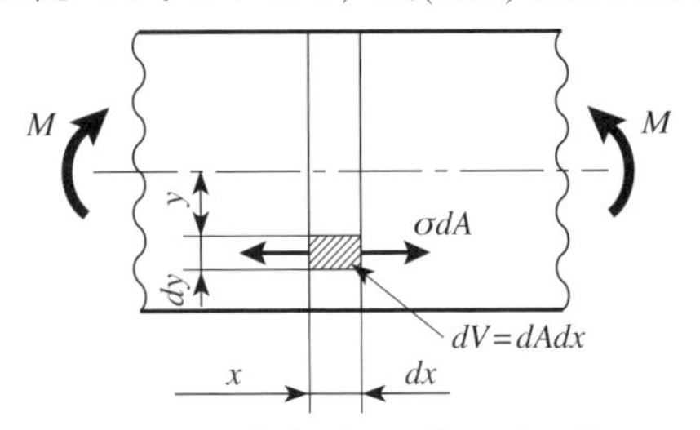

▲図8-4 曲げによるひずみエネルギ

8

ひずみエネルギによる弾性問題の解法

ると，はり全体のひずみエネルギ U が得られる．

$$U=\int_V udV=\int_0^l\int_A\frac{M^2}{2EI^2}y^2dAdx=\int_0^l\left\{\frac{M^2}{2EI^2}\int_A y^2dA\right\}dx=\int_0^l\frac{M^2}{2EI}dx \quad (8.17)$$

引張り圧縮，ねじり，曲げ問題の類似性

引張り圧縮，ねじり，曲げは全く異なった問題であるが，数式で表現すると下記のような類似性がある．もちろん類似性がある背景には，現象を統一的に表現しようとする力学的視点がある．

表1　引張り圧縮，ねじり，曲げ問題の類似性

	剛　性	ひずみエネルギ	断面内の応力分布
引張り圧縮	引張り剛性 EA	$\int_0^l\frac{P^2}{2EA}dx$	引張り（圧縮）応力 $\frac{P}{A}$（一様分布）
ねじり	ねじり剛性 GI_p	$\int_0^l\frac{T^2}{2GI_p}dx$	ねじり応力 $\frac{T}{I_p}r$
曲げ	曲げ剛性 EI	$\int_0^l\frac{M^2}{2EI}dx$	曲げ応力 $\frac{M}{I}y$

このように，個別の問題として得られたひずみエネルギは重ね合わせできる．すなわち，全ひずみエネルギは，荷重(P)－変位(λ)系，曲げモーメント(M)－たわみ角(i)系，ねじりモーメント(T)－ねじれ角(ϕ)系におけるそれぞれのひずみエネルギの和として

$$U=\sum_{j=1}^{n}\frac{1}{2}P_j\lambda_j+\sum_{j=1}^{m}\frac{1}{2}M_ji_j+\sum_{j=1}^{k}\frac{1}{2}T_j\phi_j \quad (8.18)$$

と表される．ここで P，M，T を**一般化力**と呼び，λ，i，ϕ を**一般化変位**と呼ぶ．一般化力と対応する一般化変位とは，表8-1のようにまとめられる．

▼表8-1　一般化力と一般化変位

一般化力		一般化変位	
力（荷重）	P	変位	λ
曲げモーメント	M	たわみ角	i
ねじりモーメント	T	ねじれ角	ϕ

8.2 衝撃応力

衝突などで急激に加わる荷重を**衝撃荷重**（impact load）という．質点の力学において衝突の問題を扱うときには，短い時間に起こる衝突の状況を逐次追跡するのではなく，「最初の状態と後の状態とを比較する」という考え方が有効である．弾性問題の場合でも，「最初の状態でのエネルギは，衝突して変形した後で比較してみると，弾性体に蓄えられるひずみエネルギに等しい」というエネルギ保存則が成立する．

衝撃引張り

図8-5のように，下端に受皿がついた長さ l で断面積 A の棒をつるし，重量 W の重りを受皿に高さ h の位置から落下させる．このときの棒の伸びを λ とすると，重りの位置エネルギと棒に蓄えられるひずみエネルギとが等しいので，式(8.11)より

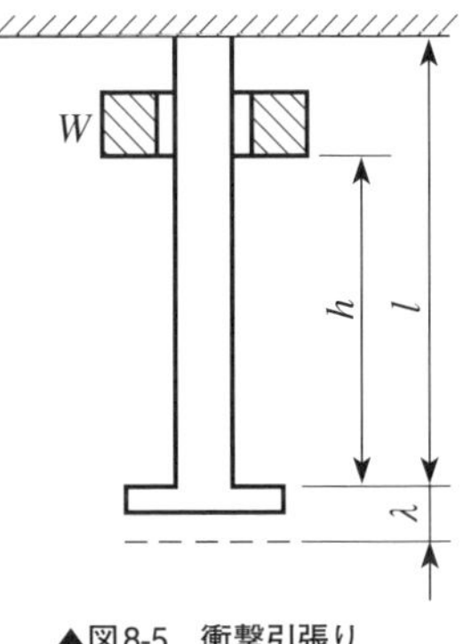

▲図8-5　衝撃引張り

$$U=\int_0^l \frac{P^2}{2EA}dx=\frac{P^2 l}{2EA}=\left(\frac{AE\lambda}{l}\right)^2\frac{l}{2EA}=\frac{AE\lambda^2}{2l}=W(h+\lambda) \quad (8.19)$$

の関係が得られる．ここで $\dfrac{P}{A}=E\dfrac{\lambda}{l}$ を用いてひずみエネルギを伸び λ で表している．したがって，式(8.19)の最後の関係からつぎの λ に関する2次方程式が得られる．

$$AE\lambda^2-2Wl\lambda-2Wlh=0 \quad (8.20)$$

式(8.20)を λ について解くと次式になる．

$$\begin{aligned}\lambda&=\frac{1}{AE}\left(Wl\pm\sqrt{W^2l^2+2WlhAE}\right)\\&=\frac{Wl}{AE}\pm\sqrt{\left(\frac{Wl}{AE}\right)^2+2h\left(\frac{Wl}{AE}\right)}\end{aligned} \quad (8.21)$$

ここで，静かに重りを受皿に置くときの棒の伸びをλ_{st}とすると

$$\lambda_{st} = \frac{Wl}{AE} \tag{8.22}$$

なので，式(8.21)は次式になる．

$$\lambda = \lambda_{st}\left(1 \pm \sqrt{1 + \frac{2h}{\lambda_{st}}}\right) \tag{8.23}$$

ここで±符号を含んでλの解が2つ存在するのは，λがλ_{st}を中心として振動することを意味している．したがって，最大伸びは正符号のときに生じ，このときの最大衝撃応力は次式になる．

$$\sigma = \frac{\lambda}{l}E = \sigma_{st}\left(1 + \sqrt{1 + \frac{2h}{\lambda_{st}}}\right) \tag{8.24}$$

ここで $\sigma_{st} = \frac{\lambda_{st}}{l}E$ は静かに重りを置くときの棒に生じる応力を表す．式(8.23)と(8.24)とにおいて注目すべき点は，たとえ高さ h がゼロであっても急激に荷重をかけると，最大伸びと最大衝撃応力とも静的な負荷の場合の2倍になることである．

衝撃曲げ

スパン l で曲げ剛性 EI の単純支持はりにおいて，中央に重量 W の重りを静かに置くとき，中央でのたわみδ_{st}は，式(6.39) $a = b = \frac{l}{2}$ を代入することにより

$$\delta_{st} = \frac{Wl^3}{48EI} \tag{8.25}$$

となる．つぎに図8-6のように，はりの中央に高さ h の位置から重りを落下させる場合を考えよう．このときのはりのたわみをδとすると，重りの位置エネルギとはりに蓄えられるひずみエネルギとが等しいので，式(8.17)より

$$U = \int_0^l \frac{M^2}{2EI}dx = \frac{2}{2EI}\int_0^{l/2}\left(\frac{W}{2}x\right)^2 dx = \delta^2\frac{24EI}{l^3} = W(h+\delta) \tag{8.26}$$

の関係が得られる．ここで，式(8.25)を用いてひずみエネルギをたわみδで表している．したがって，式(8.26)の最後の関係からつぎのδに関する2次方程式が得られる．

$$24EI\delta^2 - l^3W\delta - l^3Wh = 0 \tag{8.27}$$

式(8.27)をδについて解くと次式になる．

$$\begin{aligned}\delta &= \frac{1}{48EI}\left(Wl^3 \pm \sqrt{W^2 l^6 + 96Wl^3 hEI}\right) \\ &= \frac{Wl^3}{48EI} \pm \sqrt{\left(\frac{Wl^3}{48EI}\right)^2 + 2h\left(\frac{Wl^3}{48EI}\right)} \\ &= \delta_{st}\left(1 \pm \sqrt{1 + \frac{2h}{\delta_{st}}}\right)\end{aligned} \tag{8.28}$$

衝撃引張りと同様にδ_{st}を中心とする振動が解として得られる．最大衝撃応力σは，式(8.24)と似た形式で次式になる．

$$\sigma = \sigma_{st}\left(1 + \sqrt{1 + \frac{2h}{\delta_{st}}}\right) \tag{8.29}$$

ここでσ_{st}は，静的な負荷の場合の最大曲げ応力を表す．衝撃曲げの場合も衝撃引張りと同様に，たとえ高さhがゼロであったとしても，急激に荷重を加えると最大たわみと最大衝撃応力は静的な負荷の場合の2倍になる．

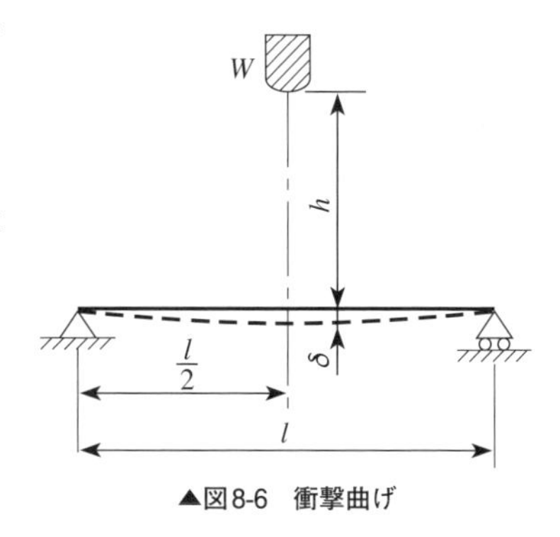

▲図8-6　衝撃曲げ

衝撃ねじり

図8-7のように，慣性モーメントI_wのはずみ車をもつ直径$2R$，長さlの軸が，角速度ωで回転している状態から，軸受けAで焼付いて急に停止した場合を考えよう．はずみ車の運動エネルギ$\frac{1}{2}I_w\omega^2$と軸に蓄えられるひずみエネルギが等しいので，式(8.14)より

$$U = \int_0^l \frac{T^2}{2GI_p}dx = \frac{T^2 l}{2GI_p} = \frac{\pi l R^2 \tau^2}{4G} = \frac{1}{2}I_w\omega^2 \tag{8.30}$$

の関係が得られる．ここで式(3.8)より，トルクTをねじり応力τに変換し，$I_p = \frac{\pi}{2}R^4$の関係を用いている．式(8.30)の最後の関係からねじり応力τについて解くと

$$\tau = \pm\sqrt{\frac{2GI_w}{\pi l}}\frac{\omega}{R} \tag{8.31}$$

となり，他の衝撃の問題と同様に振動する解となる．

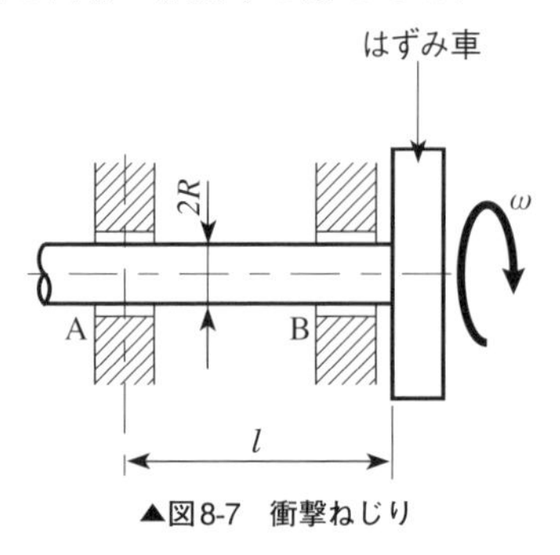

▲図8-7　衝撃ねじり

衝撃荷重を受けるボルト

図1のような，段付きのボルトで l_2 部分の直径がねじ部 l_1 のそれよりも細くなっているボルトを見かけたことはないだろうか．ボルトにおいてねじ山の底では応力集中が起こり，疲労に弱くなる．ボルトが軸方向の衝撃荷重を受ける場合は，ねじ部に蓄えられるひずみエネルギを小さくする必要がある．全ひずみエネルギ U は，ねじ部と l_2 の部分とに蓄えられるひずみエネルギに分けることができる．つまり，

$$U = \frac{\sigma_1^2}{2E}A_1 l_1 + \frac{\sigma_2^2}{2E}A_2 l_2 = \frac{\sigma_2^2}{2E}\frac{A_2}{A_1}\left\{A_2 l + (A_1 - A_2) l_2\right\} \tag{1}$$

となり，第2式の第1項 $\frac{\sigma_1^2}{2E}A_1 l_1$ がねじ部に蓄えられるひずみエネルギに相当する．第3式では断面積の差 $(A_1 - A_2)$ が大きく l_2 が長いほどねじ部に蓄えられるひずみエネルギが小さくなる．このような理由から，図1のようなボルト形状が衝撃荷重に対して有効であることが分かる．もとより静荷重に対して耐えられるだけの断面積が必要であることは言うまでもない．

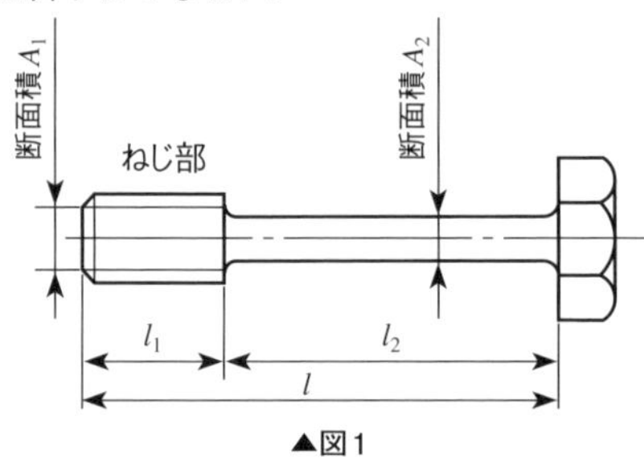

▲図1

8.3 マックスウェルの相反定理

図8-8のように，弾性体の2点A_1，A_2にそれぞれ荷重P_1，P_2が作用して，変形後に点A_1はA'_1へ，点A_2はA'_2へと変位する場合を考えよう．変位方向と荷重方向は一般には一致しないが，点A_1，A_2における荷重方向の変位成分をそれぞれλ_1, λ_2とする．荷重の大きさと変位の大きさは比例するので，比例係数a_{ij}を用いて荷重P_1，P_2による点A_1における変位λ_1をつぎのように表す．

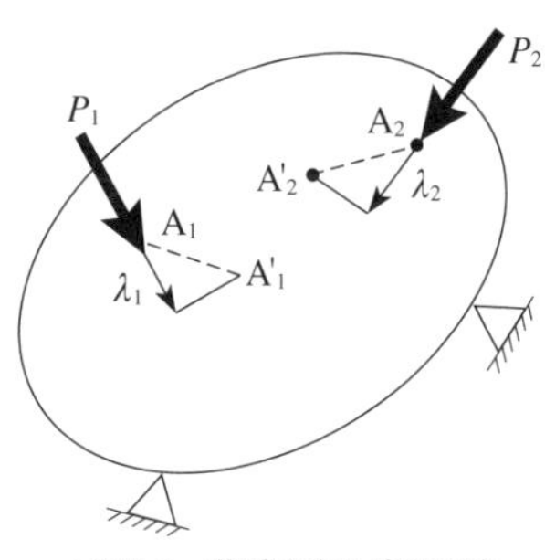

▲図8-8　荷重方向と変位方向

① 点A_1において荷重P_1によりP_1方向へ$a_{11}P_1$だけ移動する．

② 点A_1において荷重P_2によりP_1方向へ$a_{12}P_2$だけ移動する．

ここで，比例定数a_{ij}の最初の添字iは変位点の位置を，後の添字jは荷重点の位置を表す．したがって，λ_1は$a_{11}P_1$と$a_{12}P_2$との重ね合わせになる．また，点A_2におけるP_2方向の変位λ_2についても同様に表される．つまり，

$$\lambda_1 = a_{11}P_1 + a_{12}P_2, \quad \lambda_2 = a_{21}P_1 + a_{22}P_2 \tag{8.32}$$

となる．図8-9から変位がλ_1, λ_2から$d\lambda_1$，$d\lambda_2$だけ増加するときのひずみエネルギの増加dUは

$$dU = P_1 d\lambda_1 + P_2 d\lambda_2 \tag{8.33}$$

となる．また，式(8.32)から次式が得られる．

$$\begin{aligned} d\lambda_1 &= a_{11}dP_1 + a_{12}dP_2, \\ d\lambda_2 &= a_{21}dP_1 + a_{22}dP_2 \end{aligned} \tag{8.34}$$

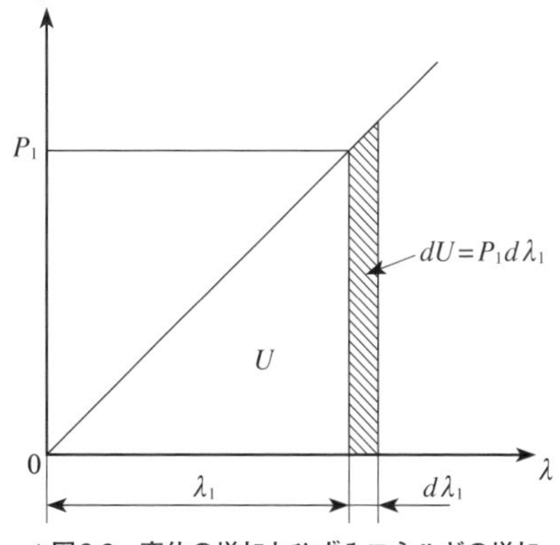

▲図8-9　変位の増加とひずみエネルギの増加

式(8.33)に(8.34)を代入すると

$$dU = (a_{11}P_1 + a_{21}P_2)dP_1 + (a_{12}P_1 + a_{22}P_2)dP_2 \tag{8.35}$$

となる．一方，ひずみエネルギUは，P_1，P_2の連続関数なのでUの全微分をとると

8 ひずみエネルギによる弾性問題の解法

$$dU = \frac{\partial U}{\partial P_1}dP_1 + \frac{\partial U}{\partial P_2}dP_2 \tag{8.36}$$

と表される．式(8.35)と(8.36)を比較すると次式が得られる．

$$\frac{\partial U}{\partial P_1} = a_{11}P_1 + a_{21}P_2, \quad \frac{\partial U}{\partial P_2} = a_{12}P_1 + a_{22}P_2 \tag{8.37}$$

式(8.37)の第1式を P_2 で，第2式を P_1 でそれぞれ偏微分すると次式になる．

$$\frac{\partial^2 U}{\partial P_1 \partial P_2} = a_{21}, \quad \frac{\partial^2 U}{\partial P_2 \partial P_1} = a_{12} \tag{8.38}$$

ひずみエネルギ U は連続関数なので，微分の順序に無関係であることから

$$a_{21} = a_{12} \tag{8.39}$$

の関係が得られる．すなわち，「点 A_2 に荷重 $P_2 = 1$ が作用したために点 A_1 に生じる P_1 方向の変位は，点 A_1 に荷重 $P_1 = 1$ が作用したために点 A_2 に生じる P_2 方向の変位に等しい」ことを意味している．これを**マックスウェルの相反定理**（Maxwell's reciprocal theorem）という．この定理は前節で述べた一般化力と一般化変位とを用いた形で拡張できる．たとえば，図8-10(a)のような単純支持はりにおいて，点 A_1 に荷重 $P_1 = P$ が作用したために，点 A_2 に生じるたわみ y_2 は，点 A_2 に荷重 $P_2 = P$ が作用したために点 A_1 に生じるたわみ y_1 に等しい．

また，図8-10(b)のような単純支持はりにおいて，点 A_1 に荷重 $P_1 = 1$ が作用したために，点 A_2 に生じるたわみ角 i_2 は，点 A_2 にモーメント $M_2 = 1$ が作用したために，点 A_1 に生じるたわみ y_1 に等しい．

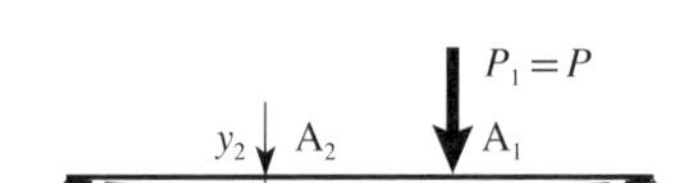

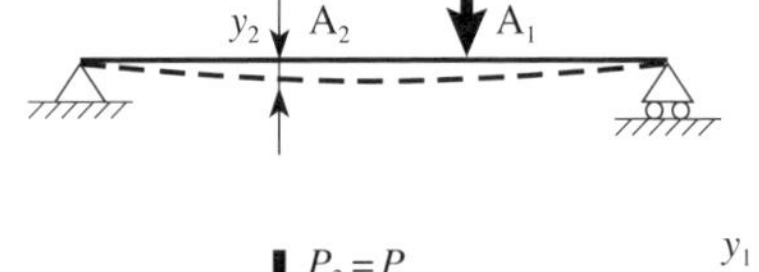

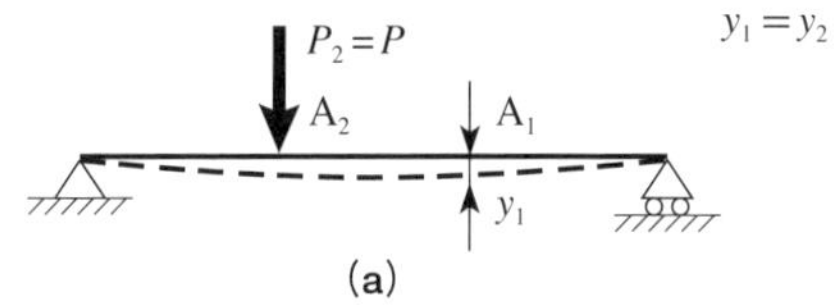

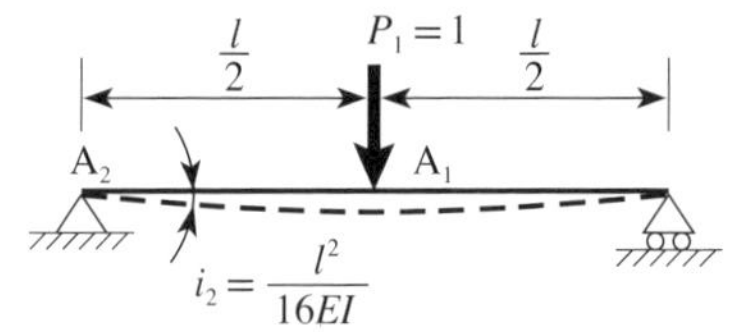

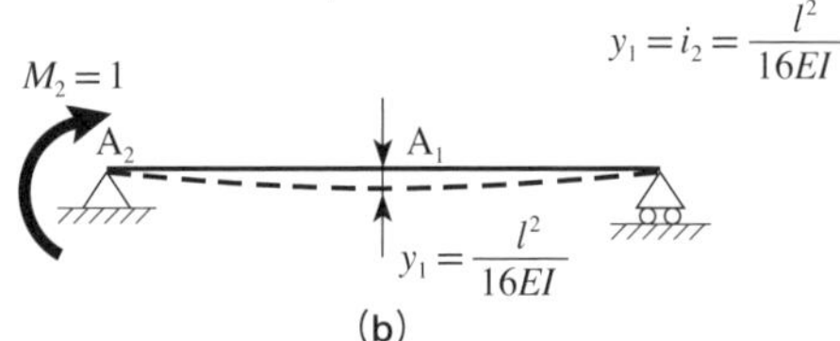

▲図8-10 マックスウェルの相反定理

ここで，次元が異なる「たわみy_1」と「たわみ角i_2」とが等しくなる点が分かり難い．本来は$i_2 = \frac{P_1 l^2}{16EI}$と$y_1 = \frac{M_2 l^2}{16EI}$となる中に，$P_1 = 1$と$M_2 = 1$とを代入したことに起因している．図8-10中の$\frac{l^2}{16EI}$自体は力の逆数なので，図中の値は「たわみ」あるいは「たわみ角」には対応していない．

荷重方向と変位方向

マックスウェルの相反定理（図8-8）において，変位方向のうち荷重を加えた方向の変位λ_1，λ_2だけを考えるのはなぜだろう．これはエネルギ（仕事）は，加えた力と加えた力の方向に移動した距離とから得られるからである．図1のように，重力mgが作用する物体を点AからBへ上方向に移動させると，外力Fは系に「仕事をする」．ところが点BからCへ水平方向に移動しても「仕事はゼロである」．ちなみに点CからDへ物体を降ろすと系から「仕事をされる」．人間は全ての場合において「仕事をする」ような感覚を持つのは面白い．図2において$\frac{1}{2}P_1\lambda_1$はひずみエネルギと関係するが，$\frac{1}{2}P_1\lambda_1'$はエネルギとは全く無関係である．弾性体が複雑に変形して応力分布が分かり難くなっても，外力がした仕事$\frac{1}{2}P_1\lambda_1$としてひずみエネルギを求めることができる．このようにひずみエネルギを用いた理論では，荷重を加えた方向と同じ方向の変位に関することしか議論できない．後述のカスティリアノの定理も同様である．

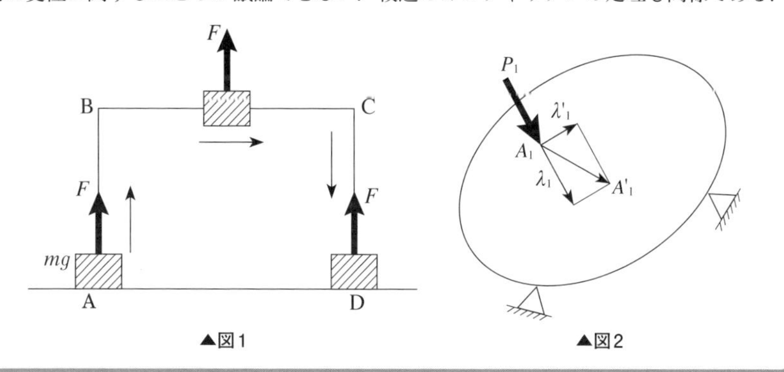

▲図1　▲図2

例題 8.1

図8-11(a)のような長さlの片持はりABにおいて，点Cに荷重Pが作用する場合，6.2節の結果を用いて点Aにおけるたわみを求めよ．

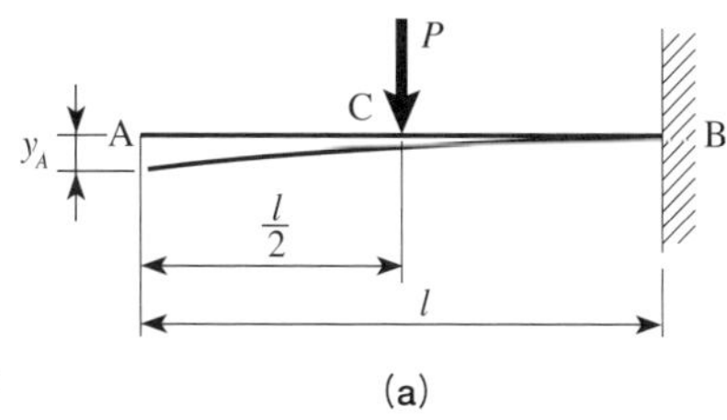

▶図8-11

解

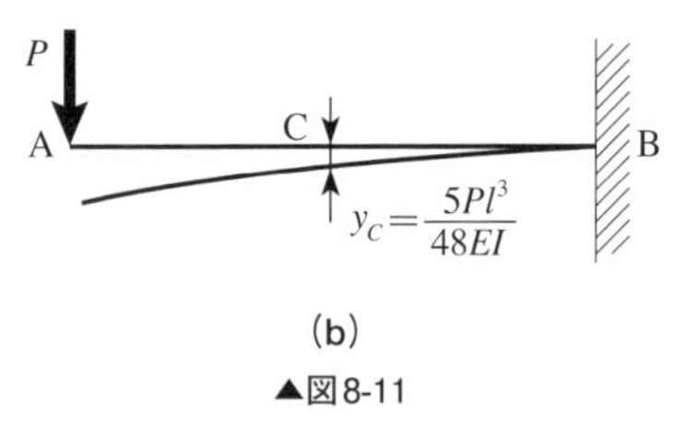

▲図8-11

6.2節において，図8-11(b)のように片持はりの自由端Aに荷重 P が作用する場合，たわみ曲線が式(6.12)により得られている．これに $x=\dfrac{l}{2}$ を代入すると，点Cのたわみ $y_C=\dfrac{5Pl^3}{48EI}$ となる．マックスウェルの相反定理より，このたわみ y_C は点Cに荷重 P が作用するために点Aのたわみ y_A に等しい．つまり $y_A=y_C=\dfrac{5Pl^3}{48EI}$ となる．

例題 8.2

図8-12(a)のような単純支持はりに集中荷重 P が作用する場合，はりのたわみは $0\leq x\leq\dfrac{l}{2}$ において $y=\dfrac{Px}{12EI}\left(\dfrac{3}{4}l^2-x^2\right)$ と表される．この結果を利用して図8-12(b)のように，分布荷重 w が作用する場合に中央の点Cにおけるたわみを求めよ．ただし，$a\leq\dfrac{l}{2}$ とする．

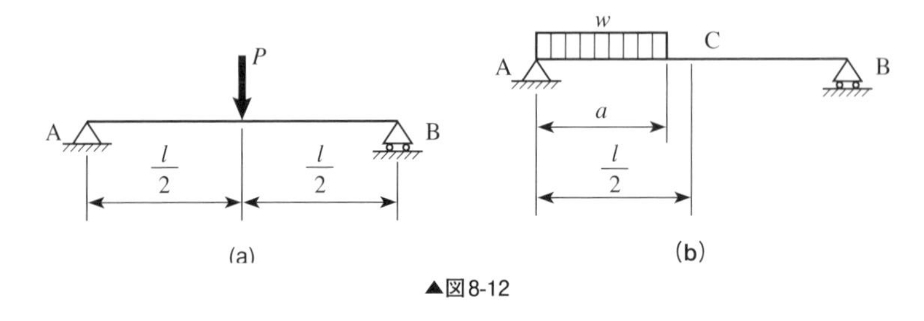

▲図8-12

解

x から $x+dx$ の区間に作用する荷重 wdx による点Cのたわみ dy は，相反定理により同じ荷重が点Cに作用したときの x でのたわみに等しい．したがって

$$dy=\frac{wdx}{12EI}x\left(\frac{3}{4}l^2-x^2\right) \tag{1}$$

これを0から a まで積分すれば，点Cにおけるたわみ y_C が得られる．

$$y_C=\int_0^a dy=\int_0^a\frac{wx}{12EI}\left(\frac{3}{4}l^2-x^2\right)dx=\frac{wa^2(3l^2-2a^2)}{96EI} \tag{2}$$

8.4 カスティリアノの定理

前節の式(8.37)に(8.39)を代入して式(8.32)を用いると

$$\frac{\partial U}{\partial P_1} = a_{11}P_1 + a_{21}P_2 = a_{11}P_1 + a_{12}P_2 = \lambda_1 \tag{8.40}$$

$$\frac{\partial U}{\partial P_2} = a_{12}P_1 + a_{22}P_2 = a_{21}P_1 + a_{22}P_2 = \lambda_2 \tag{8.41}$$

の関係が得られる．この関係は荷重の数が増えても成立する．さらにひずみエネルギが式(8.18)のように，一般化力（P，M，T）と一般化変位と（λ，i，ϕ）から構成されていることを考えると，式(8.40)および(8.41)の意味するところを次式のように拡張して表すことができる．

$$\frac{\partial U}{\partial P_j} = \lambda_j, \quad \frac{\partial U}{\partial M_j} = i_j, \quad \frac{\partial U}{\partial T_j} = \phi_j \tag{8.42}$$

すなわち，「弾性体のひずみエネルギをある荷重で偏微分すると，その荷重の作用点における荷重方向の変位が得られる．ひずみエネルギをある曲げモーメントで偏微分すると，そのモーメントの作用点におけるモーメント方向のたわみ角が得られる．ひずみエネルギをあるねじりモーメントで偏微分すると，そのねじりモーメントの作用点におけるモーメント方向のねじれ角が得られる.」これを**カスティリアノの定理**（Castigliano's theorem）という．

カスティリアノの第1定理とカスティリアノの第2定理

少し難しい話であるが，$\frac{\partial U}{\partial \lambda_j} = P_j$ を**カスティリアノの第1定理**といい，$\frac{\partial U^*}{\partial P_j} = \lambda_j$ を**カスティリアノの第2定理**という．ここで U は**ひずみエネルギ**，U^* は**コンプリメンタリエネルギ**（図8-1参照）である．応力とひずみが比例する線形弾性体では $U = U^*$ となり，$\frac{\partial U}{\partial P_j} = \lambda_j$ と表すことができる．したがって，通常カスティリアノの定理（式(8.42)）と呼ばれているものは，線形弾性体のみに適用できる．カスティリアノの第1定理と第2定理とは非線型弾性体にも適用できる．

引張り・圧縮の問題

例題 8.3　静定トラスの問題

図8-13のように，引張り剛性 AE の2本の棒がピン接合により剛体壁に取り付けられている．点Cに下向き荷重 P が作用しているとき，点Cの鉛直方向と水平方向との変位を求めよ．

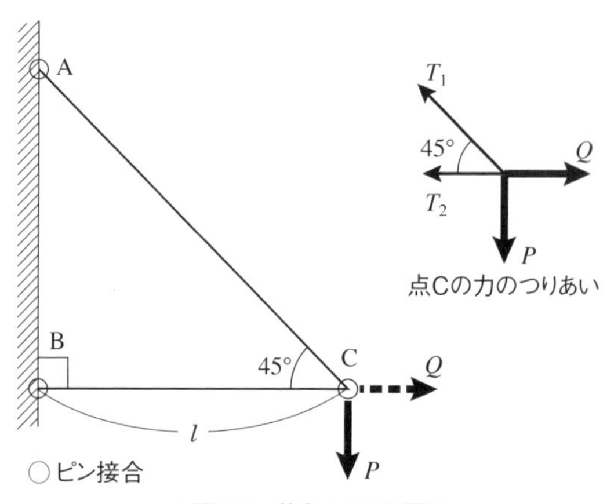

▲図8-13　静定トラスの問題

解

カスティリアノの定理を用いて水平方向の変位を求めるためには，点Cにおいて水平方向に荷重が作用する必要がある．そこで点Cに右向きに仮想荷重 Q を加える．また，点Cでは棒AC方向に T_1，BC方向に T_2 の力（棒に作用する軸力）が作用しているとする．点Cにおける鉛直方向と水平方向との力のつりあいは，それぞれ

$$T_1 \sin 45° - P = 0, \quad Q - T_2 - T_1 \cos 45° = 0 \tag{1}$$

である．系全体のひずみエネルギ U は，棒ACとBCとのひずみエネルギの和となる．

$$U = \int_0^{\sqrt{2}l} \frac{T_1^2}{2AE} dx + \int_0^l \frac{T_2^2}{2AE} dx = \int_0^{\sqrt{2}l} \frac{(\sqrt{2}P)^2}{2AE} dx + \int_0^l \frac{(Q-P)^2}{2AE} dx \tag{2}$$

カスティリアノの定理より，鉛直方向変位 λ_V と水平方向変位 λ_H とは次式になる．

$$\lambda_V = \left. \frac{\partial U}{\partial P} \right|_{Q=0} = \left. \frac{1}{AE} \left\{ 2P\left[x\right]_0^{\sqrt{2}l} - (Q-P)\left[x\right]_0^l \right\} \right|_{Q=0} = \frac{(2\sqrt{2}+1)l}{AE} P \tag{3}$$

$$\lambda_H = \frac{\partial U}{\partial Q}\bigg|_{Q=0} = \frac{1}{AE}\left\{(Q-P)\left[x\right]_0^l\right\}\bigg|_{Q=0} = -\frac{l}{AE}P \qquad (4)$$

点Cは下向きに $\frac{(2\sqrt{2}+1)\,l}{AE}P$，左向きに $\frac{l}{AE}P$ 変位する．

カスティリアノの定理による解法（1）

求めたい変位方向に荷重が作用していない場合には，仮想荷重を負荷してひずみエネルギを計算し仮想荷重で偏微分する．この後仮想荷重にゼロを代入して変位を求める．ただしこの順番を誤ると解が得られない．例題8.3の式(4)において，Qにゼロを代入してからQで偏微分することは不可である．

ねじりの問題

例題 8.4　ねじりの不静定問題

3章で示したねじりの不静定問題（図3-5参照）をカスティリアノの定理を用いて解け．

解

ねじりモーメントのつりあいは次式である．

$$T_A + T_B - T = 0 \qquad (1)$$

系全体のひずみエネルギ Uは，棒ACとBCとのひずみエネルギの和で表され

$$U = \int_0^a \frac{T_A^2}{2GI_p}dx + \int_a^l \frac{T_B^2}{2GI_p}dx \qquad (2)$$

となる．点Aでのねじれ角ϕ_Aはゼロなので

$$\phi_A = \frac{\partial U}{\partial T_A} = \frac{1}{GI_p}\left\{\int_0^a T_A dx - \int_a^l (T-T_A)dx\right\} = 0 \qquad (3)$$

となる．式(3)よりつぎの関係式が得られる．

$$T_A a - (T-T_A)(l-a) = 0 \qquad (4)$$

したがって，$T_A = \frac{l-a}{l}T = \frac{b}{l}T$ となる．また，ねじりモーメントのつりあい式(1)

に代入して $T_B=\frac{a}{l}T$ となる．式(3)において，右辺第2項を T_A で偏微分するために，$T_B=T-T_A$ を用いてひずみエネルギを T_A で表す点に注意しなければならない（$\frac{\partial}{\partial T_A}\left(T_B^2\right)=0$ ではない）．

曲げの問題

例題 8.5　静定はりの問題

図8-14のような片持はりに自由端よりスパンの中央まで等分布荷重 w が作用している場合，自由端Aの垂直変位を求めよ．

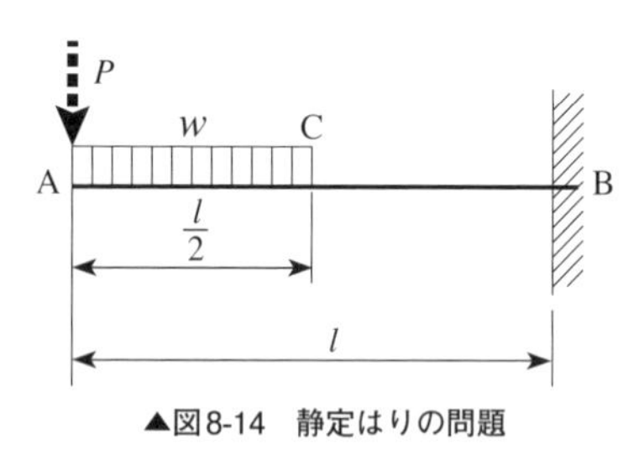

▲図8-14　静定はりの問題

解

仮想荷重 P を負荷してAC間とCB間でひずみエネルギ U_1，U_2 を求めると

$$0\le x\le l/2,\quad M_1=-Px-\frac{w}{2}x^2,\quad U_1=\frac{1}{2EI}\int_0^{l/2}M_1^2dx \tag{1}$$

$$l/2\le x\le l,\quad M_2=-Px-\frac{wl}{2}(x-\frac{l}{4}),\quad U_2=\frac{1}{2EI}\int_{l/2}^{l}M_2^2dx \tag{2}$$

となる．自由端のたわみ y_A は，全ひずみエネルギを仮想荷重 P で偏微分した後，$P=0$ を代入して次式のように得られる．

$$\begin{aligned}y_A&=\left.\frac{\partial U}{\partial P}\right|_{P=0}=\left.\frac{\partial U_1}{\partial M_1}\frac{\partial M_1}{\partial P}\right|_{P=0}+\left.\frac{\partial U_2}{\partial M_2}\frac{\partial M_2}{\partial P}\right|_{P=0}\\&=\frac{1}{EI}\left.\left\{\int_0^{l/2}(-x)\left(-Px-\frac{w}{2}x^2\right)dx+\int_{l/2}^{l}(-x)\left(-Px-\frac{wl}{2}(x-\frac{l}{4})\right)dx\right\}\right|_{P=0}\\&=\frac{41}{384EI}wl^4\end{aligned} \tag{3}$$

例題 8.6　不静定はりの問題

図8-15のようなはりに等分布荷重 w が作用するときに，支点反力 R_A，R_B および固定モーメント M_B を求めよ．

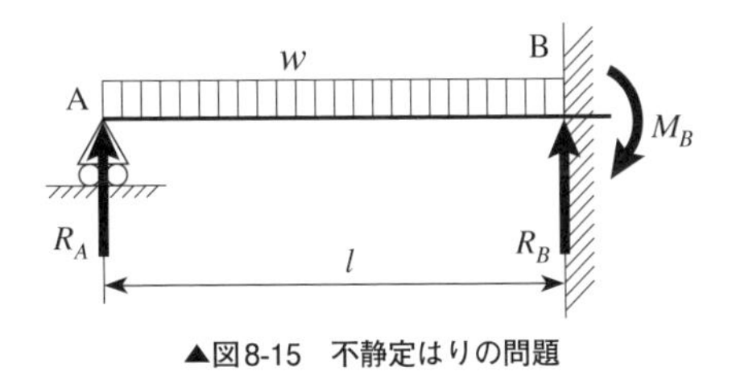

▲図8-15　不静定はりの問題

解

力のつりあいとモーメントのつりあい（点B回り）とは，それぞれ

$$R_A + R_B - wl = 0, \quad R_A l - \frac{wl^2}{2} + M_B = 0 \tag{1}$$

である．また，曲げモーメント M は

$$M = -\frac{w}{2}x^2 + R_A x \tag{2}$$

である．点Aにおけるたわみがゼロなので，カスティリアノの定理より次式の関係が得られる．

$$\begin{aligned} y_A &= \frac{\partial U}{\partial R_A} = \frac{\partial U}{\partial M}\frac{\partial M}{\partial R_A} = \frac{1}{EI}\int_0^l \left(-\frac{w}{2}x^2 + R_A x\right)x dx \\ &= \frac{1}{EI}\left(-\frac{w}{2}\frac{l^4}{4} + R_A\frac{l^3}{3}\right) = 0 \end{aligned} \tag{3}$$

これより $R_A = \dfrac{3wl}{8}$ が得られる．R_B および M_B については，力のつりあいとモーメントのつりあいから，それぞれ $R_B = \dfrac{5wl}{8}$，$M_B = \dfrac{wl^2}{8}$ となる．

カスティリアノの定理による解法 (2)

不静定問題にカスティリアノの定理を用いる場合には，ひずみエネルギを支点反力あるいは固定モーメントで偏微分して，その値を境界条件と等しくおくことにより関係式を増やして，未知量の数と関係式の数とを等しくする．例題8.6において点Bでの境界条件を用いても解くことができる．すなわち，$y_B = \frac{\partial U}{\partial R_B} = \frac{\partial U}{\partial M}\frac{\partial M}{\partial R_B} = 0$，$i_B = \frac{\partial U}{\partial M_B} = \frac{\partial U}{\partial M}\frac{\partial M}{\partial M_B} = 0$ から解くこともできる．この場合には，式中の $\frac{\partial M}{\partial R_B}$ または $\frac{\partial M}{\partial M_B}$ が有効であるために，曲げモーメント M を R_B あるいは M_B で表す必要がある．そのためには，つりあい式(1)と式(2)から，曲げモーメントをそれぞれ

$M = -\frac{w}{2}x^2 + (wl - R_B)x$，あるいは $M = -\frac{w}{2}x^2 + \left(\frac{wl}{2} - \frac{M_B}{l}\right)x$ としなければならない．

例題 8.7　曲げとねじりが同時に作用する問題

図8-16のように，L型の形状をした直径 D の丸棒ABCの端点Cに垂直荷重 P が作用している．点Cにおける鉛直方向の変位を求めよ．

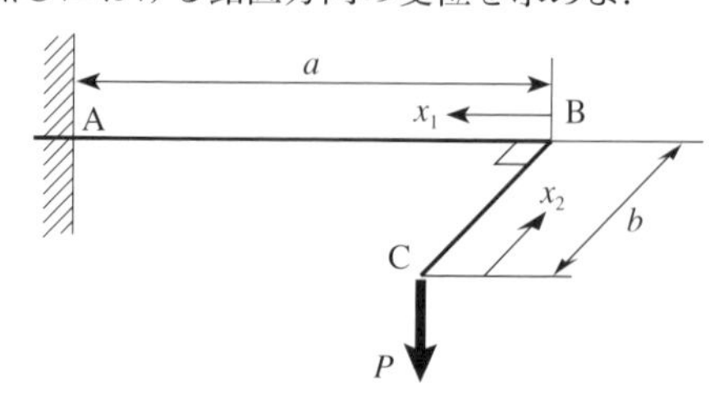

▲図8-16　曲げとねじりが同時に作用する問題

解

AB間の曲げモーメントを M_1，ねじりモーメントを T とし，BC間の曲げモーメントを M_2 とすると，それぞれ

$$M_1 = Px_1,\quad T = Pb,\quad M_2 = Px_2 \tag{1}$$

となる．全ひずみエネルギ U は，これら3つのモーメントによるひずみエネルギの和で表される．

$$U=\int_0^a\frac{M_1^2}{2EI}dx_1+\int_0^a\frac{T^2}{2GI_p}dx_1+\int_0^b\frac{M_2^2}{2EI}dx_2$$
$$=\frac{P^2a^3}{6EI}+\frac{P^2ab^2}{2GI_p}+\frac{P^2b^3}{6EI} \tag{2}$$

点Cでのたわみ y_C は，カスティリアノの定理より次式になる．

$$y_C=\frac{\partial U}{\partial P}=\frac{(a^3+b^3)P}{3EI}+\frac{ab^2P}{GI_p} \tag{3}$$

断面形状が円形なので，$I=\frac{\pi}{64}D^4$ ，$I_p=\frac{\pi}{32}D^4$ を式(3)に代入すると次式が得られる．

$$y_C=\frac{32P}{\pi D^4}\left\{\frac{2(a^3+b^3)}{3E}+\frac{ab^2}{G}\right\} \tag{4}$$

カスティリアノの定理による解法 (3)

4章ではせん断力と曲げモーメントとの符号に注意して説明をした．しかし，カスティリアノの定理を用いて変位を求めるときは，これらの符号をあまり気にしなくてよい．たとえば，例題8-7の曲げモーメントの符号が気になるところであるが，ひずみエネルギは，ひずみあるいは応力の2次式で表され必ず正の値しかとらない．図1で説明すると，図1(a)のように「引張り」のときには応力は正の値，図1(b)のように「圧縮」のときには負の値であるが，ひずみエネルギはともに $\frac{1}{2E}\sigma^2\geq 0$ である．

また，変位の方向（符号）は荷重の方向により決まるので，せん断力と曲げモーメントとの符号の定義を気にする必要はない．したがって，つぎに示すコイルばねのような複雑な形状に対して容易に適用できる．

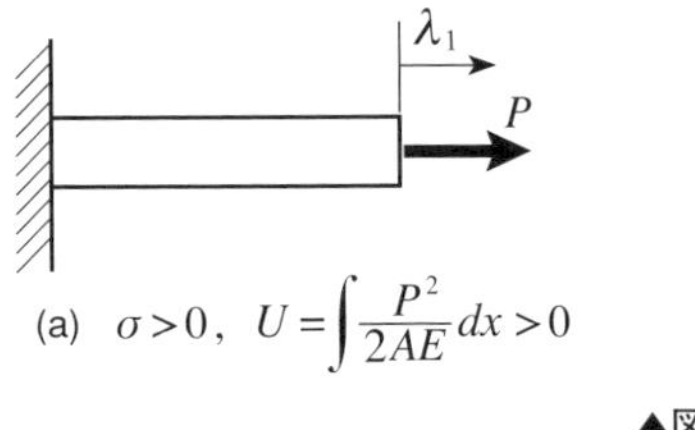

(a)　$\sigma>0$，$U=\int\frac{P^2}{2AE}dx>0$

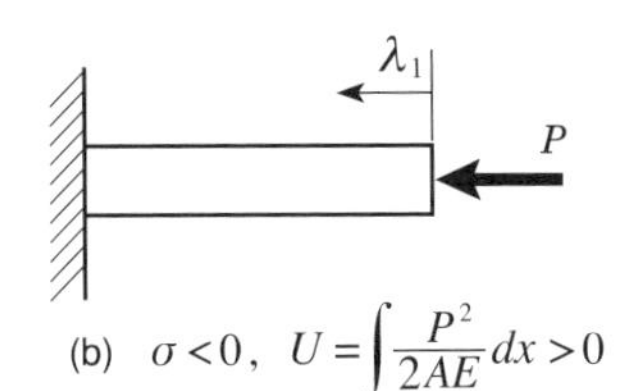

(b)　$\sigma<0$，$U=\int\frac{P^2}{2AE}dx>0$

▲図1

コイルばね

図8-17のように，線径 d，コイル半径 R，ピッチ角 α のコイルばねに軸荷重 P が作用する場合を考えよう．カスティリアノの定理の応用は，このように複雑な形状をしているときに有効である．素線の軸線に垂直な仮想断面を考えるとき，この断面に垂直に作用する内力が軸力 N であり，平行に作用する内力がせん断力 F である．また，モーメントベクトル PR のうち仮想断面に垂直な成分がねじりモーメント T であり，平行な成分が曲げモーメント M である．すなわち，

$$N = P\sin\alpha\,,\quad F = P\cos\alpha \tag{8.43}$$

$$T = PR\cos\alpha\,,\quad M = PR\sin\alpha \tag{8.44}$$

である．ばねの伸びに関しては，N，F の影響は小さく M，T のみを考慮すればよいので，線材の全長を l とするとひずみエネルギは

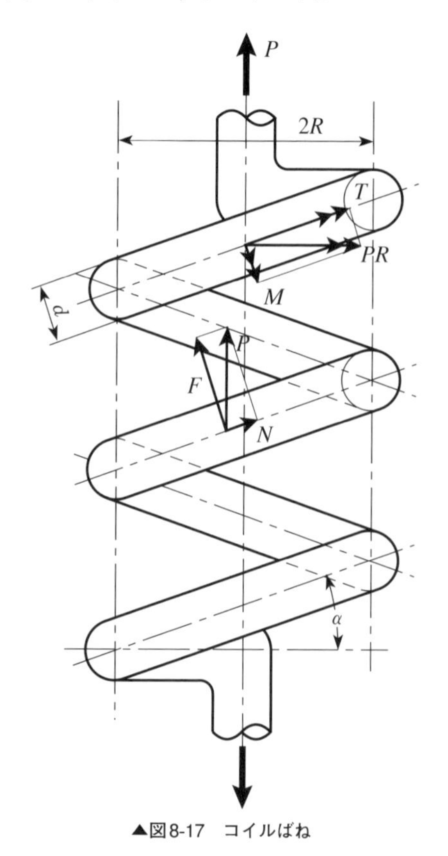

▲図8-17　コイルばね

$$U = \int_0^l \frac{T^2}{2GI_p} ds + \int_0^l \frac{M^2}{2EI} ds = \frac{P^2 R^2 l}{2} \left(\frac{\cos^2 \alpha}{GI_P} + \frac{\sin^2 \alpha}{EI} \right) \quad (8.45)$$

と表される．ばねの伸びδはカスティリアノの定理を用いて

$$\delta = \frac{\partial U}{\partial P} = PR^2 l \left(\frac{\cos^2 \alpha}{GI_p} + \frac{\sin^2 \alpha}{EI} \right) \quad (8.46)$$

となる．線材の全長 l とばねの巻数 n とには

$$l = \frac{2\pi Rn}{\cos \alpha} \quad (8.47)$$

の関係が成立し，これを用いるとばねの伸び δ は

$$\delta = \frac{64PR^3 n}{d^4 \cos \alpha} \left(\frac{\cos^2 \alpha}{G} + \frac{2 \sin^2 \alpha}{E} \right) \quad (8.48)$$

となる．αが小さいときは，式(8.48)において右辺第1項（ねじりモーメントによる効果）が支配的になり

$$\delta = \frac{64PR^3 n \cos \alpha}{d^4 G} \quad (8.49)$$

となる．また，ばね定数 k は次式で表される．

$$k = \frac{P}{\delta} = \frac{Gd^4}{64R^3 n \cos \alpha} \quad (8.50)$$

ひずみエネルギの利用

①ひずみエネルギはスカラー量であり，方向成分を表す添字がない．このようなスカラー量は，座標変換に対して不変なので値の大きさを比較するのに適している．たとえば，変形モードを体積変化とゆがみ変化に分けると，それぞれの変形モードにおけるひずみエネルギ u_V と u_D に分けることができる．このうちゆがみ変形によるひずみエネルギ u_D は，降伏条件と関連させることができる．詳しくは塑性力学のテキストを参考にされたい．ちなみに体積変化によるひずみエネルギの成分 u_V は $u_V = \frac{1}{2} K \varepsilon_V^2$ である．

②ひずみエネルギの値自身のほかに関数（分布）を利用できる．たとえば，カスティリアノの定理がその代表である．このような利用による「エネルギの世界」はさらに広く，有限要素法とも関連が深い．

演習問題

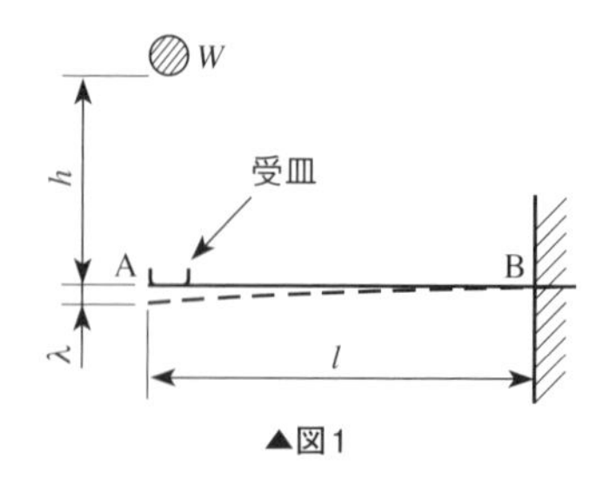

▲図1

❶ 図1のような片持はりに，高さ h の位置から重さ W の重りを落下させた．このときのたわみと，重りを静かに置いたときのたわみとを比較せよ．ただし，はりの曲げ剛性を EI とする．

❷ 例題6.3をカスティリアノの定理を用いて解け．

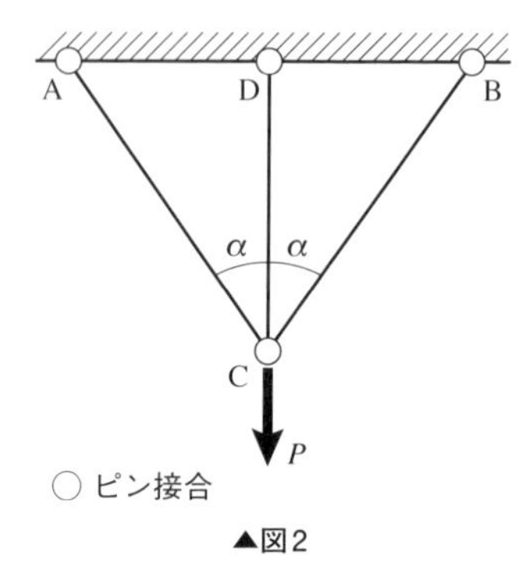

▲図2

❸ 図2のような不静定トラスにおいて，節点A, D, Bでの反力と点Cの鉛直方向の変位をカスティリアノの定理を用いて求めよ．ただし，各棒の断面積と縦弾性係数をそれぞれ A と E とし，棒の長さはACとBCともに l とする．

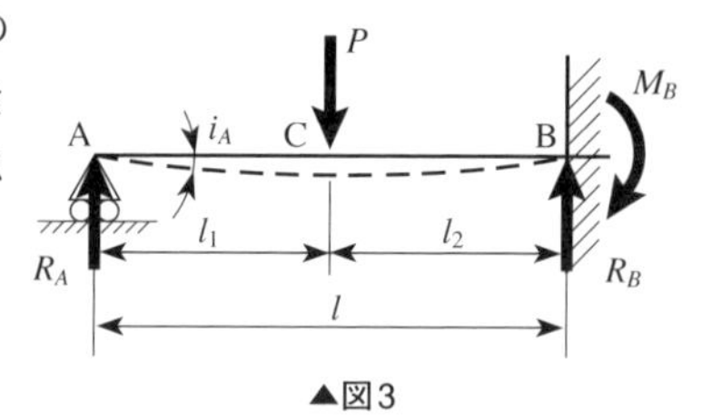

▲図3

❹ 図3のようなはりにおいて，スパンの途中の点Cに集中荷重 P が作用している．このとき点Aの支点反力 R_A とたわみ角 i_A とをカスティリアノの定理を用いて求めよ．

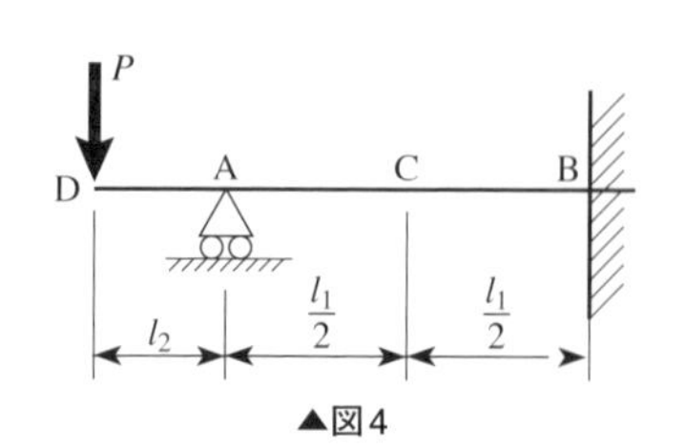

▲図4

❺ 問4の結果を利用して図4のようなはりにおいて，点Dに集中荷重 P が作用するときの点Cでのたわみを求めよ．

第9章

はりの複雑な問題

本章では，はりの複雑な問題について基本的な考え方を示し，詳細な式の誘導を省略して結果を公式化して示す．また，例題を示すのでこれら公式の使い方に習熟されたい．

9.1 連続はり

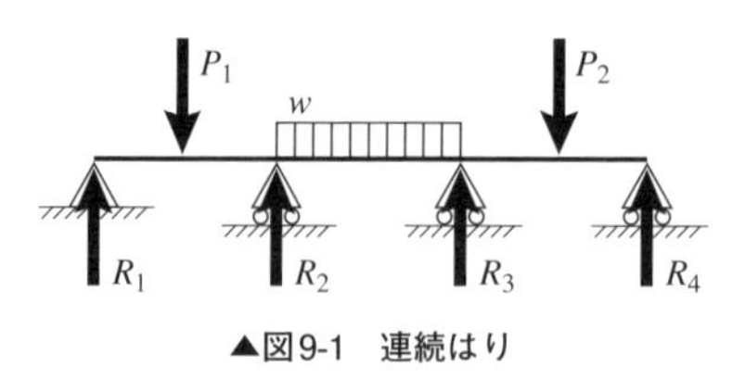

▲図9-1　連続はり

図9-1のように3点以上の支点があるはりを**連続はり**（continuous beam）といい，つりあい式だけで解けない不静定はりである．この問題は6章で示したように，たわみの基礎式(6.4)を積分して境界条件から関係式の数と未知数の数とを同じにして解くことができる．あるいは8章で示したように，カスティリアノの定理（式(8.42)）を利用して不足する関係式を求めることができる．しかし，いずれの方法も非常に面倒なので，本節ではより簡単に解く方法を示す．

図9-2(a)は，連続はりの一部で第m番目の支点を中心に連続する3つの支点を示している．この部分を図9-2(b)のように，中央の支点mで2つに分けて考える．連続的な変形をするためには，スパンl_{m-1}の右側のたわみ角i'_mとスパンl_mの左側のたわみ角i''_mとが等しいことから次式が得られる．

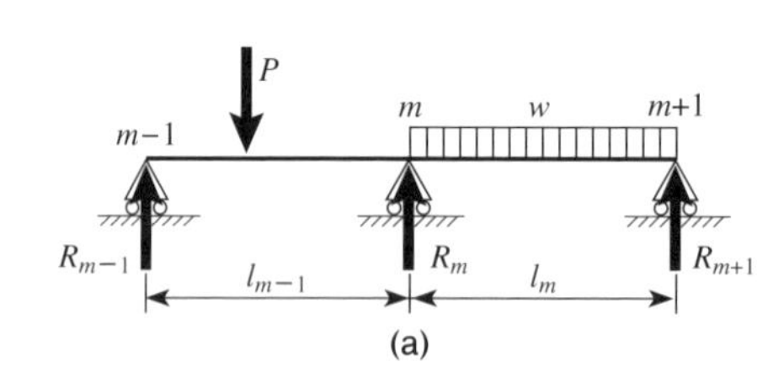

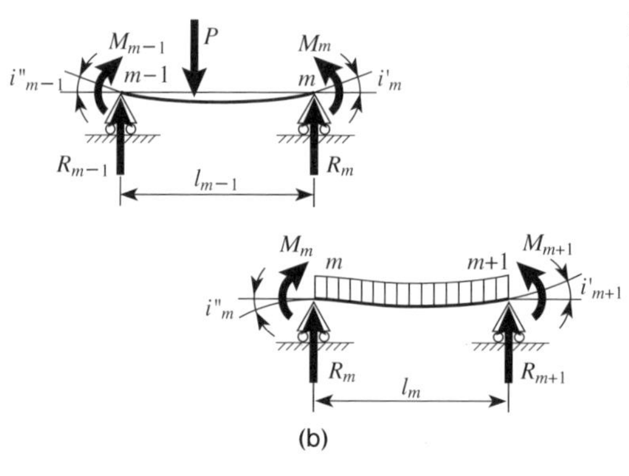

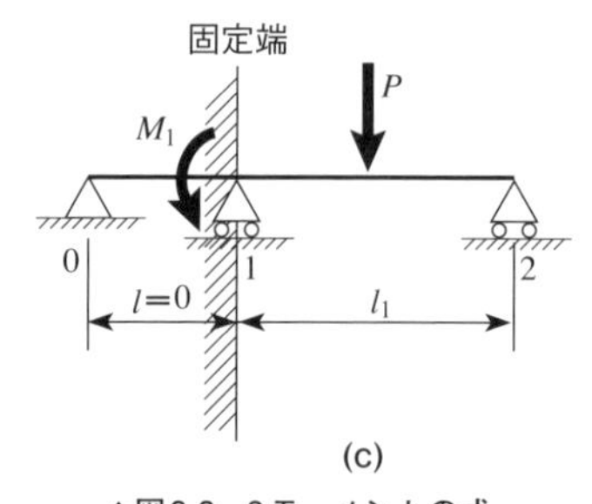

▲図9-2　3モーメントの式

$$M_{m-1}l_{m-1} + 2M_m(l_{m-1} + l_m) + M_{m+1}l_m = -6EI(i_{m,m-1} + i_{m,m}) \qquad (9.1)$$

ここで，$i_{m,m-1}$は第$m-1$番目のスパンの支点mにおけるたわみ角を表す（表9-1参照）．

これを**クラペイロンの3モーメントの式**（Clapeyron's equation of three moments）

という．n個の支点からなる連続はりの場合には，$n-2$個の3モーメントの式が得られる．はりの端が単純支持されて固定モーメントが生じない場合には支持モーメントはゼロである．また，はりの端が固定支持されて固定モーメントが生じる場合では，図9-2(c)のように固定端の先に長さゼロの単純支持された仮想スパンを考えることで，支点1を中心とした3モーメントの式が得られ固定モーメントに相当するM_1が得られる．したがって，連続はりの両端をどのように支えようとも，n個の支点（n個の未知モーメント）に対してn個の関係式が得られ，全ての支点でモーメントを決定できる．

第m番目の支点での反力は，「スパンl_{m-1}の右側の支点反力」と「スパンl_mの左側の支点反力」と，さらに「支点でのモーメントによる反力」とを加え合わせて得られる．つまり，連続はりを静定単純支持はりとして個別に解き，各支点でたわみ角が等しくなるように支点にモーメントを加える．これが各支点における曲げモーメントの値となる．単純支持はりとしての反力と支点に加えたモーメントによる反力とを加えて支点反力を求める．これらを整理すると表9-1のようになる．ここでは，各スパンに1個の集中荷重が作用する場合と，スパン全長にわたる等分布荷重が作用する場合とについてのみ示している．

▼表9-1　荷重の種類によるたわみ角と支点反力

荷重 ＼ たわみ角・支点反力		集中荷重	分布荷重	支点おけるモーメント
		P, m, $m+1$, a, l	w, m, $m+1$, l	M_m, M_{m+1}, m, $m+1$, l
たわみ角	$i_{m,m}$	$\dfrac{Pa(l-a)(2l-a)}{6EIl}$	$\dfrac{wl^3}{24EI}$	
	$i_{m+1,m}$	$\dfrac{Pa(l^2-a^2)}{6EIl}$	$\dfrac{wl^3}{24EI}$	
支点反力	R_m	$\dfrac{P(l-a)}{l}$	$\dfrac{wl}{2}$	$\dfrac{M_{m+1}-M_m}{l}$
	R_{m+1}	$\dfrac{Pa}{l}$	$\dfrac{wl}{2}$	$\dfrac{M_m-M_{m+1}}{l}$

例題 9.1

図9-3(a)のように，スパンの全長に等分布荷重が作用している連続はりにおいて，各支点の曲げモーメントと反力とを求めてSFDおよびBMDを描け．

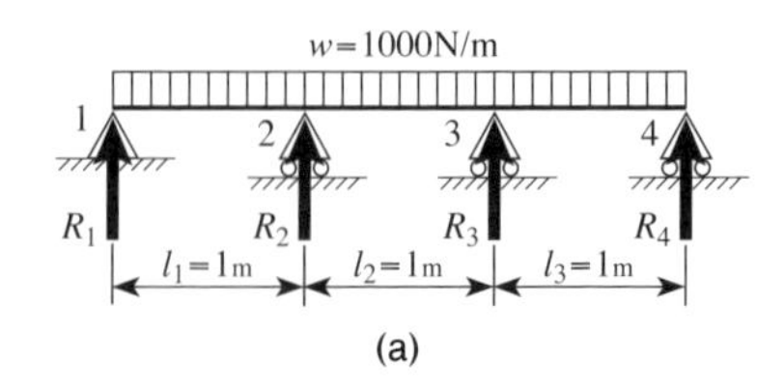

(a)

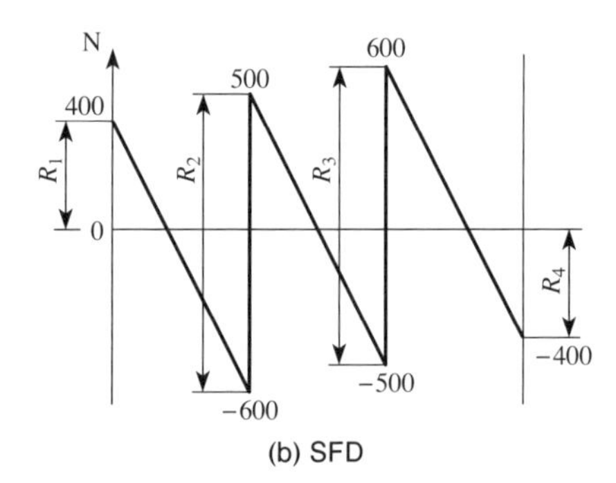

(b) SFD

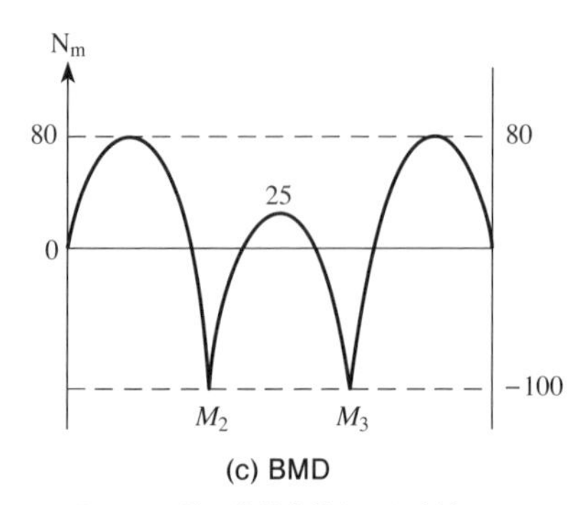

(c) BMD

▲図9-3　両端が単純支持された連続はり

解

両端点での曲げモーメントがゼロであり，支点2および3を中心とする3モーメントの式から

$$M_1 = 0 \tag{1}$$

$$M_1 l_1 + 2M_2(l_1 + l_2) + M_3 l_2 = -6EI\left(\frac{wl_1^3}{24EI} + \frac{wl_2^3}{24EI}\right) \tag{2}$$

$$M_2 l_2 + 2M_3(l_2 + l_3) + M_4 l_3 = -6EI\left(\frac{wl_2^3}{24EI} + \frac{wl_3^3}{24EI}\right) \tag{3}$$

$$M_4 = 0 \tag{4}$$

が得られる．式(2)と(3)とを連立させると，M_2とM_3とはつぎのようになる．

$$M_2 = M_3 = -\frac{1000 \times 1^3}{10} = -100\ (\mathrm{Nm}) \tag{5}$$

支点反力$R_1 \sim R_4$は表9-1に示される反力を加え合わせることにより，次式のように得られる．

$$R_1 = \frac{wl_1}{2} + \frac{M_2 - M_1}{l_1} = \frac{1000}{2} - 100 = 400\ (\mathrm{N}) \tag{6}$$

$$R_2 = \frac{wl_1}{2} + \frac{wl_2}{2} + \frac{M_1 - M_2}{l_1} + \frac{M_3 - M_2}{l_2} = \frac{1000}{2} + \frac{1000}{2} + 100 + 0 = 1100\ (\mathrm{N}) \tag{7}$$

$$R_3 = \frac{wl_2}{2} + \frac{wl_3}{2} + \frac{M_2 - M_3}{l_2} + \frac{M_4 - M_3}{l_3} = \frac{1000}{2} + \frac{1000}{2} + 0 + 100 = 1100\ (\mathrm{N}) \tag{8}$$

$$R_4 = \frac{wl_3}{2} + \frac{M_3 - M_4}{l_3} = \frac{1000}{2} - 100 = 400\ (\mathrm{N}) \tag{9}$$

以上からSFDとBMDとを描くとそれぞれ図9-3(b)と(c)とになる．

例題 9.2

図9-4(a)のように，両端を固定支持された連続はりにおいて，各支点の曲げモーメントと反力とを求めてSFDおよびBMDを描け．

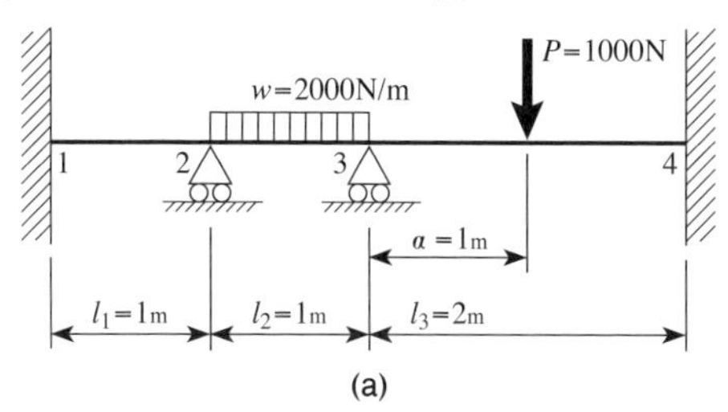

▲図9-4　両端が固定支持された連続はり

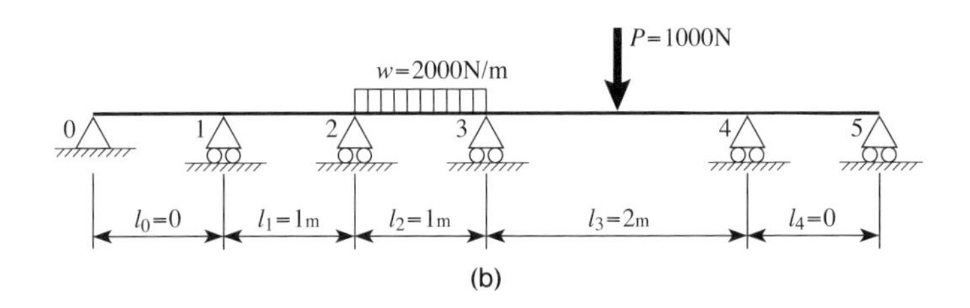

(b)

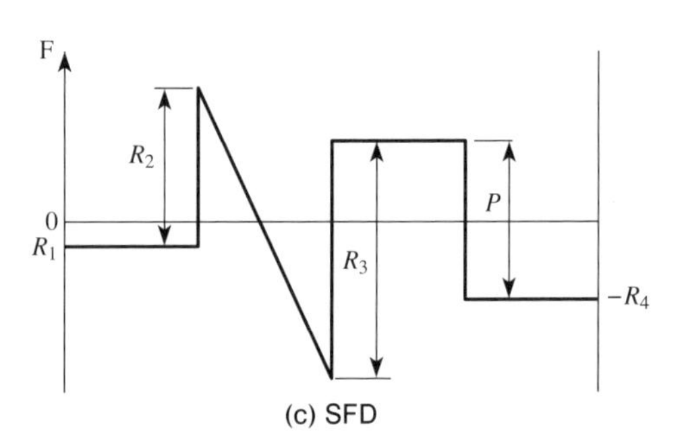

(c) SFD

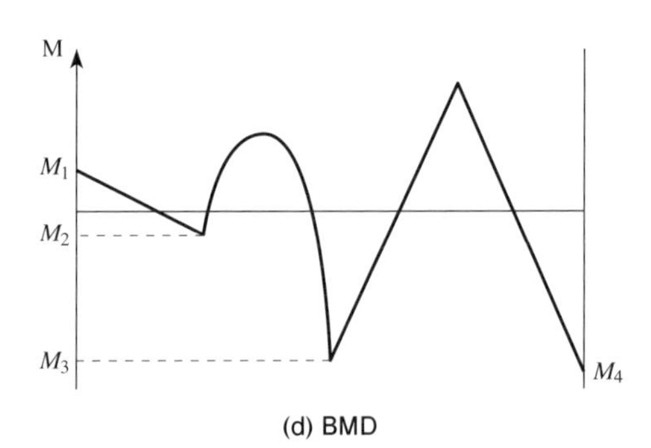

(d) BMD

▲図9-4　両端が固定支持された連続はり

解

両端に固定モーメントが生じるので，図9-4(b)のように長さ$l_0=0$，$l_4=0$の2本の仮想はりを考えて支点0と5とを単純支持する．この状態で3モーメントの式は

$$0+2M_1(0+l_1)+M_2l_1=-6EI(0+0) \quad (1)$$

$$M_1l_1+2M_2(l_1+l_2)+M_3l_2=-6EI\left(0+\frac{wl_2^3}{24EI}\right) \quad (2)$$

$$M_2 l_2 + 2M_3(l_2 + l_3) + M_4 l_3 = -6EI\left(\frac{wl_2^3}{24EI} + \frac{Pa(l_3 - a)(2l_3 - a)}{6EIl_3}\right) \quad (3)$$

$$M_3 l_3 + 2M_4(l_3 + 0) + 0 = -6EI\left(\frac{Pa(l_3^2 - a^2)}{6EIl_3} + 0\right) \quad (4)$$

となる．4個の未知モーメントに対して4個の関係式が得られ，式(1)～(4)を連立させて解くとM_1～M_4が得られる．

$$M_1 = \frac{1250}{33}\ (\mathrm{Nm}),\quad M_2 = -\frac{2500}{33}\ (\mathrm{Nm}),$$

$$M_3 = -\frac{7750}{33}\ (\mathrm{Nm}),\quad M_4 = -\frac{8500}{33}\ (\mathrm{Nm}) \quad (5)$$

支点反力R_1～R_4は，表9-1に示される反力を加え合わせることにより次式のように得られる．

$$R_1 = \frac{M_2 - M_1}{l_1} = -\frac{3750}{33}\ (\mathrm{N}) \quad (6)$$

$$R_2 = \frac{M_1 - M_2}{l_1} + \frac{M_3 - M_2}{l_2} + \frac{wl_2}{2} = \frac{31500}{33}\ (\mathrm{N}) \quad (7)$$

$$R_3 = \frac{M_2 - M_3}{l_2} + \frac{M_4 - M_3}{l_3} + \frac{wl_2}{2} + \frac{P(l_3 - a)}{l_3} = \frac{54375}{33}\ (\mathrm{N}) \quad (8)$$

$$R_4 = \frac{M_3 - M_4}{l_3} + \frac{Pa}{l_3} = \frac{16875}{33}\ (\mathrm{N}) \quad (9)$$

以上からSFDとBMDとを描くとそれぞれ図9-4(c)と(d)とになる．

例題 9.3

図9-5のような連続はりにおいて支点モーメントと支点反力を求め，SFDおよびBMDを描け．

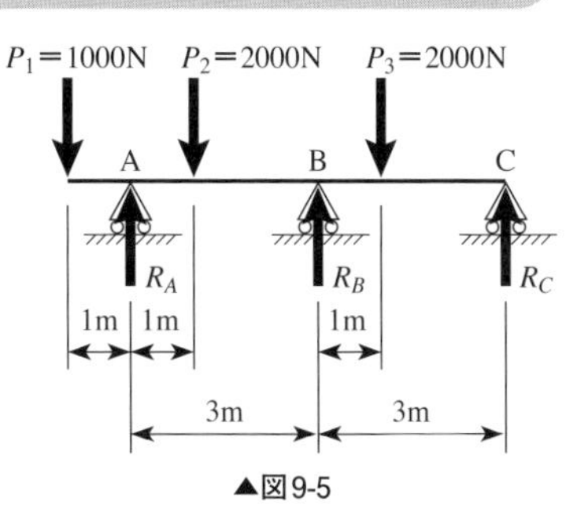

▲図9-5

解

点Aでの曲げモーメントは，$M_A = -P_1 \times 1 = -1000$ (Nm) と得られ，点Cではモーメントが作用していないので$M_C = 0$ (Nm) である．点Bにおける3モーメントの式は

$$3M_A + 2(3+3)M_B + 3M_C = -6EI\left(\frac{2000\times1\times(3^2-1^2)}{6EI\times3} + \frac{2000\times1\times(3-1)(6-1)}{6EI\times3}\right) \quad (1)$$

となり，これにより点Bにおける曲げモーメントは$M_B = -750$ (Nm) と得られる．

支点反力$R_A \sim R_C$は，表9-1に示される反力を加え合わせることにより次式のように得られる．

$$R_A = \frac{2000\times(3-1)}{3} + 1000 + \frac{M_B - M_A}{3} = \frac{7250}{3}\ \text{(N)} \quad (2)$$

$$R_B = \frac{2000\times1}{3} + \frac{2000\times(3-1)}{3} + \frac{M_A - M_B}{3} + \frac{M_C - M_B}{3} = \frac{6500}{3}\ \text{(N)} \quad (3)$$

$$R_C = \frac{2000\times1}{3} + \frac{M_B - M_C}{3} = \frac{1250}{3}\ \text{(N)} \quad (4)$$

以上からSFDとBMDとを描くと，それぞれ図9-6(a)と(b)とになる．

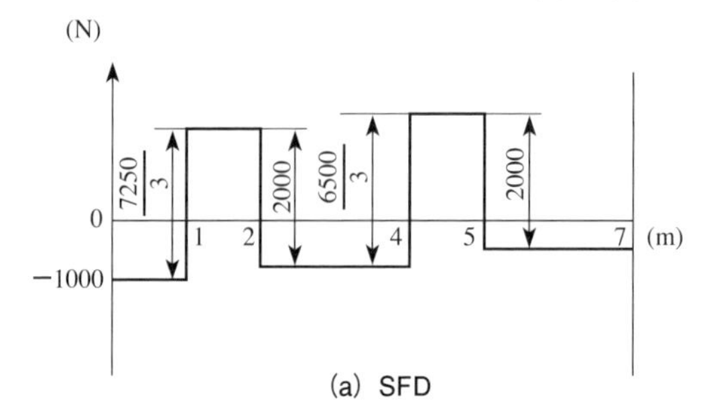

(a) SFD

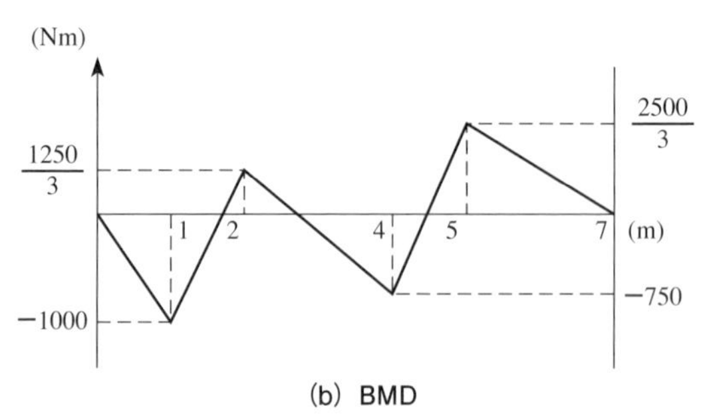

(b) BMD

▲図9-6

9.2 組み合わせはり

図9-7(a)のように，材料特性の異なる板を組み合わせて全体が単一のはりとして曲がるように作られたはりを**組み合わせはり**（composite beam）という．このようなはりでは，単一材料からなるはりと異なり，中立軸（曲げ応力がゼロ）の位置が断面形状だけでは決まらない．また，軸方向の垂直ひずみε_xは，はりの厚さ方向に直線的に変化するが，縦弾性係数がyの位置により変わるため，ひずみε_xに対応する曲げ応力は直線的に変わらない．つまり，図9-7(b)のように曲げ応力は階段状に変化する．図9-7(a)のように，はり断面の上辺から中立軸までの距離を$\overline{y}$とすると，式(5.14)においてi番目の板の幾何学的特性量である断面一次モーメントS_iと断面積A_iに，材料特性E_iの重みをかける必要がある．したがって，

$$\overline{y} = \frac{\sum_{i=1}^{n} E_i \int_A y dA_i}{\sum_{i=1}^{n} (E_i A_i)} \tag{9.2}$$

となり，組み合わせはりにおいては図心の位置と中立軸の位置とが異なる．曲げ応力も同様に式(5.10)において，i番目の板の幾何学的特性量である中立軸からの距離y_iと，断面二次モーメントI_iとに，材料特性E_iの重みをかけた形式で表され次式になる．

$$\sigma_i = \frac{E_i y_i}{\sum_{i=1}^{n} (E_i I_i)} M \tag{9.3}$$

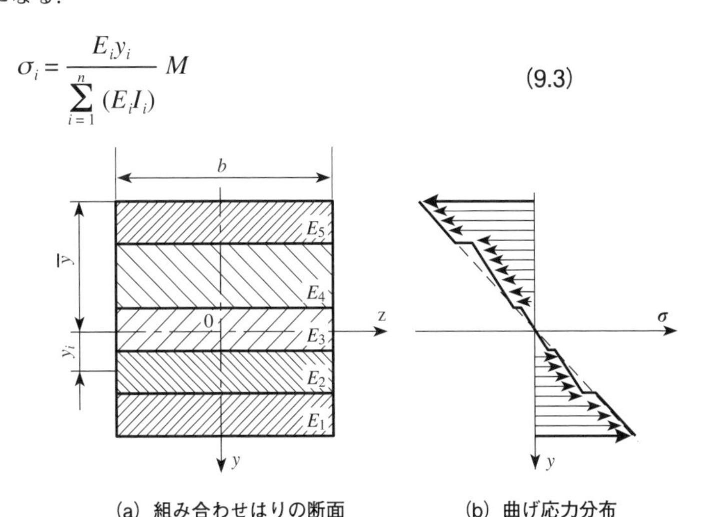

(a) 組み合わせはりの断面　　(b) 曲げ応力分布

▲図9-7　組み合わせはり

ここで式(9.2)において，断面の上端から $\overline{y}$ が測られるのに対して，式(9.3)と(5.10)とは同じ考え方から導かれるため中立軸から y_i が測られる．

$\sum_{i=1}^{n}(E_i I_i)$ がはり全体の曲げ剛性になるので，式(6.4)に対応するたわみの基礎式は

$$\frac{d^2y}{dx^2} = -\frac{M}{\sum_{i=1}^{n}(E_i I_i)} \tag{9.4}$$

となる．せん断応力も式(5.32)において，i 番目の板の幾何学的特性量 S_i と I_i に材料特性 E_i の重みをかけた形式で表され次式になる．

$$\tau = \frac{F}{b}\frac{\sum_{i=1}^{m}\left(E_i\int_{A_i} y_i dA_i\right)}{\sum_{i=1}^{n}(E_i I_i)} \tag{9.5}$$

ここで分母は断面全体の n 個の総和をとるのに対して，分子はせん断力を求める位置よりも下側にある m 個の和をとることに注意を要する．また，板の番号 i を下から（y 座標値の大きい）順番に割り当てていることにも注意を要する．

例題 9.4

図9-8のように木材のはりが厚さ10mmの鋼板で補強されている．このはりを単純支持で支え長さ2mのスパンの中央に10000Nの集中荷重を負荷するとき，鋼板と木材に生じる最大曲げ応力を求めよ．また，このとき木材に生じる最大せん断応力を求めよ．ただし，鋼板と木材の縦弾性係数をそれぞれ $E_s = 206\mathrm{GPa}$，$E_w = 10\mathrm{GPa}$ とする．

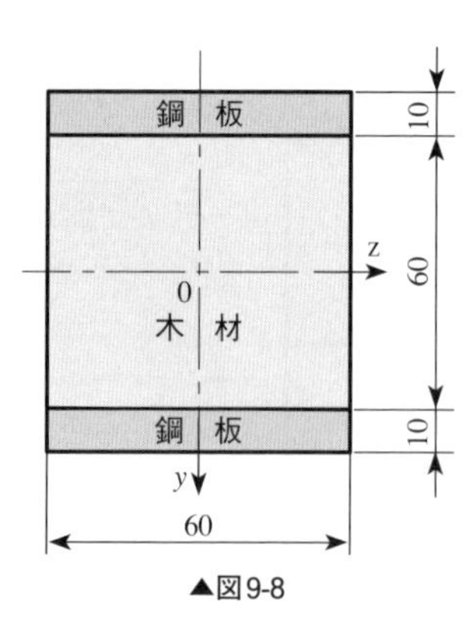

▲図9-8

解

問題の対称性から中立軸は厚さ方向の中央にある．式(9.3)における分母$\sum E_i I_i$は

$$\sum E_i I_i = 206 \times 10^9 \times \left(\frac{(60 \times 10^{-3}) \times (10 \times 10^{-3})^3}{12} + (35 \times 10^{-3})^2 \times (60 \times 10^{-3}) \times 10 \times 10^{-3} \right) \times 2$$
$$+10 \times 10^9 \times \frac{(60\times10^{-3}) \times (60\times10^{-3})^3}{12} = 3.16 \times 10^5 \ (\mathrm{Nm}^2) \tag{1}$$

となる．曲げモーメントは$M = 5000 \times 1 = 5000$ (Nm) なので，鋼鈑と木材に生じる最大曲げ応力σ_sとσ_wはそれぞれ

$$\sigma_s = \frac{206 \times 10^9 \times (40 \times 10^{-3})}{3.16 \times 10^5} \times 5000 = 130 (\mathrm{MPa}) \tag{2}$$

$$\sigma_w = \frac{10 \times 10^9 \times (30 \times 10^{-3})}{3.16 \times 10^5} \times 5000 = 4.75 (\mathrm{MPa}) \tag{3}$$

となる．最大せん断応力は，はりの中立軸の位置（中央）に生じる．式(9.5)における分子$\sum E_i \int_{A_i} y_i dA_i$は，厚さ方向に$y = 0$から$y = 40$mmまで積分することになり

$$\sum_{i=1}^{m} E_i \int_{A_i} y_i dA_i = 10 \times 10^9 \int_0^{30\times10^{-3}} 60 \times 10^{-3} y_1 dy_1$$
$$+ 206 \times 10^9 \int_{30\times10^{-3}}^{40\times10^{-3}} 60\times10^{-3} y_2 dy_2 \tag{4}$$
$$= 4.60 \times 10^6 \ (\mathrm{Nm})$$

である．せん断力$F = 5000$Nなので，最大せん断応力は次式になる．

$$\tau = \frac{5000}{60 \times 10^{-3}} \frac{4.60 \times 10^6}{3.16 \times 10^5} = 1.21 \times 10^6 \ (\mathrm{Pa}) = 1.21 \ (\mathrm{MPa}) \tag{5}$$

複合材料

最近，**繊維強化プラスチック**（fiber reinforced plastics, FRP）と呼ばれる異なった材料を組み合わせて作る**複合材料**（composite materials）が注目されている．材料特性は強化繊維方向にヤング率と強度が高いが，強化繊維と直角方向にはほぼプラスチックと同じ性質を示す．このようなシートを図1のように積み重ねたものを**積層材**（laminated plate）といい，一種の組み合わせはりと考えられる．比較的厚い積層材を図2のような3点曲げ試験をすると，端面AあるいはBの層間がはがれて破壊することがある．このような破壊を**層間はく離**（delamination）といい，せん断応力が主要因となって破壊する．金属などがスパン中央点Cから破壊するのに対して層間はく離は積層材特有の破壊様式である．

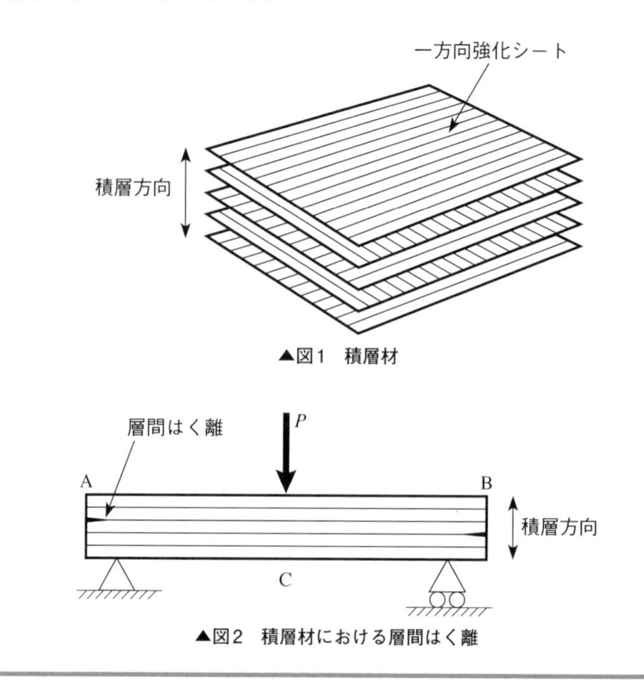

▲図1　積層材

▲図2　積層材における層間はく離

鉄筋コンクリートはり

コンクリートは圧縮には強いが引張りには極めて弱い材料である．したがって，この弱点を引張り強度が大きい鋼製の棒で補うと，はり全体の強さを高めることができる．また，コンクリートと鋼との線膨張係数の差が小さいため，両者は温度変化に対しても比較的良い組み合わせとなる．このようなはりを**鉄筋コンクリートはり**（reinforced concrete beam）といい，一種の組み合わせはりである．

図9-9のように，鉄筋コンクリートはりでは曲げによる引張り負荷を鉄筋のみが支え，圧縮負荷を圧縮側にあるコンクリート全体が支えるものとして，コンクリートによる引張り応力の負担を無視して計算する．このような仮定のもとで，はりの上面から中立軸までの距離kh（ただし$k<1$）は

$$kh=\frac{-nA+\sqrt{n^2A^2+2nAbh}}{b} \tag{9.6}$$

となる．ここでnは鉄筋とコンクリートとの弾性係数の比（$n=E_s/E_c$，通常は$n=15$）を表し，Aは鉄筋の全断面積を表す．曲げモーメントMが作用するときに，鉄筋に生じる引張り応力σ_sおよびコンクリートに生じる圧縮応力σ_cは，それぞれ次式になる．

$$\sigma_s=\frac{M}{A}\frac{1}{h-\frac{kh}{3}} \tag{9.7}$$

$$\sigma_c=-\frac{2M}{bkh}\frac{1}{h-\frac{kh}{3}} \tag{9.8}$$

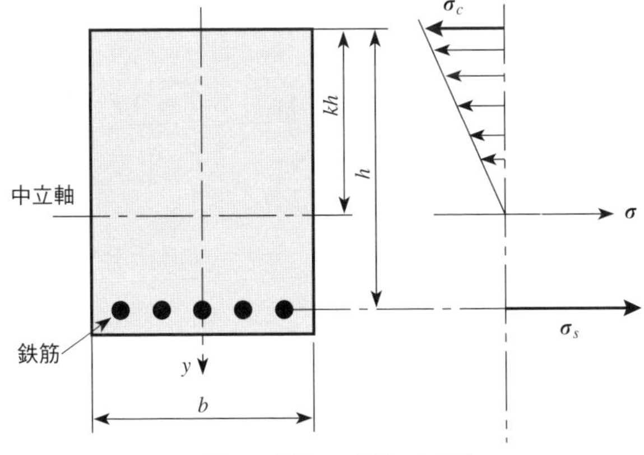

▲図9-9　鉄筋コンクリートはり

例題 9.5

図9-10のような鉄筋コンクリートはりにおいて，幅$b=30$cm，はり上面から鉄筋までの距離$h=50$cmである．鉄筋とコンクリートの縦弾性係数の比$n=15$，コンクリートの許容圧縮応力を$\sigma_c=3$MPaとする．曲げモーメント$M=5\times10^4$Nmが作用する場合に必要な鉄筋の断面積と鉄筋に生じる応力とを求めよ．

解

はり上面から中立軸までの距離をkhとすると，式(9.8)より

$$-3\times10^6=-\frac{2\times5\times10^4}{30\times10^{-2}kh}\times\frac{1}{50\times10^{-2}-\dfrac{kh}{3}} \qquad (1)$$

の関係が得られる．式(1)を解くと$kh=1.23$，0.271mとなるが，$kh<h$なので$kh=0.271$mである．これを式(9.6)に代入すると

$$0.271=\frac{-15\times A+\sqrt{15^2\times A^2+2\times15\times A\times(30\times10^{-2})\times(50\times10^{-2})}}{30\times10^{-2}} \qquad (2)$$

となる．鉄筋の断面積Aについて解くと$A=3.22\times10^{-3}\mathrm{m}^2$が得られる．このとき鉄筋に生じる引張り応力$\sigma_s$は，式(9.7)より次式のように得られる．

$$\sigma_s=\frac{5\times10^4}{3.22\times10^{-3}}\,\frac{1}{50\times10^{-2}-\dfrac{0.271}{3}}=3.79\times10^7\ \mathrm{Pa}=37.9\ (\mathrm{MPa}) \qquad (3)$$

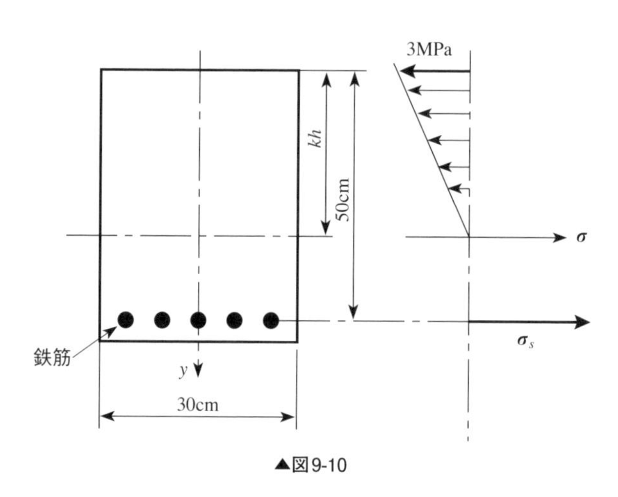

▲図9-10

コンクリートの補強

コンクリートを補強するための鉄筋は，引張り側に入れなければ役に立たない．図1(a)のような片持はりでは上側，(b)のような単純支持はりでは下側を補強しなければならない．ところで，工事現場でコンクリートを流し込む前の鉄筋の配置をよく見ると，図2のように軸方向の鉄筋と周方向の鉄筋があるのに気付くだろう．周方向の鉄筋は帯筋（フープ）と呼ばれて，せん断応力に対する補強と軸方向力の大きな柱の耐力向上が目的である．「フープ」とは樽などの「たが」の意味である．1968年の十勝沖地震において，鉄筋柱のせん断破壊がおこり，1971年建築基準法施工令が改正されてせん断に対する補強がなされた．以後，建築基準法改正のたびに帯筋の本数が増えた．そのため阪神大震災では1981年の建築基準法改正前の建物と改正後の建物とでは被害に差がでたようである．また，阪神大震災以後，高速道路の橋脚に鋼製板を巻き付けて補強しているのも同じような理由である．建築基準の改正は常に地震の被害がきっかけになってきた．

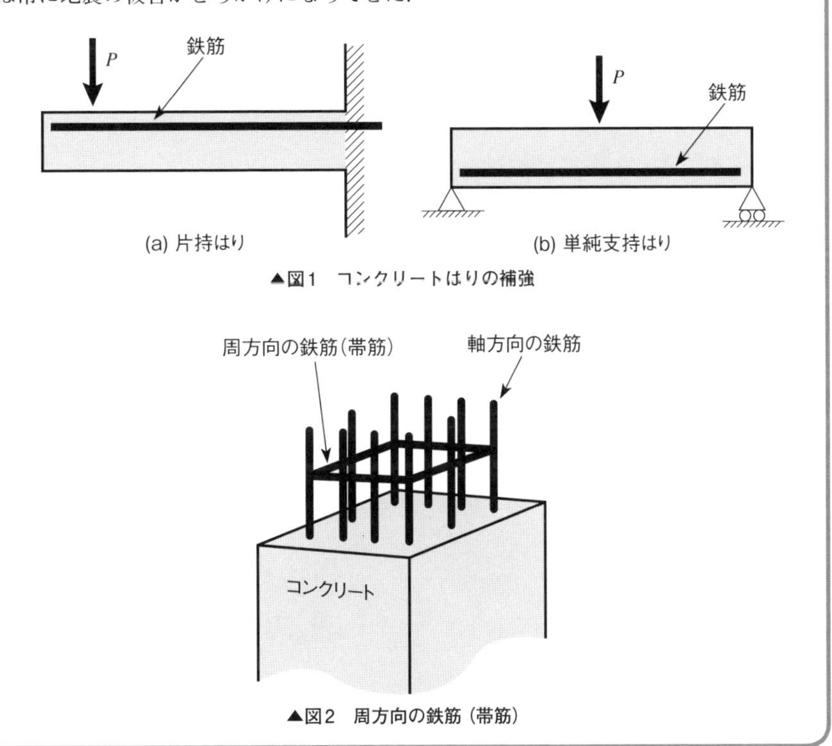

▲図1　コンクリートはりの補強

▲図2　周方向の鉄筋（帯筋）

9.3 非対称曲げ

5章でははりの曲げ問題において断面形状に対称軸が存在するという制限を設けていた．本節ではこの制限を取り除いた**非対称曲げ** (asymmetrical bending) について考察する．図9-11において点G($\overline{x}$, $\overline{y}$)は図心を表す．この点Gを通るXY座標系において，非対称形状の特徴は次式で定義する断面相乗モーメントJ_{XY}

$$J_{XY} = \int_A XYdA = \iint XYdXdY \tag{9.9}$$

がゼロにならないことである．この断面相乗モーメントは図9-11のような座標軸の平行移動に関して，次式のような関係が成立する．

$$\begin{aligned} J_{xy} &= \int_A (X+\overline{x})(Y+\overline{y})dA \\ &= \int_A XYdA + \overline{x}\int_A YdA + \overline{y}\int_A XdA + xy\int_A dA = J_{XY} + \overline{xy}A \end{aligned} \tag{9.10}$$

ここでAは断面積を表し，図心に関する断面一次モーメントはゼロになることを用いている．

つぎに座標軸の回転を考えてみよう．図9-12のように，xy座標軸から反時計回りにθ回転したXY座標では，$Y = y\cos\theta - x\sin\theta$であることから，断面二次モーメント$I_X$は

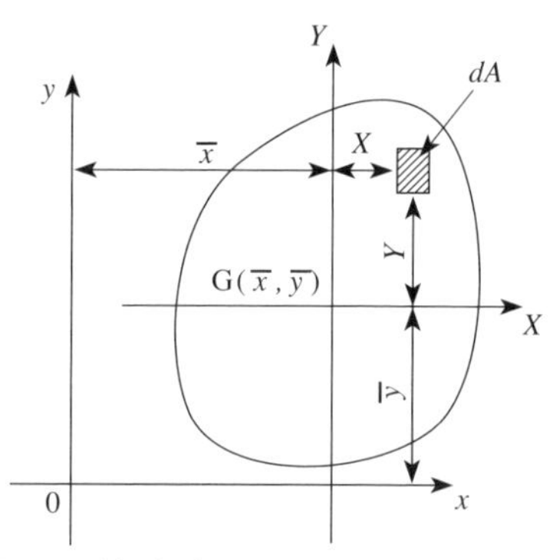

▲図9-11　断面相乗モーメントと座標軸の平行移動

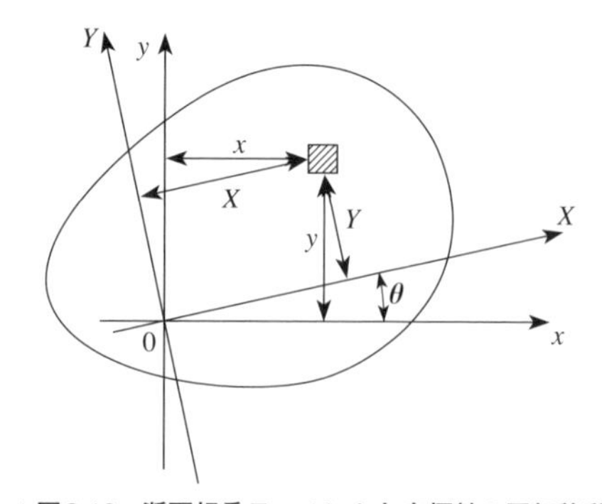

▲図9-12　断面相乗モーメントと座標軸の回転移動

$$
\begin{aligned}
I_X &= \int_A Y^2 dA = \int_A (y\cos\theta - x\sin\theta)^2 dA \\
&= \cos^2\theta \int_A y^2 dA + \sin^2\theta \int_A x^2 dA - 2\sin\theta\cos\theta \int_A xydA \\
&= \frac{1}{2}(I_x + I_y) + \frac{1}{2}(I_x - I_y)\cos 2\theta - J_{xy}\sin 2\theta
\end{aligned}
\tag{9.11}
$$

となり，断面二次モーメントと断面相乗モーメントは関係があることがわかる．同様にI_YとJ_{XY}は次式になる．

$$
\begin{aligned}
I_Y &= \int_A X^2 dA = \int_A (x\cos\theta + y\sin\theta)^2 dA \\
&= \cos^2\theta \int_A x^2 dA + \sin^2\theta \int_A y^2 dA + 2\cos\theta\,\sin\theta \int_A xydA \\
&= \frac{1}{2}(I_x + I_y) - \frac{1}{2}(I_x - I_y)\cos 2\theta + J_{xy}\sin 2\theta
\end{aligned}
\tag{9.12}
$$

$$
\begin{aligned}
J_{XY} &= \int_A XYdA = \int_A (x\cos\theta + y\sin\theta)(y\cos\theta - x\sin\theta)dA \\
&= \frac{1}{2}\sin 2\theta \left(\int_A y^2 dA - \int_A x^2 dA\right) + \cos 2\theta \int_A xydA \\
&= \frac{1}{2}(I_x - I_y)\sin 2\theta + J_{xy}\cos 2\theta
\end{aligned}
\tag{9.13}
$$

ここで式(9.11)と(9.13)が座標軸の回転に対する応力の変換式(7.5)，(7.6)と似た形式で表されることに注目しよう．応力やひずみにおいて座標軸の回転を考えたときと同様に，式(9.11)と(9.13)からθを消去すれば，断面二次モーメントI（横軸）と断面相乗モーメントJ（縦軸）を座標軸とする中心$(\frac{I_x + I_y}{2}, 0)$，半径$\frac{1}{2}\sqrt{(I_x - I_y)^2 + 4J_{xy}^2}$の円の方程式になる（図9-13参照）．この円を断面二次モーメントに関するモールの円と呼ぶ．式(7.5)，(7.6)と式(9.11)，(9.13)とを比較すると，$\sigma \to I$，$\tau \to -J$のように置き換えられているので（断面二次モーメントに関するモールの円の），I軸では右向きを正に，J軸では上向きを正に選ぶ．また，断面二次モーメントは常に正であるのに対して断面相乗モーメントは正負の値をとるので，この断面二次モーメントに関するモールの円は常にJ軸の右側にある．モールの応力円で考察したように，図から$J=0$となるI_1とI_2を求めることができ，これを**断面主二次モーメント**（principal moment of inertia of area）という．また，$J=0$となる方向の座標軸を**慣性主軸**（principal axes of inertia）または**主軸**（centroidal principal axes）という．断面主二次モーメントI_1，I_2と主軸の方向はそれぞれ次式になる．ただし，反時計回りに座標軸を回転させたときを$\theta > 0$としている．

9

はりの複雑な問題

$$\left.\begin{matrix} I_1 \\ I_2 \end{matrix}\right\} = \frac{1}{2}(I_x + I_y) \pm \frac{1}{2}\sqrt{(I_x - I_y)^2 + 4J_{xy}^2} \tag{9.14}$$

$$\tan 2\theta = \frac{-2J_{xy}}{I_x - I_y} \tag{9.15}$$

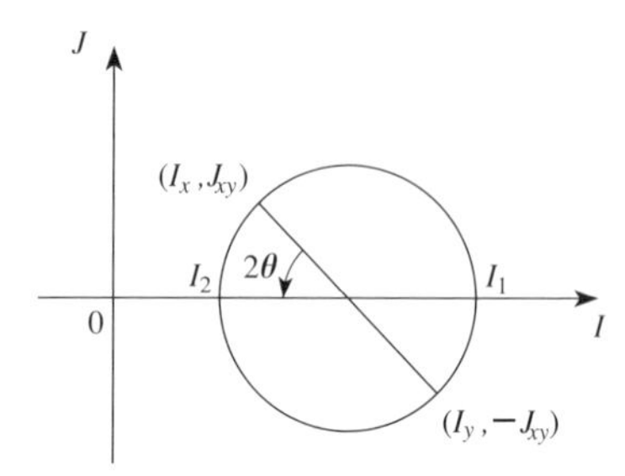

▲図9-13　断面二次モーメントに関するモールの円

5章において曲げ変形は対称軸を含む面内に生じると仮定した（5.1節参照）．たとえば図9-14(a)，(b)の場合，ともにxy座標系では$J_{xy} \neq 0$なので5章で取り扱ったようには解析できない．しかし，慣性主軸を断面形状に対する座標軸にとれば，たとえ断面形状が非対称であっても解析は対称なときと同様にできる．図9-14(a)，(b)の場合，慣性主軸であるXY座標系では$J_{XY} = 0$となる．したがって図9-14(a)のように，与えられた曲げモーメントベクトルMを主軸方向の成分M_XとM_Yに分解して，それぞれの曲げモーメントによる曲げ応力の和がはりに生じる曲げ応力になる．また，断面形状が対称であっても図9-14(b)のように曲げられた場合には，主軸方向（X軸，Y軸）に曲げモーメントベクトルを分解する必要がある．したがって，曲げ応力σは2方向の曲げの重ね合わせとなり次式で表される．

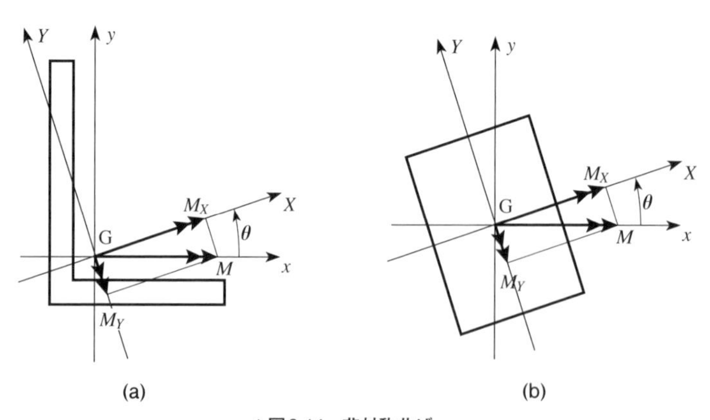

▲図9-14　非対称曲げ

$$\sigma = \frac{M_X}{I_X} Y - \frac{M_Y}{I_Y} X \qquad (9.16)$$

ここでI_XとI_Yは，それぞれX軸，Y軸に関する断面二次モーメント（値はI_1, I_2）である．また，式(9.16)中に負符号が現れるが，これは重ね合わせを表している（図9-14(a), (b)の座標軸の方向とモーメントベクトルの方向（$M_X > 0$, $M_Y < 0$）に注意されたい）．

例題 9.6

図9-15(a)のような山形鋼において，図心に関する慣性主軸と断面二次モーメントを求めよ．

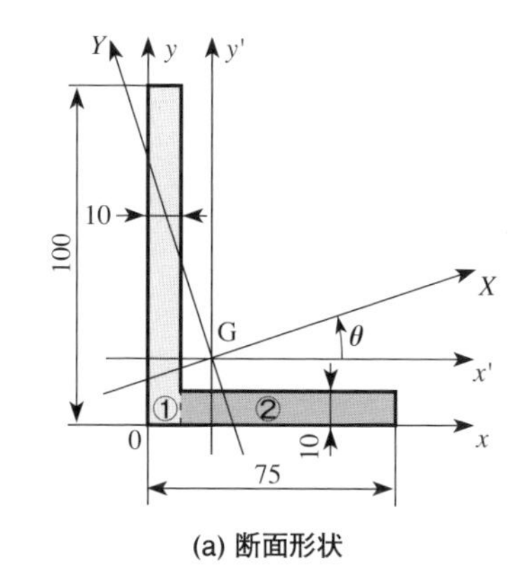

(a) 断面形状

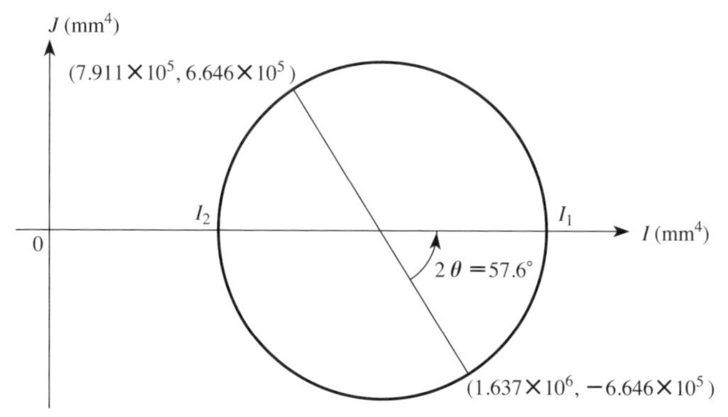

(b) 断面二次モーメントに関するモールの円

▲図9-15　山形鋼の慣性主軸

図心の位置は式(5.14)より

$$\overline{x} = \frac{\int_A x dA}{A} = \frac{1}{1650}\left\{\left[\frac{10x^2}{2}\right]_0^{75} + \left[\frac{90x^2}{2}\right]_0^{10}\right\} = 19.77 \tag{1}$$

$$\overline{y} = \frac{\int_A y dA}{A} = \frac{1}{1650}\left\{\left[\frac{10y^2}{2}\right]_0^{100} + \left[\frac{65y^2}{2}\right]_0^{10}\right\} = 32.27 \tag{2}$$

となる．xy座標系における断面二次モーメントI_x，I_yと断面相乗モーメントJ_{xy}とは，

$$I_x = \int_0^{100} 10y^2 dy + \int_0^{10} 65y^2 dy = \left[\frac{10y^3}{3}\right]_0^{100} + \left[\frac{65y^3}{3}\right]_0^{10} = 3.355 \times 10^6\ (\mathrm{mm}^4) \tag{3}$$

$$I_y = \int_0^{75} 10x^2 dx + \int_0^{10} 90x^2 dx = \left[\frac{10x^3}{3}\right]_0^{75} + \left[\frac{90x^3}{3}\right]_0^{10} = 1.436 \times 10^6\ (\mathrm{mm}^4) \tag{4}$$

$$J_{xy} = \frac{100}{2} \times \frac{10}{2} \times 100 \times 10 + \left(10 + \frac{65}{2}\right) \times \frac{10}{2} \times 65 \times 10 = 3.881 \times 10^5\ (\mathrm{mm}^4)$$

となる．ここでJ_{xy}については，図9-15(a)に示す①と②の部分がそれぞれ対称形状で断面相乗モーメントはゼロであることと式(9.10)を利用している．$x'y'$座標系における断面二次モーメント$I_{x'}$，$I_{y'}$と断面相乗モーメント$J_{x'y'}$は，座標軸の平行移動から次式になる．

$$I_{x'} = I_x - \overline{y}^2 A = 3.355 \times 10^6 - 32.27^2 \times 1650 = 1.637 \times 10^6\ (\mathrm{mm}^4) \tag{5}$$

$$I_{y'} = I_y - \overline{x}^2 A = 1.436 \times 10^6 - 19.77^2 \times 1650 = 7.911 \times 10^5\ (\mathrm{mm}^4) \tag{6}$$

$$J_{x'y'} = J_{xy} - \overline{x}\overline{y} A = 3.881 \times 10^5 - 19.77 \times 32.27 \times 1650 = -6.646 \times 10^5\ (\mathrm{mm}^4) \tag{7}$$

これよりモールの円を描くと図9-15(b)になる．このモールの円（あるいは式(9.14)）から断面主二次モーメントI_1とI_2が得られ

$$I_1 = 2.00 \times 10^6\ (\mathrm{mm}^4), \quad I_2 = 4.26 \times 10^5\ (\mathrm{mm}^4) \tag{8}$$

となる．主軸の方向は図9-15(b)（あるいは式(9.15)）からつぎのように求められる．

$$\tan 2\theta = 1.571, \quad \theta = 28.76^\circ \tag{9}$$

例題 9.7

断面形状が図9-15(a)で示された山形鋼を図9-16のように片持はりとして使用した．はりの自由端に質量200kgの物体をつり下げるときの最大曲げ応力を求めよ．

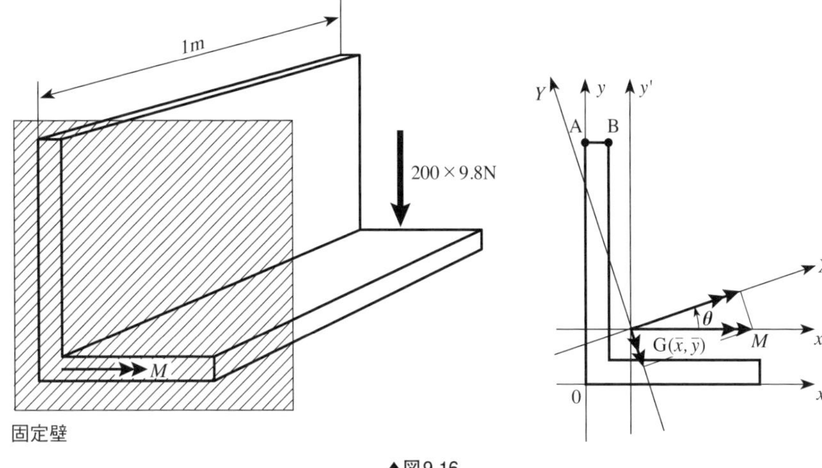

▲図9-16

解

固定端で最大曲げモーメントM＝200×9.8Nmになる．曲げモーメントベクトルをX軸方向とY軸方向に分解すると，それぞれのモーメントベクトルの向きからX＞0，Y＞0の領域で引張りの曲げ応力が重ね合わされる．例題9.6の結果を利用して図心Gから比較的遠方にある点AとBにおける応力を比較する．

点AのXY座標系における座標（X_A，Y_A）は（$x'y'$座標系では（$-\bar{x}$，$100-\bar{y}$））

$$X_A = -\bar{x}\cos\theta + (100 - \bar{y})\sin\theta = 15.26 \qquad (1)$$

$$Y_A = (100 - \bar{y})\cos\theta + \bar{x}\sin\theta = 68.89 \qquad (2)$$

である．同様に点BのXY座標系における座標（X_B，Y_B）は（$x'y'$座標系では（$-\bar{x}+10$，$100-\bar{y}$））

$$X_B = (-\bar{x} + 10)\cos\theta + (100 - \bar{y})\sin\theta = 24.02 \qquad (3)$$

$$Y_B = (100 - \bar{y})\cos\theta - (-\bar{x} + 10)\sin\theta = 64.08 \qquad (4)$$

である．曲げモーメントベクトルの符号に注意して式(9.16)の考え方を適用すると，点A，Bにおける曲げ応力σ_A，σ_Bはそれぞれ

$$\sigma_A = \frac{200 \times 9.8 \times 10^3 \cos\theta}{2.00 \times 10^6} Y_A + \frac{200 \times 9.8 \times 10^3 \sin\theta}{4.26 \times 10^5} X_A = 93.0\ (\mathrm{MPa}) \quad (5)$$

$$\sigma_B = \frac{200 \times 9.8 \times 10^3 \cos\theta}{2.00 \times 10^6} Y_B + \frac{200 \times 9.8 \times 10^3 \sin\theta}{4.26 \times 10^5} X_B = 108.2\ (\mathrm{MPa}) \quad (6)$$

となる．したがって，式(5)と(6)との結果を比較すると最大曲げ応力は固定端の点Bに生じて108.2MPaである．

断面二次モーメントとテンソル

断面二次モーメントIと断面相乗モーメントJについては，座標軸の回転による変換が応力やひずみと同形で表されることから，これらはテンソルであることが推測できる．これらは慣性テンソルと呼ばれており，xy座標系において

$$I_{xx} = \iint y^2 dxdy, \quad I_{yy} = \iint x^2 dxdy, \quad J_{xy} = \iint xydxdy$$

と表記すれば，テンソル形式で

$$\begin{bmatrix} I_{xx} & -J_{xy} \\ -J_{xy} & I_{yy} \end{bmatrix}$$

のように表され対称テンソルとなる．テンソル成分J_{xy}が負符号になるのは，モールの円においてJ軸の正方向のとり方に関係している．また，3次元に理論を展開すると断面二次モーメントの定義を拡張する必要があるが，いずれも詳細は省略する．

回転運動を扱う動力学で現れる慣性テンソルと関連が深いので興味がある方は「慣性テンソル」をキーワードにして検索するとよい．断面二次モーメントや弾性定数のように本来テンソル量である物理量をそのようなことを意識せずに用いている例は少なくない．

9.4 曲りはり

図9-17(a)のように，はりの軸線が曲線であるものを**曲りはり**（curved beam）といい，この曲りはりの曲げ問題に関してつぎのような3つの仮定をおく．

① はりは対称軸を有し，その対称軸を含む平面内で変形する．

② はりの軸線に垂直な断面は，変形後も平面で軸線に垂直である．

③ 外力は対称断面内に作用する．

曲りはりでは，図9-17(a)のようにはりを微小要素に分割するときに変形前の軸方向の長さdsが軸線（横断面内の図心をつないだ線）からの距離yと軸線の曲率半径ρとにより変化する．この点が真直はりと曲りはりとで幾何学的に異なる（図9-17(b)参照）．そこで次式のような積分

$$\int \frac{y}{\rho + y} dA = -\kappa A \tag{9.17}$$

を個々の断面形状についてあらかじめ計算しておくと，曲りはりの幾何学的特性を表すのに都合がよい．ここで，Aは断面積でκを曲りはりの断面係数といい，

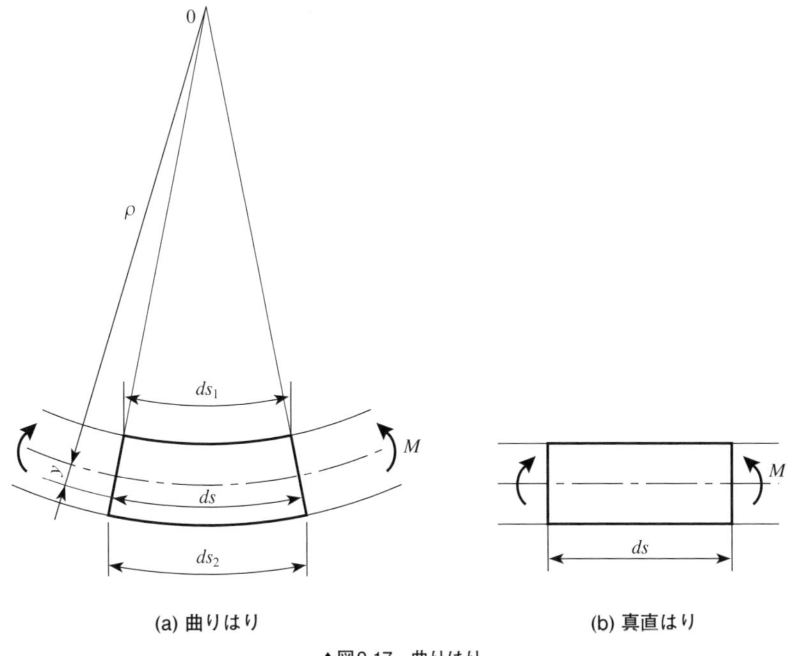

▲図9-17　曲りはり

はりの断面形状と曲りはりの軸線の曲率半径ρとで定まる無次元量である．長方形断面（図9-18参照）において，この断面係数κは次式となる．

$$\kappa = -\frac{1}{A}\int_A \frac{y}{\rho + y}\, dA = \frac{\rho}{h}\log\frac{1+\dfrac{h}{2\rho}}{1-\dfrac{h}{2\rho}} - 1 \qquad (9.18)$$

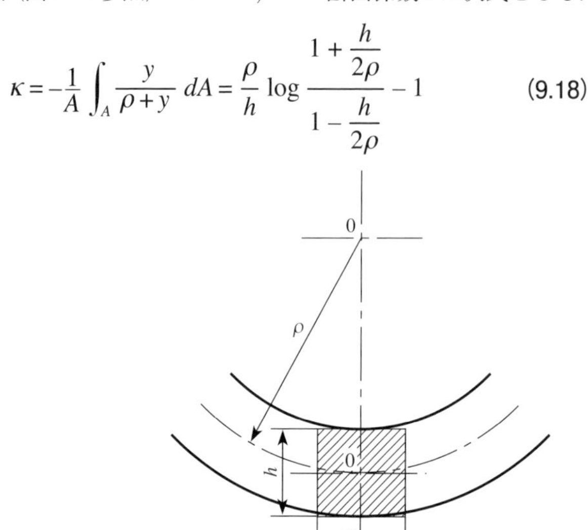

▲図9-18　長方形断面の曲りはり

したがって断面係数κは，はりの幅bとは無関係になる．

台形断面（図9-19参照）において，図心の位置は

$$e_1 = \frac{h}{3}\frac{b_1 + 2b_2}{b_1 + b_2}, \qquad e_2 = \frac{h}{3}\frac{2b_1 + b_2}{b_1 + b_2} \qquad (9.19)$$

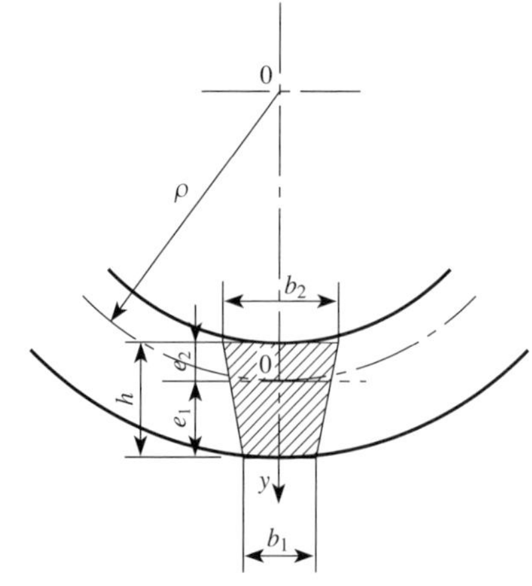

▲図9-19　台形断面の曲りはり

であり，断面係数κは次式となる．

$$\kappa = \frac{2\rho}{(b_2+b_1)h}\left[\left\{b_2+\frac{b_2-b_1}{h}(\rho-e_2)\right\}\log\frac{\rho+e_1}{\rho-e_2}-(b_2-b_1)\right]-1 \quad (9.20)$$

また，断面形状が円形，楕円形（図9-20参照）のいずれであっても，断面係数κは同じ形式で表され次式となる．

$$\kappa = 2\left(\frac{\rho}{a}\right)^2\left\{1-\sqrt{1-\left(\frac{a}{\rho}\right)^2}\right\}-1 \quad (9.21)$$

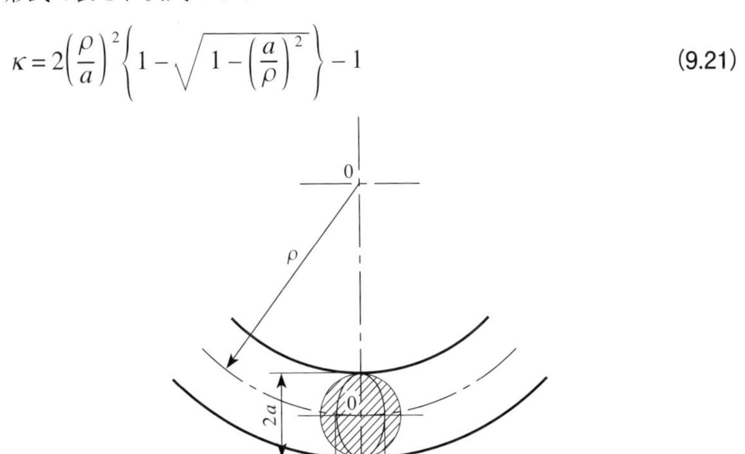

▲図9-20　円形，楕円形断面の曲りはり

したがって，断面係数κは短軸径bの値とは無関係になる．

軸力Nと曲げモーメントMとが作用する曲りはりにおける曲げ応力σは，次式のように表される．

$$\sigma(y) = \frac{N}{A}+\frac{M}{A\rho}\left\{1+\frac{y}{\kappa(\rho+y)}\right\} \quad (9.22)$$

ここで曲げモーメントMは曲率が大きく（曲率半径が小さく）なる方向を正に選ぶ（図9-17(a)中の曲げモーメントMは正）．式(9.22)において，第1項は軸力による応力で第2項は曲げモーメントにより生じる応力である．この第2項に$y=0$を代入しても，応力の値がゼロとならず軸線が中立面上にないことがわかる．また，式(9.22)から曲げ応力の分布はyに関して双曲線状となる．真直はりでは軸線が中立面上にあり，曲げ応力の分布がyに関して直線状になっていた点を思い出していただきたい．

例題 9.8

図9-21のようなフックにおいて，点Cに質量5000kgの物体をつり下げた．A-B断面に生じる引張りと圧縮の最大曲げ応力を求めよ．ただし，$b_1 = 20$mm，$b_2 = 60$mm，$h = 80$mm，$a = 40$mmとする．

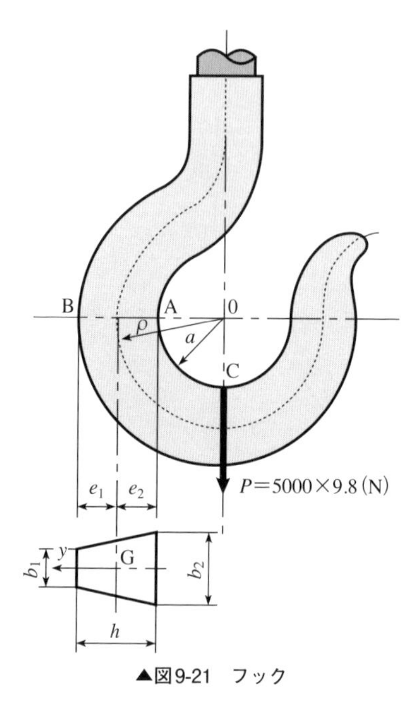

▲図9-21　フック

解

図心までの距離は式(9.19)より

$$e_1 = \frac{80}{3}\,\frac{20 + 2 \times 60}{20 + 60} = 46.7\ (\mathrm{mm}), \qquad e_2 = \frac{80}{3}\,\frac{2 \times 20 + 60}{20 + 60} = 33.3\ (\mathrm{mm}) \tag{1}$$

となる．曲りはりの曲率半径ρは

$$\rho = 40 + 33.3 = 73.3\ (\mathrm{mm}) \tag{2}$$

となる．曲りはりの断面係数κは式(9.20)より

$$\kappa = \frac{2 \times 73.3}{(60 + 20) \times 80}\left[\left\{60 + \frac{60 - 20}{80} \times 40\right\} \ln \frac{120}{40} - (60 - 20)\right] - 1 = 0.0970 \tag{3}$$

となる．この問題においてA-B断面における曲げモーメントは曲率が小さくなる方向に作用しているので$M = -\rho P = -3592$Nmである．

また，式(9.22)を荷重Pで表すと，この問題の場合は次式で表される（$N=P$）．

$$\sigma = \frac{P}{A} + \frac{-\rho P}{A\rho}\left\{1 + \frac{y}{\kappa(\rho + y)}\right\} = \frac{-Py}{A\kappa(\rho + y)} \tag{4}$$

式(4)から点AおよびBの曲げ応力を求めると

$$\sigma_A = \frac{-5000 \times 9.8 \times (-33.3)}{3200 \times 0.097 \times (73.3 - 33.3)} = 131\ (\mathrm{MPa}) \tag{5}$$

$$\sigma_B = \frac{-5000 \times 9.8 \times 46.7}{3200 \times 0.097 \times (73.3 + 46.7)} = -61.4\ (\mathrm{MPa}) \tag{6}$$

一般的に厚肉の曲りはりに蓄えられるひずみエネルギUは，軸力NによるものU_N，曲げモーメントMによるものU_Mと，曲げモーメントと軸力がカップルしたものU_{MN}の和で表される．一方，せん断ひずみによるひずみエネルギは無視できる．つまり，

$$\begin{aligned} U &= U_N + U_M + U_{MN} \\ &= \int \frac{N^2}{2EA} ds + \int \frac{M^2}{2EA\rho^2}\frac{1+\kappa}{\kappa} ds + \int \frac{MN}{EA\rho} ds \end{aligned} \tag{9.23}$$

と表される．一方，断面寸法がはりの長さに比べて小さい薄肉の曲りはりにおいて蓄えられる全ひずみエネルギUは，曲げモーメントによるひずみエネルギU_Mだけで近似できて

$$U \cong U_M = \int \frac{M^2}{2EI} ds \tag{9.24}$$

と表される．変位を求める際には，式(9.23)あるいは(9.24)により得られたひずみエネルギを用いてカスティリアノの定理を適用できる．

例題 9.9

図9-22(a)のように，水平方向に荷重Pが作用している薄肉の曲りはりにおいて，点Aでの水平方向と垂直方向の変位を求めよ．

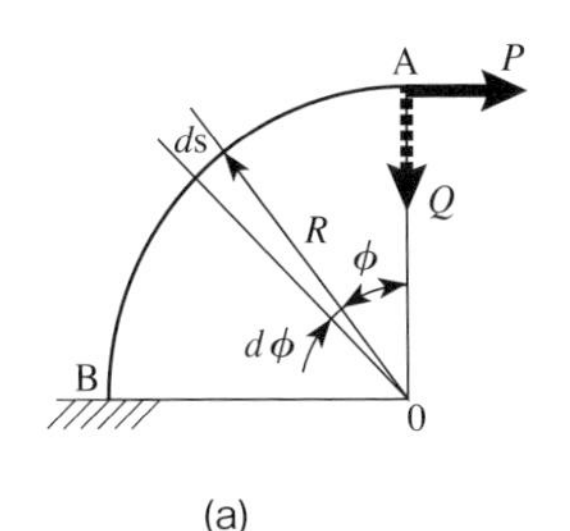

(a)

▲図9-22

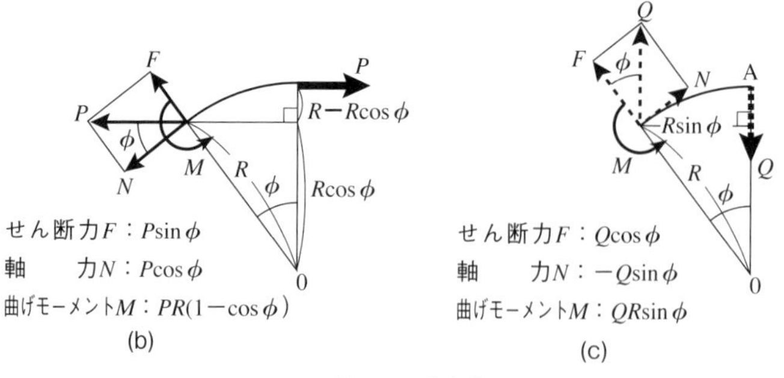

▲図9-22　薄肉曲りはり

解

垂直方向の変位を求めるために，点Aに仮想荷重Qを垂直方向（下向き）に負荷する．曲げモーメントM（図9-22(b)，(c)参照）は

$$M = PR\,(1 - \cos\phi) + QR\sin\phi \qquad (1)$$

となり，式(1)を荷重PとQとで微分すると，それぞれ

$$\frac{\partial M}{\partial P} = R\,(1 - \cos\phi), \qquad \frac{\partial M}{\partial Q} = R\sin\phi \qquad (2)$$

となる．また，曲りはりに沿う微小要素の弧長dsは次式になる．

$$ds = Rd\phi \qquad (3)$$

カスティリアノの定理を用いると，水平方向変位λ_Hと垂直方向変位λ_Vとは次式になる．

$$\begin{aligned}\lambda_H &= \left.\frac{\partial U}{\partial P}\right|_{Q=0} = \int \frac{M}{EI}\left(\frac{\partial M}{\partial P}\right)ds = \int_0^{\pi/2} \frac{PR^3\,(1-\cos\phi)^2}{EI}d\phi \\ &= \frac{PR^3}{EI}\int_0^{\pi/2}(1 - 2\cos\phi + \frac{1}{2} + \frac{1}{2}\cos 2\phi)d\phi = \frac{PR^3}{EI}\left(\frac{3\pi}{4} - 2\right)\end{aligned} \qquad (4)$$

$$\begin{aligned}\lambda_V &= \left.\frac{\partial U}{\partial Q}\right|_{Q=0} = \int \frac{M}{EI}\left(\frac{\partial M}{\partial Q}\right)ds = \int_0^{\pi/2} \frac{PR^3\,(1-\cos\phi)\sin\phi}{EI}d\phi \\ &= \frac{PR^3}{EI}\int_0^{\pi/2}(\sin\phi - \frac{1}{2}\sin 2\phi)d\phi = \frac{PR^3}{2EI}\ \text{（下向き）}\end{aligned} \qquad (5)$$

演習問題

1 図1のように木材を鋼板で補強したはりが単純支持されている．鋼および木材に生じる最大曲げ応力を求めよ．ただし，鋼と木材との縦弾性係数をそれぞれ206GPaと10GPaとする．

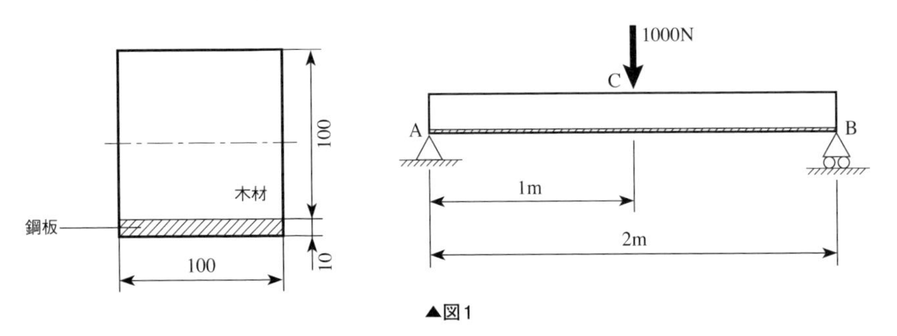

▲図1

2 図2のように，長方形断面のはりを30°傾けて長さ2mの単純支持はりとして用いた．許容応力を$\sigma_a = 100$MPaとしてスパンに与えうる最大等分布荷重を求めよ．

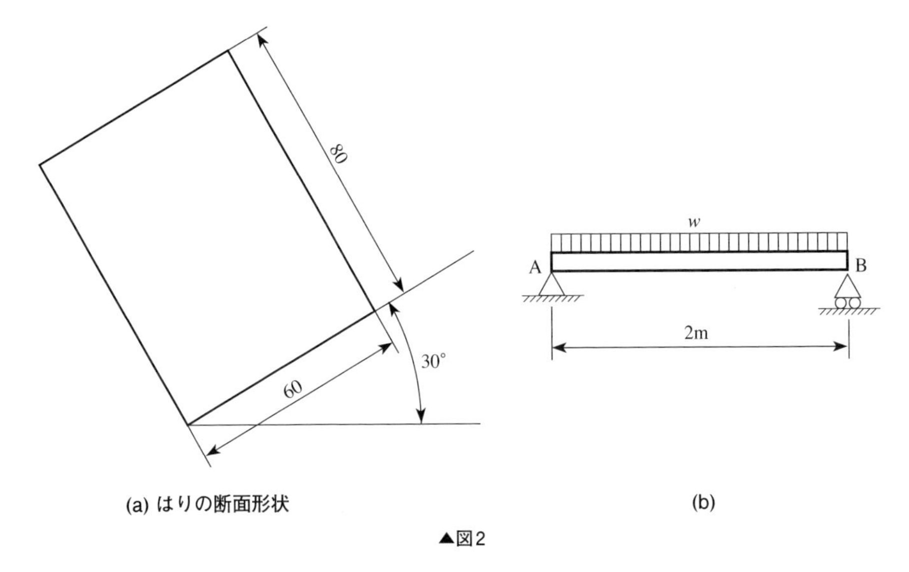

(a) はりの断面形状　　(b)

▲図2

3 図3のような曲りはりにおいて，点Cにおける水平方向と垂直方向との変位を求めよ．ただし，はりの断面二次モーメントをI，はりの材料の縦弾性係数をEとする．

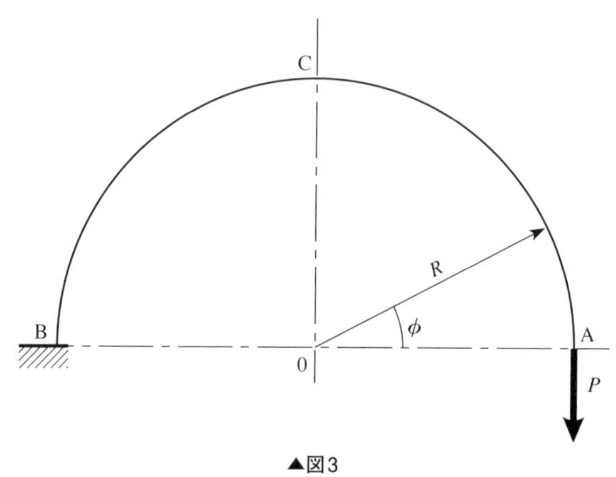

▲図3

4 図4のように，半径rの厚肉円環を直径方向に荷重Pを作用させた．AB間の直径方向の伸びを求めよ．ただし，円環の断面積と断面係数をそれぞれA，κとする．

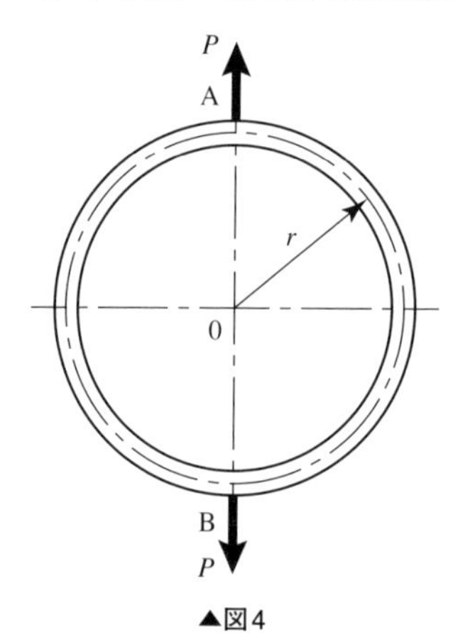

▲図4

第10章

柱

柱は断面積と長さの比によって短柱，長柱，それらの中間に相当する柱の３種類に分類できる．短柱では材料の圧縮降伏応力で柱の強度が定まる．長柱ではオイラー座屈応力により柱の強度が定まる．短柱と長柱との中間に相当する柱に対しては，実験公式を適用して座屈応力を求める．

10.1 圧縮荷重を受ける短柱と断面の核

真直棒が軸方向に圧縮を受ける場合この棒を**柱** (column) という．この柱に図10-1のように，圧縮荷重Pが軸線から偏心した位置A (x_A，y_A) に作用している場合を考えよう．この柱は断面積に比べて長さが短い柱で**短柱** (short column) と呼ばれ，後の解析からわかるように，材料の圧縮強度により柱の強度が決定される．この問題の場合には軸線方向をz軸に，断面をxy平面に選ぶ．このとき図心OにPrの大きさのモーメントが生じる．このモーメントベクトルをx軸方向とy軸方向の成分に分解すると，それぞれ

$$M_x = M\sin\theta = Pr\sin\theta = Py_A \tag{10.1}$$

$$M_y = M\cos\theta = Pr\cos\theta = Px_A \tag{10.2}$$

となる．結局，z軸方向の垂直応力σ_zは軸力による圧縮応力$\dfrac{P}{A}$と2方向の曲げモーメントによる圧縮応力$\dfrac{M_x}{I_x}y$，$\dfrac{M_y}{I_y}x$との重ね合わせになり，

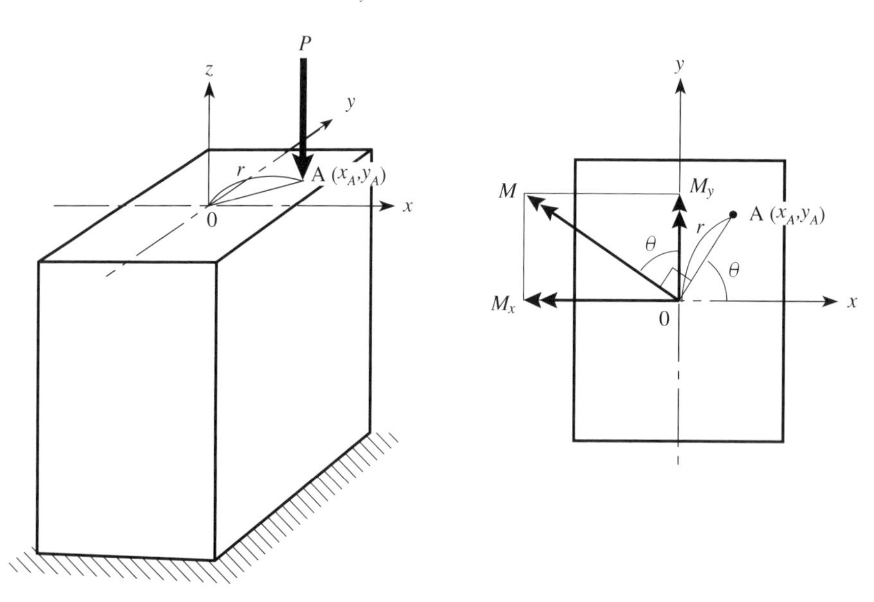

▲図10-1　短柱に作用する圧縮荷重

$$
\begin{aligned}
\sigma_z &= -\frac{P}{A} - \frac{M_x}{I_x}y - \frac{M_y}{I_y}x = -\frac{P}{A} - \frac{P}{I_x}y_A y - \frac{P}{I_y}x_A x \\
&= -\frac{P}{A}\left(1 + \frac{y_A y}{k_x^2} + \frac{x_A x}{k_y^2}\right)
\end{aligned}
\tag{10.3}
$$

と表される．ここで，$k_x = \sqrt{\dfrac{I_x}{A}}$ と $k_y = \sqrt{\dfrac{I_y}{A}}$ は，それぞれ x 軸と y 軸に関する断面二次半径である（式(5.28)参照）．中立軸の位置は式(10.3)において，$\sigma_z = 0$ とおくことにより得られ

$$
\frac{x_A x}{k_y^2} + \frac{y_A y}{k_x^2} = -1 \tag{10.4}
$$

の直線になる．この直線を境に荷重が作用している領域では圧縮になり，反対側の領域では引張りになる．ここで注目すべきは，柱に軸圧縮荷重を加えても荷重を加える位置によっては断面内に引張り応力が生じることがある点である．全断面において圧縮応力のみが生じるように，荷重作用点A（x_A，y_A）のとりうる領域を求めることができる．この領域を**断面の核**（kernel of section）という．つまり荷重が断面の核の内側に作用する場合には，引張り応力が生じることなく全断面において圧縮応力が生じる．長方形断面と円形断面における断面の核を図10-2に示す．断面の核は図心を中心として存在し，断面二次半径が大きいほど断面の核が大きくなる．引張り荷重に対する強度が低いコンクリートでは，圧縮荷重を断面の核内に負荷する必要がある．

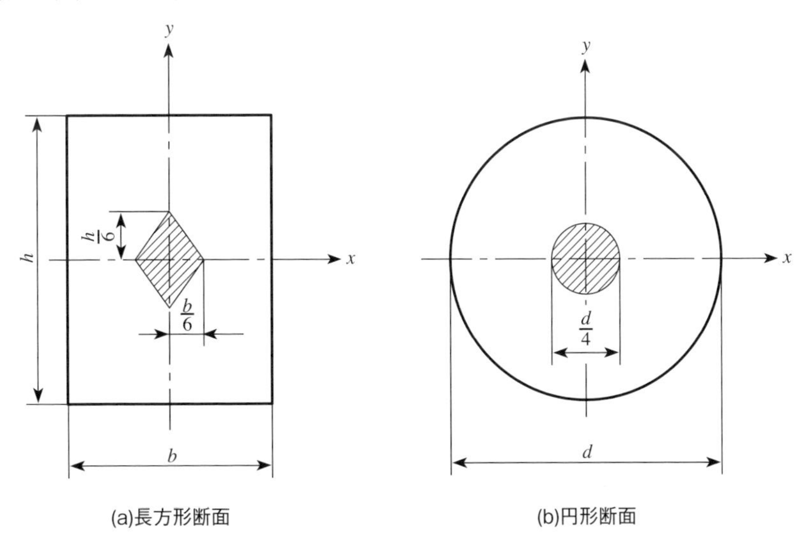

▲図10-2　断面の核

10.2 長柱の座屈

柱の断面積に比べて長さが長い場合には，図10-3のように加えた荷重の方向（x軸方向）のほかにy軸方向に変位が生じる．これは，はりABの軸線上でのつりあいが不安定になるもので**座屈**（buckling）という．このような現象は柱の長さlと断面二次半径kとの比

$$\lambda = \frac{l}{k} \tag{10.5}$$

が大きい**長柱**（long column）において起こる．ここでλを**細長さ比**（slenderness ratio）という．長柱では後に解析する座屈荷重により柱の強度が決定される．本節ではこの座屈を**オイラー（Euler）の理論**に従って解析する．

両端回転支持

図10-3(a)のように，両端を回転支持した長さlの柱に軸圧縮荷重Pが作用している場合を考えよう．原点からxの位置で仮想的に切断してモーメントのつりあいを考える．仮想断面に負荷すべき曲げモーメントMは，yの関数となり

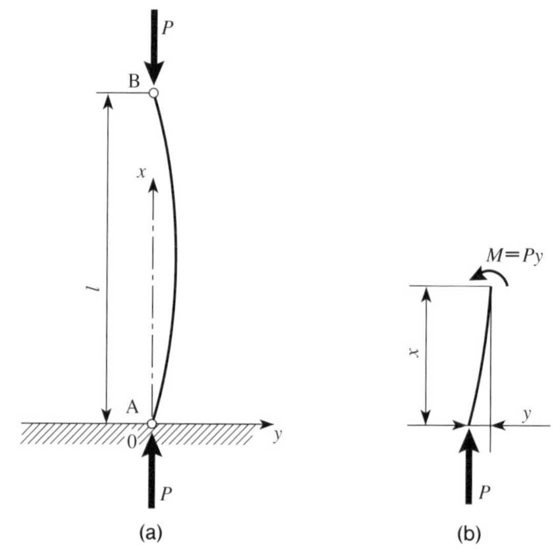

▲図10-3　圧縮荷重が作用する長柱（両端回転支持）

$$M = Py \tag{10.6}$$

である（図10-3(b)参照）．式(10.6)をたわみの基礎式(6.4)に適用すると

$$EI\frac{d^2y}{dx^2} = -M = -Py \tag{10.7}$$

と表される．ただし，はりの曲げの問題では，曲げモーメントがxの関数であったが，柱の座屈の問題ではyの関数（一般的には$M(x,\ y)$）となり，たわみの基礎式を解くのが格段に難しくなる．ここで

$$\alpha^2 = \frac{P}{EI} \tag{10.8}$$

とおくと式(10.7)は

$$\frac{d^2y}{dx^2} + \alpha^2 y = 0 \tag{10.9}$$

となる．この微分方程式の一般解は次式で与えられる．

$$y = A\sin\alpha x + B\cos\alpha x \tag{10.10}$$

ここで定数AとBはつぎの2つの境界条件から定まる．

① $x=0$で$y=0$　より　$B=0$　(10.11)

② $x=l$で$y=0$　より　$A\sin\alpha l=0$　(10.12)

式(10.12)において，$A=0$とすると式(10.10)のyが常にゼロとなり，座屈が生じていないことになる．したがって$\sin\alpha l=0$でなければならない．これを満たすためには

$$\alpha l = n\pi\ (n = 1, 2, 3, \cdots) \tag{10.13}$$

となる．式(10.13)を(10.8)に代入すると

$$P = \frac{n^2\pi^2 EI}{l^2} \tag{10.14}$$

となる．$n=1$のときに荷重の最小値が得られ，これを**座屈荷重**（buckling load）P_{cr}といい，両端回転支持の場合には，

$$P_{cr} = \frac{\pi^2 EI}{l^2} \tag{10.15}$$

となる．柱の変形のようすは式(10.10)に(10.11)と(10.13)を代入すると

$$y = A\sin\frac{n\pi x}{l} \tag{10.16}$$

になる．nの値が変わると変形のモードが変わるが，実際には$n=1$のモードが生じて高次の座屈モード（図10-4参照）は起こらない．

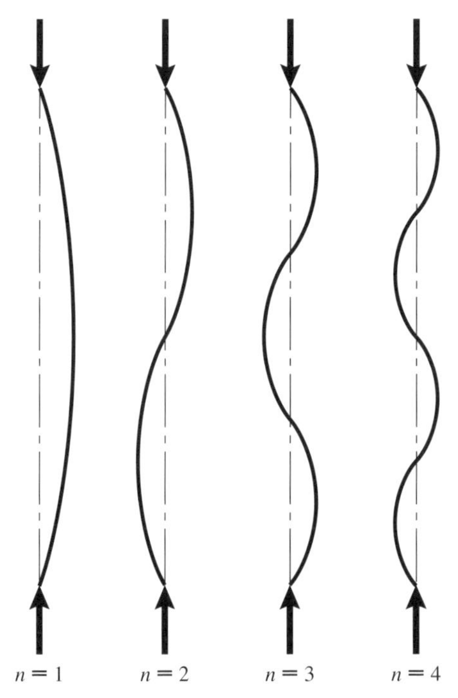

▲図10-4　座屈モード（両端回転支持）

座屈と衝撃

式(10.14)において，座屈荷重はnが大きくなるほど大きくなる．通常ゆっくりと荷重を負荷すると$n=1$のモードとなるが，変形速度が大きいと高次のモードが生じることが報告されている．これを利用して衝突の衝撃を緩和するための機構が考えられる．たとえば，筒状の構造物を高次の座屈モードで変形させて衝撃エネルギを吸収する方法がある．本書で扱った内容は弾性座屈（除荷すると元の状態に戻る）であるが，衝撃エネルギの吸収機構は塑性座屈を利用している．

一端固定支持

端部での支持方法が変わると座屈のようすが変わる．図10-5(a)のように，一端を固定し自由端に圧縮荷重が作用する場合には，曲げモーメントMは

$$M=-P(\delta-y) \tag{10.17}$$

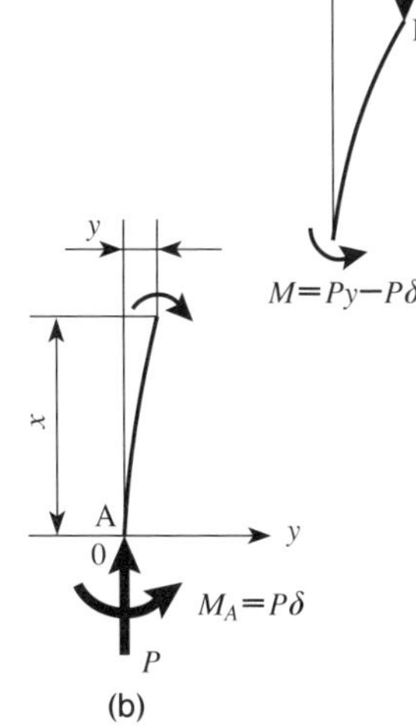

(a)　　　　　　　　　　(b)

▲図10-5　圧縮荷重が作用する長柱（一端固定支持）

である（図10-5(b)参照）．たわみの基礎式は

$$EI\frac{d^2y}{dx^2} = -M = P(\delta - y) \tag{10.18}$$

となり，α^2を式(10.8)のようにおくと式(10.18)は次式になる．

$$\frac{d^2y}{dx^2} + \alpha^2 y = \alpha^2\delta \tag{10.19}$$

微分方程式（10.19）の一般解は

$$y = A\sin\alpha x + B\cos\alpha x + \delta \tag{10.20}$$

で与えられ，定数を定めるための境界条件はつぎの3つである．

① $x=0$で$y=0$より　　$B+\delta=0$　　(10.21)

② $x=0$で$\dfrac{dy}{dx}=0$より　　$A=0$　　(10.22)

③ $x=l$で$y=\delta$より　　$A\sin\alpha l + B\cos\alpha l + \delta = \delta$　　(10.23)

式(10.22)と(10.23)とから

$$B\cos\alpha l = 0 \tag{10.24}$$

が得られる．ここで$B=0$とすると，yは常にゼロとなり座屈が生じないことになる．したがって，$\cos \alpha l=0$ でなければならない．これを満たすためには

$$\alpha l = \frac{2n+1}{2}\pi \ (n=0,1,2,3,\cdots) \tag{10.25}$$

である．この最小値は $n=0$で

$$\alpha l = \frac{\pi}{2} \tag{10.26}$$

である．座屈荷重は式(10.8)と(10.26)から次式になる．

$$P_{cr} = \frac{\pi^2 EI}{4l^2} \tag{10.27}$$

柱の変形のようすは式(10.20)に(10.21)と(10.22)を代入すると

$$y = \delta\left(1 - \cos\frac{2n+1}{2l}\pi x\right) \tag{10.28}$$

となる．図10-6に高次の座屈モードまで示すが，実際には$n=0$の座屈モードが生じる．

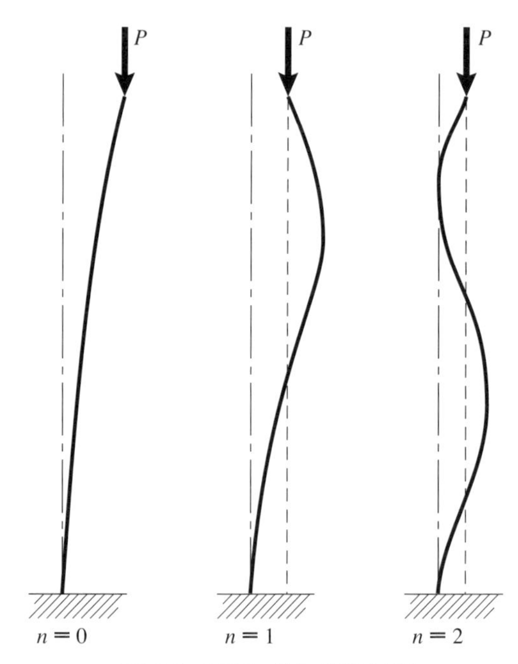

▲図10-6　座屈モード（一端固定支持）

10.3 偏心荷重による長柱の座屈

前節における長柱の解析は軸荷重が偏心していないとしたが，本節では図10-7(a)のように軸線からeだけ偏心した点に軸荷重Pが作用して，先端にδだけ変位が生じてつりあっている場合を考える．B端にモーメントPeが生じる．したがって，曲げモーメントは

$$M(y) = -P(\delta + e) + Py \tag{10.29}$$

である（図10-7(b)参照）．たわみの基礎式は

$$EI\frac{d^2y}{dx^2} = -M = P(\delta + e - y) \tag{10.30}$$

となり，α^2を式(10.8)のようにおくと式(10.30)は次式になる．

$$\frac{d^2y}{dx^2} + \alpha^2 y = \alpha^2(\delta + e) \tag{10.31}$$

微分方程式(10.31)の一般解は

$$y = A\sin\alpha x + B\cos\alpha x + (\delta + e) \tag{10.32}$$

となり，定数A，B，δはつぎの3つの境界条件から定まる．

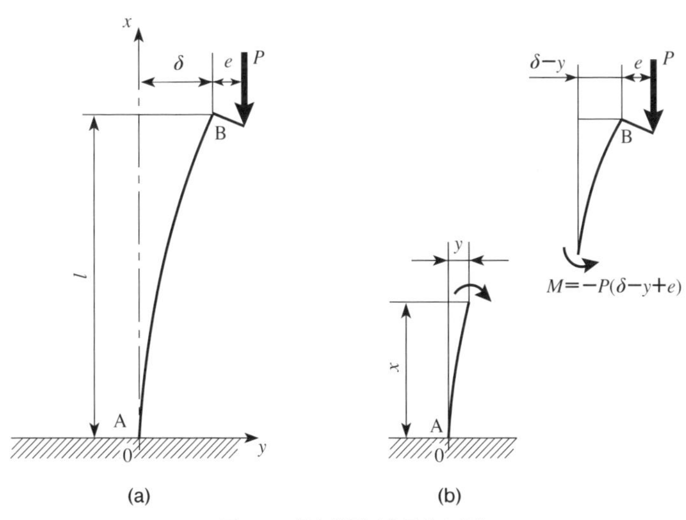

▲図10-7　偏心荷重が作用する長柱

① $x=0$ で $y=0$ より　　$B+\delta+e=0$　　(10.33)

② $x=0$ で $\dfrac{dy}{dx}=0$ より　　$A=0$　　(10.34)

③ $x=l$ で $y=\delta$ より　　$A\sin\alpha l+B\cos\alpha l+\delta+e=\delta$　　(10.35)

式(10.34)と(10.35)から

$$B=\frac{-e}{\cos\alpha l}=-e\sec\alpha l \tag{10.36}$$

が得られ，式(10.33)と(10.36)から

$$\delta=\frac{e}{\cos\alpha l}-e=e(\sec\alpha l-1) \tag{10.37}$$

が得られる．したがって，柱の変形は

$$y=e\sec\alpha l(1-\cos\alpha x) \tag{10.38}$$

となる．作用する荷重 P が大きくなると，式(10.8)から α の値が大きくなり，$\alpha l=\pi/2$ のとき式(10.37)において柱先端の変化 δ が無限大になる．したがって，$\sqrt{\dfrac{P}{EI}}\,l=\dfrac{\pi}{2}$ の関係から荷重 P が $\dfrac{\pi^2EI}{4l^2}$ に近づくと，たわみが急激に増大して危険であるから，座屈荷重と区別して**危険荷重**と呼ぶことがある．この危険荷重は偏心がなく，一端固定他端自由の状態にある座屈荷重（式(10.27)）に相当している．δ と加える荷重 P の関係は，図10-8のようになり，偏心量 e が大きいほど同じ大きさの荷重に対して大きくたわむ．このような偏心荷重を受ける柱の座屈モードはひとつしかないことが特徴である．

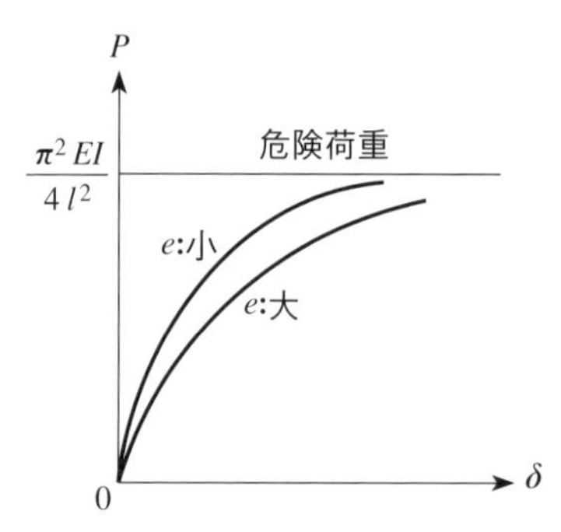

▲図10-8　偏心荷重が作用する柱のたわみ

10.4 座屈応力

さまざまな境界条件の下で座屈応力の式はよく似た形式で表されていることに気がつく．つまり式(10.15)や(10.27)をまとめると

$$P_{cr} = C\frac{\pi^2 EI}{l^2} = \frac{\pi^2 EI}{l_r^2} \tag{10.39}$$

と表すことができる．ここでCを**拘束係数**（constraint coefficient）といい，$l_r = \dfrac{l}{\sqrt{C}}$を**換算長さ**（reduced length）という．座屈応力は式(10.39)を断面積Aで割ると

$$\sigma_{cr} = C\frac{\pi^2 EI}{l^2 A} = C\frac{\pi^2 E}{\left(\dfrac{l}{k}\right)^2} = C\frac{\pi^2 E}{\lambda^2} = \frac{\pi^2 E}{\lambda_r^2} \tag{10.40}$$

と表される．ここで$\lambda_r = \dfrac{\lambda}{\sqrt{C}}$を**相当細長さ比**（reduced slenderness ratio）という．この拘束係数は拘束条件により表10-1のような値をとる．

▼表10-1　拘束係数

端末条件		C	$l_r = l/\sqrt{C}$
一端固定支持，他端自由	図10-9(a)参照	0.25	$2l$
両端回転支持	図10-9(b)参照	1	l
一端固定支持，他端回転支持	図10-9(c)参照	2.0458≅2	$0.6993l \cong 0.7l$
両端固定支持	図10-9(d)参照	4	$l/2$

例題 10.1

同一材料から作られた同一断面積の中実と中空の円柱とがある．中空円柱の内外径の比が1/2であるとき両者の座屈荷重を比較せよ．

解

中実円柱の外径D，中空円柱の外径と内径とをそれぞれD_oとD_iとすると，断面積が等しいのでこれらの間には

$$\frac{\pi}{4}D^2 = \frac{\pi}{4}(D_o^2 - D_i^2) \quad \text{つまり} \quad D^2 = \left(1 - \frac{D_i^2}{D_o^2}\right)D_o^2 = \frac{3}{4}D_o^2 \tag{1}$$

の関係が成立する．座屈荷重は式(10.39)で境界条件が同一であれば，中空円柱

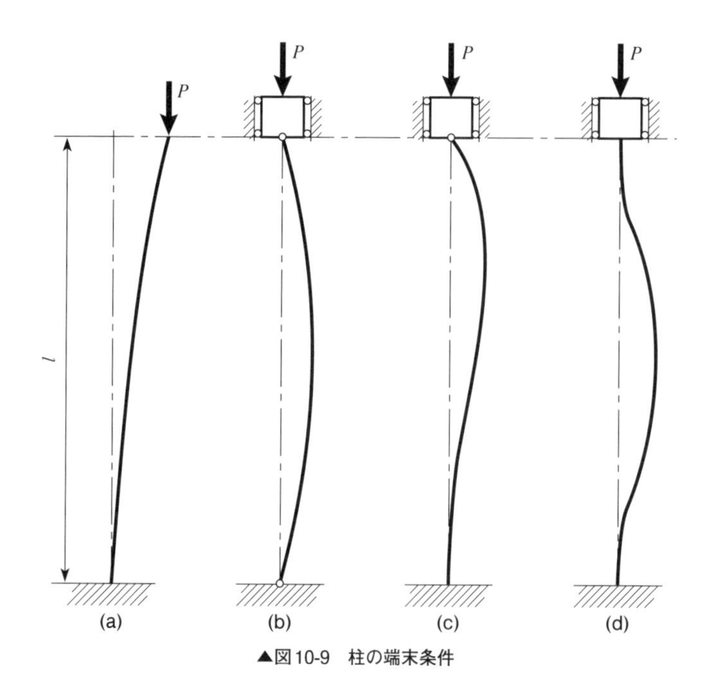

▲図10-9　柱の端末条件

の座屈荷重P_hと中実円柱の座屈荷重P_sの比は，それぞれの断面二次モーメントI_hとI_sとの比になる．つまり

$$\frac{P_s}{P_h}=\frac{I_s}{I_h}=\frac{D^4}{D_o^4-D_i^4}=\frac{\left(\frac{3}{4}D_o^2\right)^2}{\left(1-\frac{D_i^4}{D_o^4}\right)D_o^4}=\frac{\frac{9}{16}}{1-\left(\frac{1}{2}\right)^4}=\frac{3}{5} \qquad (2)$$

ひずみエネルギを利用した解法

はりのたわみの問題を解く方法として，ひずみエネルギを利用したカスティリアノの定理による解法を8章で示した．しかし柱の座屈の場合には，外力のポテンシャル変化を考慮する必要があり曲げの問題とは事情が異なってくる．興味のある方はたとえばつぎの教科書を参考にされたい．

柴田俊忍　他著：材料力学の基礎，培風館，1991.

さらに専門的な勉強をしたい方は

砂川　恵　監約：材料力学と変分法，ブレイン図書出版，1977.

も面白い．私はこの本を古本屋で手に入れた．

10.5 柱の実験公式

10.1節で示した短柱では，材料の圧縮降伏応力で柱の強度が定まる．一方10.2節で示した長柱では，オイラーの座屈応力で柱の強度が定まる．これらをまとめると図10-10のようになる．材料が圧縮降伏する点（圧縮降伏応力σ_Y）がオイラーの式の適用限界λ_cとなり

$$\lambda_c = \pi\sqrt{\frac{E}{\sigma_Y}} \tag{10.41}$$

であり，軟鋼の場合$\lambda_c = 100$程度になる．しかし，実際には短柱と長柱との中間に相当する柱（相当細長さ比：λ_r）が存在し，それらはつぎの実験式により座屈応力σ_{cr}を求める．

① **ランキン(Rankin)の式**

$$\sigma_{cr} = \frac{a}{1 + b\lambda_r^2} \tag{10.42}$$

ここでaは応力の次元をもち，bは無次元で材料により定まる実験定数である（表10-2参照）．

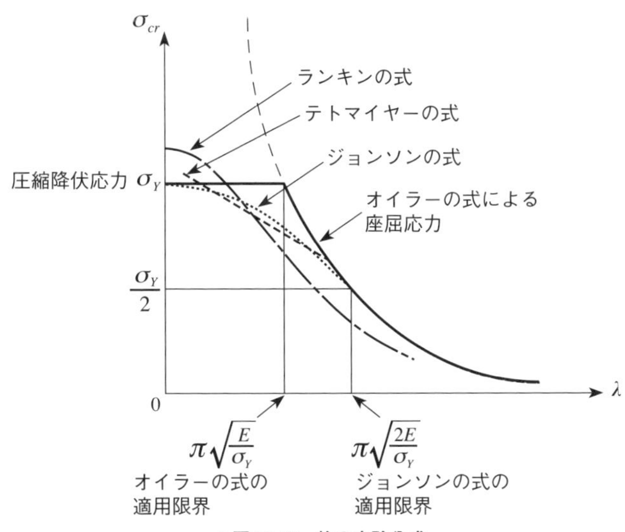

▲図10-10　柱の実験公式

10
柱

▼表10-2　ランキンの式における実験定数

	鋳鉄	軟鋼	硬鋼	木材
a (MPa)	550	330	480	50
1/**b**	1600	7500	5000	750
適用限界	$\lambda_r < 80$	$\lambda_r < 90$	$\lambda_r < 85$	$\lambda_r < 60$

② **テトマイヤー(Tetmajer)の式**

$$\sigma_{cr} = a\,(1 - b\lambda_r + c\lambda_r^2) \tag{10.43}$$

ここでaは応力の次元をもち，b，cは無次元で材料により定まる実験定数である（表10-3参照）．鋳鉄以外ではcの値はゼロになり直線近似となる．

▼表10-3　テトマイヤーの式における実験定数

	鋳鉄	軟鋼	硬鋼	木材
a (MPa)	760	304	329	28.7
b	0.0155	0.00368	0.00185	0.00626
c	0.000068	0	0	0
適用限界	$\lambda_r < 80$	$\lambda_r < 105$	$\lambda_r < 90$	$\lambda_r < 110$

③ **ジョンソン(Johnson)の式**

$$\sigma_{cr} = \sigma_Y\left\{1 - \frac{\sigma_Y\lambda_r^2}{4\pi^2 E}\right\} \tag{10.44}$$

ここでσ_YとEとはそれぞれ圧縮の降伏応力と縦弾性係数である．ジョンソンの式は$\dfrac{\sigma_Y}{2}$においてオイラーの座屈曲線に接する放物線であり，$\sigma_Y > \sigma_{cr} > \dfrac{\sigma_Y}{2}$の範囲において適用できる（図10-10参照）．

例題 10.2

長さ1m，直径50mmの円柱を両端回転支持している．このときの座屈応力をオイラー，ランキン，テトマイヤー，ジョンソンの式から計算し比較せよ．ただし，材質は軟鋼で降伏点は235MPa，$E = 206$GPaとする．

解

円形断面の断面二次半径 k は

$$k = \sqrt{\frac{I}{A}} = \sqrt{\frac{\pi D^4 / 64}{\pi D^2 / 4}} = \frac{D}{4} \tag{1}$$

である．両端回転支持なので拘束係数$C = 1$である．相当細長さ比λ_rは

$$\lambda_r = \frac{l}{\sqrt{C}k} = \frac{1 \times 4}{50 \times 10^{-3}} = 80 \tag{2}$$

オイラーの座屈応力は式(10.40)より

$$\sigma_{cr} = \frac{\pi^2 E}{\lambda_r^2} = \frac{\pi^2 \times 206 \times 10^9}{80^2} = 318 \times 10^6 \text{ (Pa)} = 318 \text{ (MPa)} \tag{3}$$

ランキンの式(10.42)では

$$\sigma_{cr} = \frac{a}{1 + b\lambda_r^2} = \frac{330}{1 + \dfrac{80^2}{7500}} = 178 \text{ (MPa)} \tag{4}$$

テトマイヤーの式(10.43)では

$$\sigma_{cr} = a(1 - b\lambda_r + c\lambda_r^2) = 304 \times (1 - 0.00368 \times 80) = 215 \text{ (MPa)} \tag{5}$$

ジョンソンの式(10.44)では

$$\sigma_{cr} = \sigma_Y \left\{ 1 - \frac{\sigma_Y \lambda_r^2}{4\pi^2 E} \right\} = 235 \times 10^6 \times \left\{ 1 - \frac{235 \times 10^6 \times 80^2}{4 \times \pi^2 \times 206 \times 10^9} \right\} = 192 \text{ (MPa)} \tag{6}$$

オイラーの座屈理論による計算値(3)は極端に大きくなっている．オイラーの式は細長さ比が小さくて適用できないので採用してはいけない．また，式(4)，(5)，(6)の値が少しずつ異なっているが，この場合は最も安全側であるランキンの座屈応力を採用すべきである．

10
柱

演習問題

1 図1のような断面形状で長さlの柱における細長さ比を求めよ．
①正方形断面，②長方形断面（$b<h$）

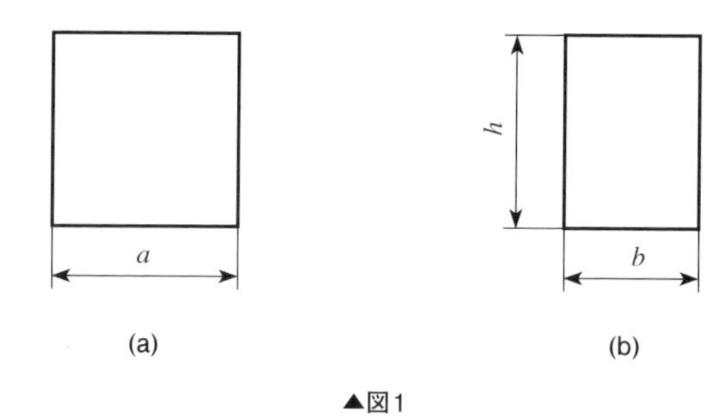

▲図1

2 図10-9(d)（p.232）のように両端を固定支持された柱において座屈荷重を求めよ．

3 40kNの圧縮荷重が作用する長さ1mの軟鋼製円管がある．両端を回転支持して内外径比が0.9のときジョンソンの式を用いて外径を求めよ．ただし，軟鋼の圧縮の降伏応力240MPa，安全率1.5とする．

4 図2のように棒をピン接合して構造物を作った．これに図2(a)，(b)のような荷重Pを加えるとき，棒の座屈荷重を求めよ．ただし，棒の曲げ剛性をEIとする．

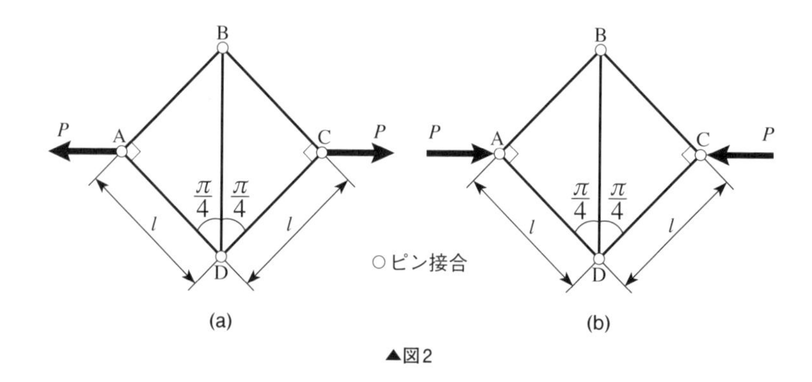

▲図2

第11章

骨組構造

骨組構造のうちトラスの部材に生じる軸力を求めるときは，節点において力のつりあいを考える．節点の変位は軸力を求めた後，部材のひずみエネルギを求めカスティリアノの定理を用いるとよい．

11.1 骨組構造の種類

クレーン，橋梁，鉄塔などの大型の構造物を造るときに軽量化する有効な方法として**骨組構造**（frame work）がある．骨組構造は複数の**部材**（member）により構成され，**節点**（joint）で部材同士が連結されている．この節点にはピン接合された**滑節**（pin joint）と，溶接などでかたく接合された**剛節**（rigid joint）とがある．複数の部材の間で「力やモーメントが伝達される状況」について考察すると，滑節では軸力のみが他の部材に伝達されモーメントが生じない．一方，剛節ではモーメント，軸力，軸力に直交する力とが一方の部材から他方の部材へと伝達される．言い換えると滑節では力のつりあいにより力学的条件を記述できるのに対して剛節では力とモーメントのつりあいとを必要とする．すべての節点が滑節からできている骨組構造を**トラス**（truss）と呼び，剛節を含む骨組構造を**ラーメン**（Rahmen）と呼ぶ．

ラーメンとトラス

ラーメン（Rahmen）の頭文字が大文字であるのは，固有名詞だからではなくて「骨組」とか「枠」という意味のドイツ語の普通名詞だからである（ドイツ語の名詞は大文字から始まる）．英語ではrigid-frameという．

トラス（truss）は英語であり，元来わらなどを束ねたものを指していたようである．おそらく屋根の骨組ははり同士を縛ってつないでいたのであろう．私の住居の周囲には田が多いので，図1のようなわらの束をよく見かける．束ねたところは確かに滑節と考えてよいだろう．このようなわらの束を見かけなくなると，トラスといえば鉄橋のような構造物を連想する人が増えてくるのだろう．

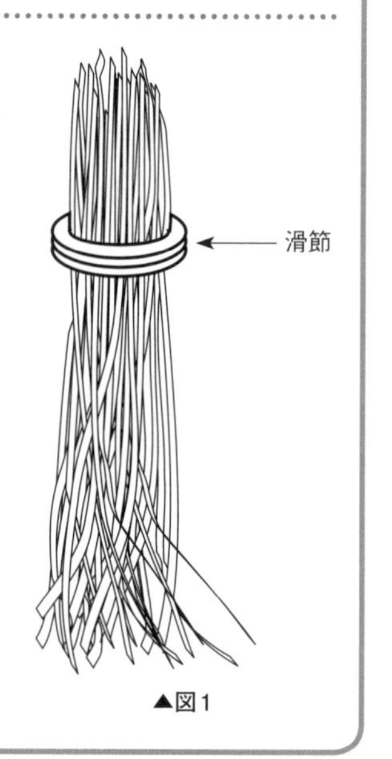

▲図1

2次元の骨組構造において，力学の問題として条件を記述するときに，支点，部材，節点のそれぞれの数と種類とによって未知量の数と条件式の数とが異なる．支点の種類と未知反力の個数とについて，図4-2をもとにまとめると表11-1のようになる．

▼表11-1　支点の種類と未知反力

支点の種類	未知反力	未知反力の個数	系全体の支点数
移動支点	図4-2 (a)	1個	s_1個
回転支点	図4-2 (b)	2個	s_2個
固定支点	図4-2 (c)	3個	s_3個

支点数が $(s_1+s_2+s_3)$ 個の系では，全体の未知反力の個数 s は次式で表される．

$$s = s_1 + 2s_2 + 3s_3 \tag{11.1}$$

つぎに部材について考えよう．部材の両端にある節点の種類により未知内力数が異なる．

① 両端が滑節の場合には部材には，軸力のみが生じる．

② 一端滑節，他端剛節の場合には，軸力とそれに直交する力，または軸力とモーメントのどちらかの組み合わせによる2つの未知内力が生じる．

③ 両端が剛節の場合には，軸力とそれに直交する力およびモーメントの3つの未知内力が生じる．

以上をまとめると未知内力の個数は表11-2のようになる．

▼表11-2　部材の種類と未知内力

部材の種類	未知内力	未知内力の数	系全体の部材数
両端滑節		1 個	m_1個
一端滑節， 他端剛節		2 個	m_2個
両端剛節		3 個	m_3個

部材数が $(m_1+m_2+m_3)$ 個の系では，全体の未知内力の個数mは次式で表される．

$$m = m_1 + 2m_2 + 3m_3 \tag{11.2}$$

したがって，系全体の未知量の総数は $s+m$ である．

一方，節点ごとに「力のつりあい」あるいは「モーメントのつりあい」を立てることができるので，節点の種類と数により系全体でのつりあい式の数（条件式の数）を数えることができる．節点の種類とつりあい式の数とを表11-3に示す．

▼表11-3　節点の種類とつりあい式の数

節点	つりあい式	つりあい式の個数	系全体の節点数
滑節	2方向の力のつりあい	2個	j_1個
剛節	2方向の力のつりあい モーメントのつりあい	3個	j_2個

節点数が（$j_1 + j_2$）個の系では，全体のつりあい式の総数jは次式で表される．

$$j = 2j_1 + 3j_2 \tag{11.3}$$

未知量の総数とつりあい式の総数とが同じ場合には，つりあい式だけから全ての未知量を定めることができて静定問題となる．一方，つりあい式よりも未知量のほうが多い場合には，つりあい式だけでは条件が不足するため変形を考慮して未知量の数と同じ個数の条件式を求めてから未知量を解かなければならない．したがって，不静定問題である．また，つりあい式よりも未知量のほうが少ない場合は，未知量の値が不定となる．これは部材の個数か支持点の個数が不足しているため で，不安定な構造となる．反対に静定，不静定な構造では，全体の構造が崩れることなく安定である．以上をまとめると，表11-4になる．

▼表11-4　骨組み構造の静定，不静定と安定，不安定

未知量と条件式の関係	静定，不静安と安定，不安定	例
$s+m=j$	静定	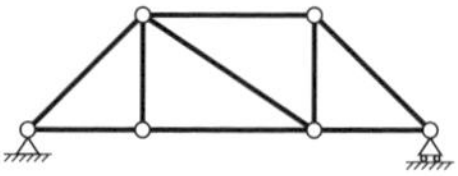 $s=s_1+2s_2=3$ $m=9$ $j=2j_1=12$
$s+m>j$	不静定	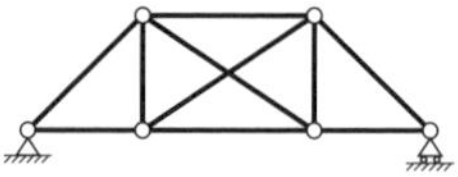 $s=s_1+2s_2=3$ $m=10$ $j=2j_1=12$
$s+m<j$	不安定	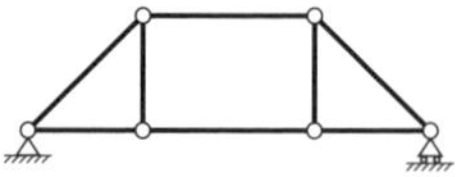 $s=s_1+2s_2=3$ $m=8$ $j=2j_1=12$
$s+m\geq j$	安定	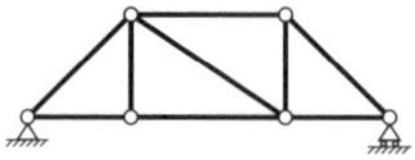 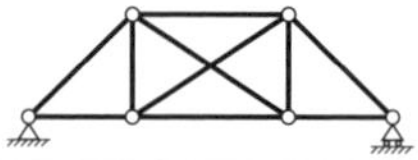

例題 11.1

図11-3(a)～(e)のような骨組構造が安定か不安定かを判定せよ．また，安定な構造物については静定か不静定かを判定せよ．

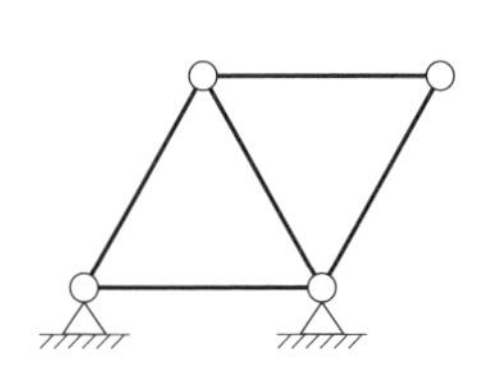

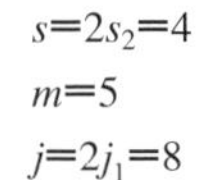

$s=2s_2=4$

$m=5$

$j=2j_1=8$

$s+m>j$

(a)不静定

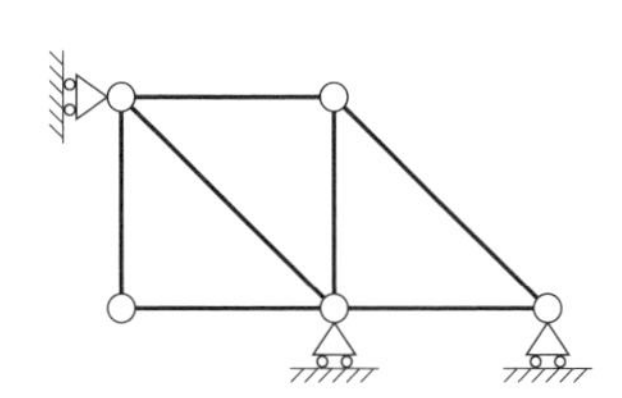

$s=s_1=3$

$m=7$

$j=2j_1=10$

$s+m=j$

(b)静定

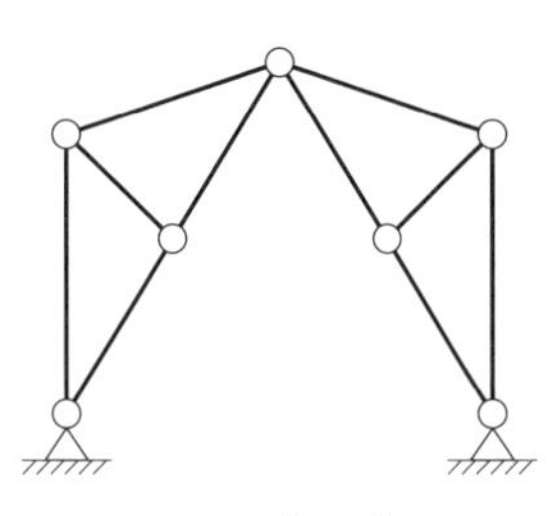

$s=2s_2=4$

$m=10$

$j=2j_1=14$

$s+m=j$

(c)静定

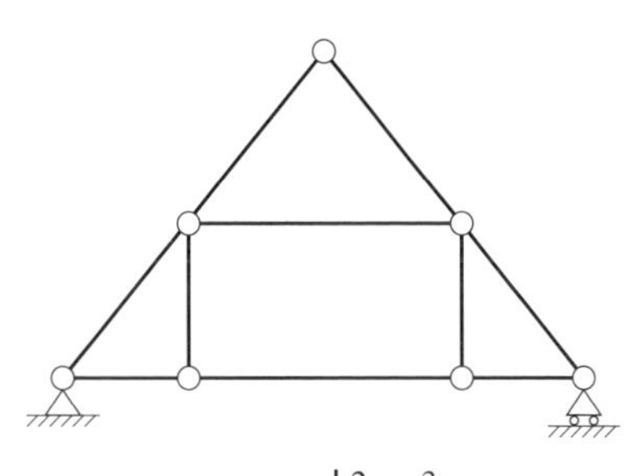

$s=s_1+2s_2=3$

$m=10$

$j=2j_1=14$

$s+m<j$

(d)不安定

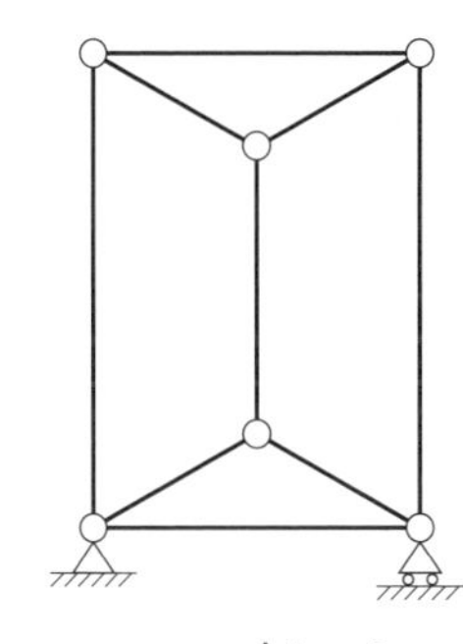

$s=s_1+2s_2=3$

$m=9$

$j=2j_1=12$

$s+m=j$

(e)静定

▲図11-3

11.2 静定トラスの解法

本節では静定トラスに外力が作用するときに部材に生じる軸力と節点変位との解析法を示す．本書では平面トラス（2次元のトラス構造）についてのみ解説するが，立体トラス（3次元のトラス構造）への拡張は考えるべき力の方向を3次元に拡張すれば容易にできる．また，静定トラスの軸力の解析には，節点の力のつりあいから求める**節点法**と，任意の断面でトラスを仮想的に切断して力のつりあいから求める**断面法**とがあるが，本書では節点法についてのみ解説する．

軸力の解析

① **代数的解法**

j 番目の節点につながる部材の軸力を $N_1, N_2, \cdots, N_n$（添字は部材番号を表す）とし，節点に作用する外力を P_j（添字は節点番号を表す）とする．また，図11-4のように水平軸と軸力のベクトルとのなす角度を $\theta_1, \theta_2, \cdots, \theta_n$ とし，外力 P_j と水平軸のなす角度を ϕ_j とする．ここで軸力は各部材に引張りを生じさせる方向を正とする．節点 j における水平方向の力のつりあいは

$$N_1 \cos\theta_1 + N_2 \cos\theta_2 + \cdots + P_j \cos\phi_j = 0 \qquad (11.4)$$

となり，垂直方向の力のつりあいは

$$N_1 \sin\theta_1 + N_2 \sin\theta_2 + \cdots + P_j \sin\phi_j = 0 \qquad (11.5)$$

となる．ここで j 番目の節点につながっていない部材に関する項はゼロである．条件式の個数，未知反力と未知内力の個数とは，静定の条件（表11-4参照）を満たすので，これらのつりあい式を連立させて $N_1, N_2, \cdots$ を求めることができる．

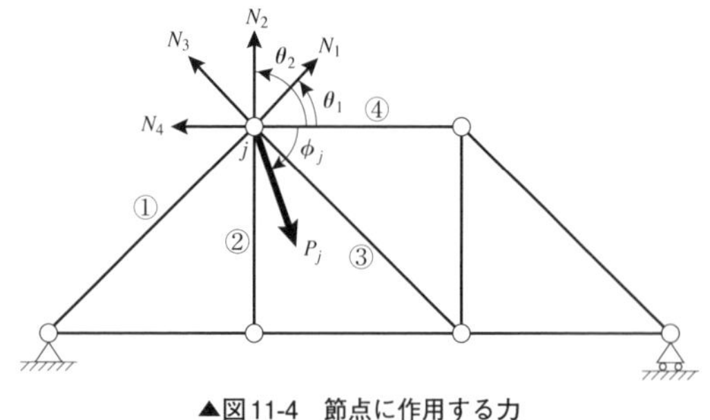

▲図11-4　節点に作用する力

② **図式解法（クレモナの解法）**

節点での力のつりあいを「力の多角形」を作図することにより解く方法を**クレモ**

ナ（Cremona）**の解法**という．図11-5(a)のようなトラスを例に，クレモナの解法により各部材に生じる軸力を求める手順を示そう．節点C，Eに500Nの荷重が作用するトラス構造全体を剛体として考えて支点反力を求めると，問題の対称性から $R_A = 500$ N，$R_F = 500$ N が得られる．支点反力R_Aが既知となると，軸力N_{AB}とN_{AC}とは，部材の方向に作用していることから，節点Aに作用する3つの力のベクトルは図11-5(b)のような力の三角形を形成してつりあう．このような図を**示力図**といい，これから軸力 $N_{AB} = 500\sqrt{2}$ N と $N_{AC} = 500$ N とが求められる．ここで力のベクトルは節点が受ける力であるので，作用反作用の関係から部材が受ける力は逆向きになる．つまり，軸力N_{AB}は部材ABに圧縮として作用し，軸力N_{AC}は部材ACに引張りとして作用する．つぎに節点Cについて考えると，節点荷重500Nと軸力N_{AC}とが既知となり，軸力N_{CB}とN_{CE}とが未知である．ここで節点Cに作用する軸力N_{AC}のベクトルは，節点Aに作用するそれとは向きが逆になる．したがって，力の多角形は図11-5(c)のようになり，示力図から軸力 $N_{CB} = 500$ N（引張り）と $N_{CE} = 500$ N（引張り）とが求められる．

以下同様に未知の軸力が2つある節点において力の多角形を作図する．つまり，節点B，E，Dの順番に示力図を描くと，それぞれ図11-5(d)，(e)，(f)となり，未知の軸力が2つずつ求められる．すなわち

節点Bでの力の多角形より $N_{BD} = 500$ N（圧縮），$N_{BE} = 0$ N

節点Eでの力の多角形より $N_{ED} = 500$ N（引張り），$N_{EF} = 500$ N（引張り）

節点Dでの力の多角形より $N_{DF} = 500\sqrt{2}$ N（圧縮）

となる．ここで軸力N_{BE}は節点C，Eに作用する荷重が等しいためゼロとなっているが，荷重条件が変わるとゼロとはならない．したがって，部材BEは不要な部材というわけではない．

以上をまとめると手順はつぎのようになる（次ページ）．

トラスの解析法

コンピュータが開発される前から骨組構造は利用されており，昔から骨組構造の解析の必要があった．この解析法には本書で紹介した方法の他に多くの図的解法がある．軸力の解析には**バウ**（Bow）**の記号法**，**クレマン**（Culmann）**の図式解法**，**リッター**（Ritter）**の方法**がある．また，変位の解析には**ウィリオの変位図**（Williot's displacement diagram）を利用する方法がある．興味のある方は以上に挙げた方法をキーワードにして他のテキストを参考にされたい．これらの解析方法で計算機を利用しようとしても難しい面があり，これからの時代にどれだけ利用されるのかはっきりしないが，人類が長年にわたって培ってきた知恵を感じる．

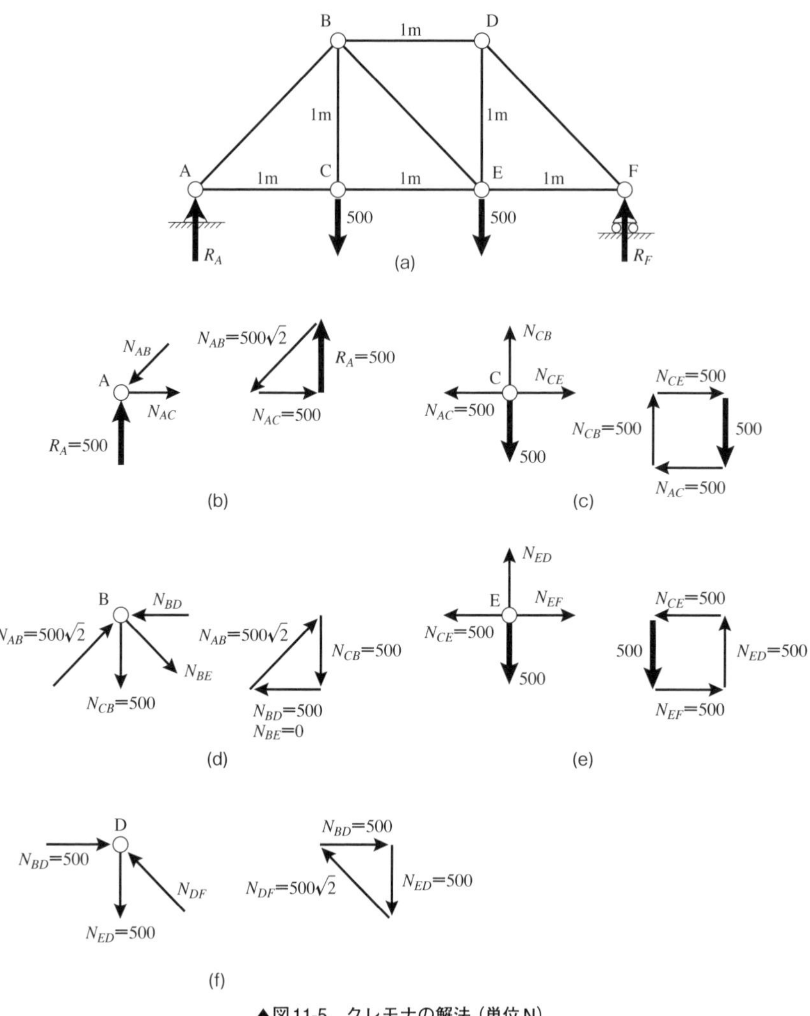

▲図11-5　クレモナの解法（単位N）

① 未知の支点反力を求め，トラスに作用する外力を既知にする．このとき系全体を剛体として力のつりあいとモーメントのつりあいとから支点反力を求める．

② 既知となった外力が作用し，2つの部材が集まる節点において力の三角形（あるいは多角形）を描き部材に作用する軸力を求める．

③ 既知となった軸力を考慮して，2つの未知の軸力が作用する節点において力の多角形を描き部材の軸力を求める．

④ 全ての軸力が定まるまで③の手順を繰り返す．

この解法のポイントは，未知の軸力が2個以下の節点において力の多角形を描くことにある．図11-6のように，部材の方向である角度αとβとはトラスの構造によって幾何学的に定まり，1つの力のベクトルABが既知になると，他の辺の長さ（力の大きさ）BCとCAとが一意的に定まり，力のベクトルが決定できる．

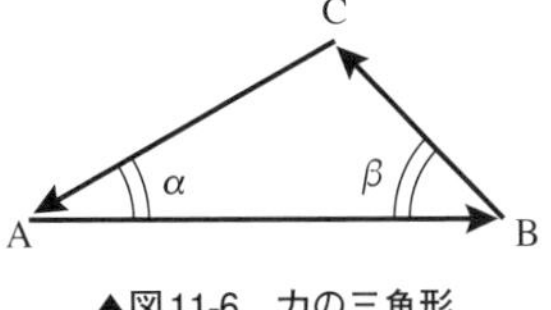

▲図11-6　力の三角形

節点変位の解析

トラス構造物の節点変位の解析にカスティリアノの定理を応用することができる．i番目の部材の軸力N_i，長さl_i，引張り剛性A_iE_iとすると，n個の部材からなる系の全ひずみエネルギUは

$$U = \sum_{i=1}^{n} \frac{N_i^2 l_i}{2A_iE_i} \tag{11.6}$$

となる（式(8.11) 参照）．式(8.42)より荷重P_jが節点jに作用するとき，荷重方向の変位δ_jは

$$\delta_j = \frac{\partial U}{\partial P_j} = \sum_{i=1}^{n} \frac{\partial U}{\partial N_i} \frac{\partial N_i}{\partial P_j} = \sum_{i=1}^{n} \frac{N_i l_i}{A_iE_i} \frac{\partial N_i}{\partial P_j} \tag{11.7}$$

となる．もし節点に荷重が作用していなければ，8章で扱ったように仮想荷重を負荷して解くことができる．

例題 11.2

図11-7(a)のようなトラス構造物の節点Cに下向きに荷重$P = 5000$ Nが作用するとき，節点Cにおける垂直方向の変位δ_Cを求めよ．ただし，各部材の断面積は$A = 2\text{cm}^2$，縦弾性係数$E = 200\text{GPa}$とする．

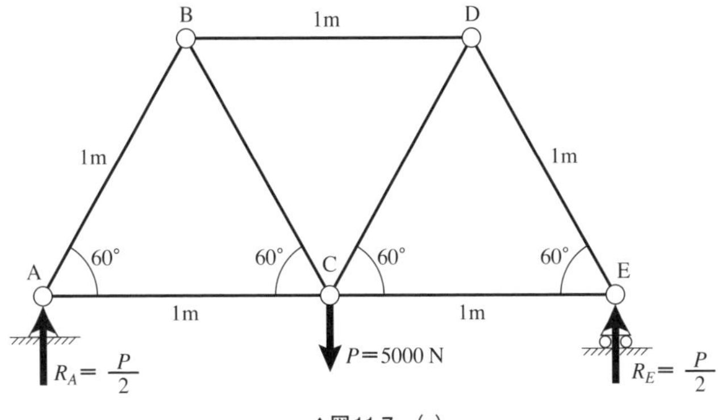

▲図11-7　(a)

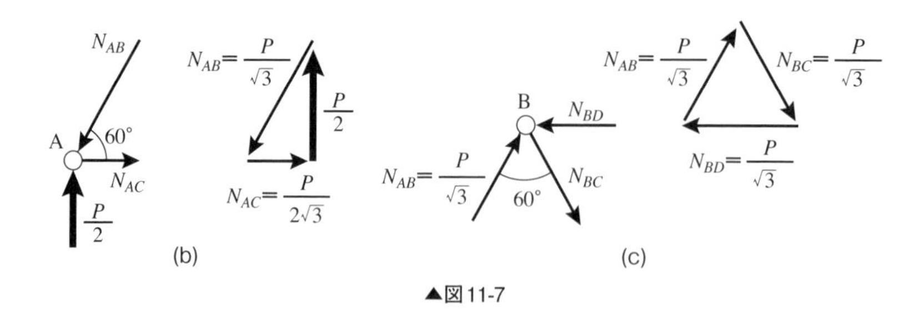

▲図 11-7

解

問題の対称性から支点反力 $R_A = R_E = \dfrac{P}{2}$ である．クレモナの解法により軸力を求めると，節点Aにおいて示力図は図11-7(b)となり，軸力は

$$N_{AB} = -\frac{P}{\sqrt{3}},\ N_{AC} = \frac{P}{2\sqrt{3}} \tag{1}$$

となる．節点Bにおいて示力図は図11-7(c)となり，軸力は

$$N_{BC} = \frac{P}{\sqrt{3}},\quad N_{BD} = -\frac{P}{\sqrt{3}} \tag{2}$$

となる．また，問題の対称性から残りの部材の軸力は

$$N_{CD} = \frac{P}{\sqrt{3}},\quad N_{DE} = -\frac{P}{\sqrt{3}},\quad N_{CE} = \frac{P}{2\sqrt{3}} \tag{3}$$

となる．ここで軸力は「正は引張り」を「負は圧縮」を表している．系全体のひずみエネルギは式(11.6)より

$$U = 3 \times \frac{\left(-\frac{P}{\sqrt{3}}\right)^2 l}{2AE} + 2 \times \frac{\left(\frac{P}{\sqrt{3}}\right)^2 l}{2AE} + 2 \times \frac{\left(\frac{P}{2\sqrt{3}}\right)^2 l}{2AE} = \frac{11P^2 l}{12AE} \tag{4}$$

となる．点Cにおける垂直方向の変位 δ_C は式(11.7)よりつぎのように得られる．

$$\delta_C = \frac{\partial U}{\partial P} = \frac{11Pl}{6AE} = \frac{11 \times 5000 \times 1}{6 \times (2 \times 10^{-4}) \times (200 \times 10^9)} = 2.3 \times 10^{-4}\ (\mathrm{m}) \tag{5}$$

11.3 マトリックス法によるトラスの解法

トラスの問題の解法に**マトリックス法**（matrix method）と呼ばれる方法がある．この手法において静定トラスと不静定トラスとに取り扱いの差がない．また，この手法の基本的考え方は有限要素法につながるものである．本節では平面トラスを例にこの解法について解説する．

第1段階として図11-8のように，平面トラスの任意の部材をx'軸上におき1次元の状態で考えよう．有限要素法では部材を**要素**（element）といい，節点（joint）を**節点**（node）という．節点は日本語の用語では変わらないが，英語ではjointとnodeとを区別していることに注意されたい．

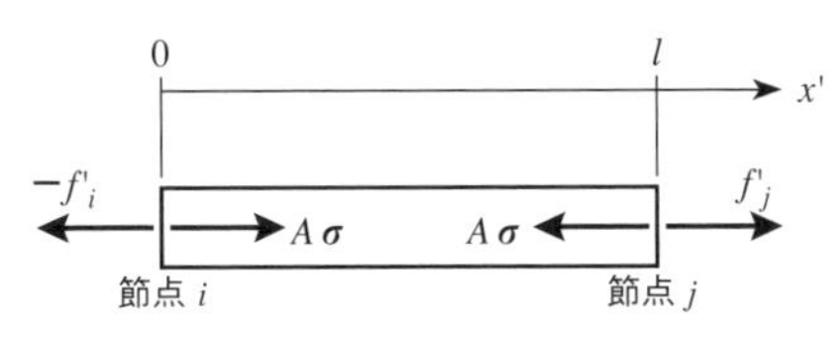

▲図11-8　1次元のもとでの要素

節点iとjとでの変位をそれぞれu'_iとu'_jとすると，要素の伸びλはu'_iとu'_jとの差で表され

$$\lambda = u'_j - u'_i \tag{11.8}$$

となる．要素の長さをlとすると，要素のひずみεは式(1.3)から

$$\varepsilon = \frac{\lambda}{l} = \frac{u'_j - u'_i}{l} \tag{11.9}$$

と表される．要素に生じる応力σはフックの法則と式(11.9)から

$$\sigma = E\varepsilon = E\frac{u'_j - u'_i}{l} \tag{11.10}$$

である．節点iとjとでの力のつりあいは，それぞれ次式になる．

$$-f'_i + A\sigma = 0 \tag{11.11}$$

$$f'_j + A\sigma = 0 \tag{11.12}$$

ここでAは要素の断面積，f'_iとf'_jとはそれぞれ節点iとjとに作用する外力を表す．式(11.11)と(11.12)とから$A\sigma$を消去すると，要素に作用する外力のつりあいになるが，マトリックス法では節点での力のつりあいを考えるために，1つの要素について2つのつりあい式を必要とする．式(11.11)と(11.12)とに式(11.10)を代入してマトリックスの形式で表現すると

$$\frac{AE}{l}\begin{bmatrix} 1 & -1 \\ -1 & 1 \end{bmatrix}\begin{bmatrix} u_i \\ u_j \end{bmatrix}=\begin{bmatrix} f_i \\ f_j \end{bmatrix} \tag{11.13}$$

となる．式(11.13)は節点の変位と外力との関係を表している．

第2段階として，上述の1次元の考え方を図11-9のような2次元状態に拡張する．添字により節点番号を区別し，x 軸と y 軸方向との力の成分をそれぞれ f と g とする．また，x 軸と y 軸方向との変位成分をそれぞれ u と v とする．要素の座標系 $x'y'$ から全体座標系 xy への座標変換より，変位成分と力の成分とはそれぞれ次式の変換に従う．

$$\begin{aligned} u'_i &= u_i \cos\theta + v_i \sin\theta \\ u'_j &= u_j \cos\theta + v_j \sin\theta \end{aligned} \tag{11.14}$$

$$\begin{aligned} f_i &= f'_i \cos\theta, \qquad f_j = f'_j \cos\theta \\ g_i &= f'_i \sin\theta, \qquad g_j = f'_j \sin\theta \end{aligned} \tag{11.15}$$

式(11.10)，(11.14)と(11.15)とを式(11.11)に代入すると，節点 i における力のつりあいは次式のように得られる．

$$\begin{aligned} f_i &= \frac{AE}{l}(u'_i - u'_j)\cos\theta \\ &= \frac{AE}{l}(u_i \cos\theta + v_i \sin\theta - u_j \cos\theta - v_j \sin\theta)\cos\theta \end{aligned} \tag{11.16}$$

$$g_i = \frac{AE}{l}(u_i \cos\theta + v_i \sin\theta - u_j \cos\theta - v_j \sin\theta)\sin\theta \tag{11.17}$$

同様に，式(11.10)，(11.14)と(11.15)とを式(11.12)に代入すると，節点 j に

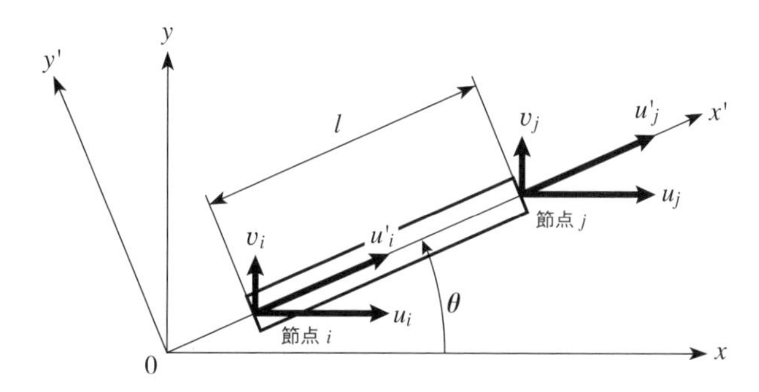

▲図11-9　任意の方向を向いた要素

おける力のつりあいは次式のように得られる.

$$\begin{aligned} f_j &= \frac{AE}{l}(-u'_i + u'_j)\cos\theta \\ &= \frac{AE}{l}(-u_i\cos\theta - v_i\sin\theta + u_j\cos\theta + v_j\sin\theta)\cos\theta \end{aligned} \tag{11.18}$$

$$g_j = \frac{AE}{l}(-u_i\cos\theta - v_i\sin\theta + u_j\cos\theta + v_j\sin\theta)\sin\theta \tag{11.19}$$

式(11.16)〜(11.19)をマトリックス形式で表すと

$$\frac{AE}{l}\begin{bmatrix} \cos^2\theta & \cos\theta\sin\theta & -\cos^2\theta & -\cos\theta\sin\theta \\ \cos\theta\sin\theta & \sin^2\theta & -\cos\theta\sin\theta & -\sin^2\theta \\ -\cos^2\theta & -\cos\theta\sin\theta & \cos^2\theta & \cos\theta\sin\theta \\ -\cos\theta\sin\theta & -\sin^2\theta & \cos\theta\sin\theta & \sin^2\theta \end{bmatrix}\begin{bmatrix} u_i \\ v_i \\ u_j \\ v_j \end{bmatrix} = \begin{bmatrix} f_i \\ g_i \\ f_j \\ g_j \end{bmatrix} \tag{11.20}$$

となる.ここで節点の変位ベクトルを $\{u\}$,節点に作用する力のベクトルを $\{f\}$,左辺のマトリックスを $[k]$ と記述すると,式(11.20)は簡潔に

$$[k]\{u\} = \{f\} \tag{11.21}$$

と表される.ここで $[k]$ を**要素剛性マトリックス**(element stiffness matrix),式(11.20)を**要素剛性方程式**(element stiffness equation)という.式(11.21)は節点に作用する力と節点の変位との関係を示しており,$[k]$ は要素のばね定数に相当する.

第3段階として,要素ごとの剛性方程式を節点の力のつりあいをもとに系全体の剛性方程式へと組み立てる.節点 i での変位を $U_i^T = (u_i, v_i)$ とし(上付きの T は転置を表す),節点 i と j とからなる要素 e の要素剛性マトリックスを

$$[k^{(e)}] = \begin{bmatrix} k_{ii}^{(e)} & k_{ij}^{(e)} \\ k_{ji}^{(e)} & k_{jj}^{(e)} \end{bmatrix} \tag{11.22}$$

と表す.節点 i において要素 e に作用する力を $\left(f_i^{(e)}\right)^T = (f_i, g_i)$ とすると,節点での力のつりあいは次式になる.

$$k_{ii}^{(e)}U_i + k_{ij}^{(e)}U_j = f_i^{(e)} \tag{11.23}$$

$$k_{ji}^{(e)}U_i + k_{jj}^{(e)}U_j = f_j^{(e)} \tag{11.24}$$

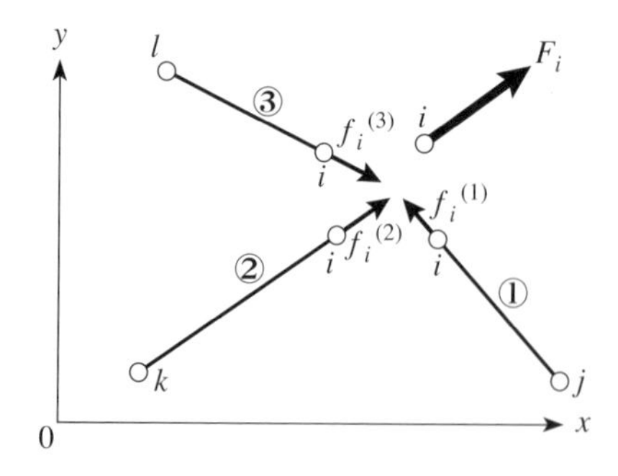

▲図11-10　節点iを共有する要素と節点に作用する外力F_i

図11-10のように，節点 i を共有する要素において節点変位は等しく，節点に作用する力 $f_i^{(e)}$ の合力は節点に直接作用する外力F_iとつりあうので

$$F_i = \sum_e f_i^{(e)} \tag{11.25}$$

となる．式(11.23)～(11.25)をもとに全節点における変位と外力の関係を表すと次式になる．

$$\begin{bmatrix} K_{11} & K_{12} & \cdots & K_{1n} \\ K_{21} & K_{22} & \cdots & K_{2n} \\ \vdots & \vdots & \ddots & \vdots \\ K_{n1} & K_{n2} & \cdots & K_{nn} \end{bmatrix} \begin{bmatrix} U_1 \\ U_2 \\ \vdots \\ U_n \end{bmatrix} = \begin{bmatrix} F_1 \\ F_2 \\ \vdots \\ F_n \end{bmatrix} \tag{11.26}$$

ここで

$$K_{ij} = \sum_e k_{ij}^{(e)} \tag{11.27}$$

である．式(11.26)を簡潔に表すと

$$\left[K\right]\left\{U\right\} = \left\{F\right\} \tag{11.28}$$

となる．ここで$\left[K\right]$を**全体剛性マトリックス**といい，系全体のばね定数に相当する．また，式(11.26)を**全体剛性方程式**という．

最後に，式(11.26)に境界条件を代入して連立方程式を解く．もし，節点に作用する外力（自由表面による外力ゼロの境界条件も含めて）が与えられていれば節点変位が未知量であり，節点変位（変位拘束による変位ゼロの境界条件も含めて）が与えられていれば節点に作用する外力が未知量になる．この方程式に解があれば安定になり，解が不定ならば不安定トラスになる．

このようなマトリックス法は有限要素法の原点と言ってもよい．本書で説明したマトリックス法を拡張した有限要素法では対象とする構造物が骨組構造である．

この他に連続体を対象とした有限要素法がある．この場合の基本的な考え方は「仮想仕事の原理」にある．ひとくちに有限要素法といっても多様な考え方に基づいており，それぞれの違いについて注意を払う必要がある．

例題 11.3

図11-11のような不静定トラスを，マトリックス法により節点2における変位と支点反力を求めよ．

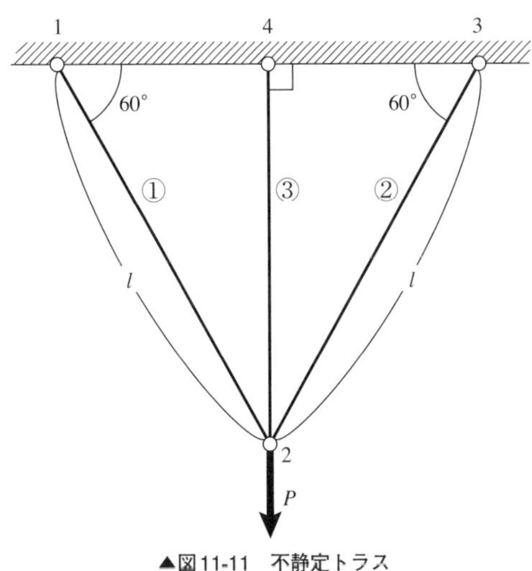

▲図11-11　不静定トラス

解

要素①は節点1と2とからなり，要素剛性方程式は式(11.20)に$\theta=-60^\circ$を代入して

$$\frac{AE}{4l}\begin{bmatrix} 1 & -\sqrt{3} & -1 & \sqrt{3} \\ -\sqrt{3} & 3 & \sqrt{3} & -3 \\ -1 & \sqrt{3} & 1 & -\sqrt{3} \\ \sqrt{3} & -3 & -\sqrt{3} & 3 \end{bmatrix}\begin{bmatrix} u_1 \\ v_1 \\ u_2 \\ v_2 \end{bmatrix}=\begin{bmatrix} f_1 \\ g_1 \\ f_2 \\ g_2 \end{bmatrix} \tag{1}$$

となる．要素②は節点2と3とからなり，要素剛性方程式は式(11.20)に$\theta=60^\circ$を代入して

$$\frac{AE}{4l}\begin{bmatrix} 1 & \sqrt{3} & -1 & -\sqrt{3} \\ \sqrt{3} & 3 & -\sqrt{3} & -3 \\ -1 & -\sqrt{3} & 1 & \sqrt{3} \\ -\sqrt{3} & -3 & \sqrt{3} & 3 \end{bmatrix}\begin{bmatrix} u_2 \\ v_2 \\ u_3 \\ v_3 \end{bmatrix}=\begin{bmatrix} f_2 \\ g_2 \\ f_3 \\ g_3 \end{bmatrix} \tag{2}$$

11
骨組構造

となる．要素③は節点2と4とからなり，要素剛性方程式は式(11.20)に$\theta = 90^\circ$を代入して

$$\frac{AE}{l}\begin{bmatrix} 0 & 0 & 0 & 0 \\ 0 & 1 & 0 & -1 \\ 0 & 0 & 0 & 0 \\ 0 & -1 & 0 & 1 \end{bmatrix}\begin{bmatrix} u_2 \\ v_2 \\ u_4 \\ v_4 \end{bmatrix} = \begin{bmatrix} f_2 \\ g_2 \\ f_4 \\ g_4 \end{bmatrix} \tag{3}$$

となる．したがって，全体剛性方程式は次式になる．

$$\frac{AE}{4l}\begin{bmatrix} 1 & -\sqrt{3} & -1 & \sqrt{3} & 0 & 0 & 0 & 0 \\ -\sqrt{3} & 3 & \sqrt{3} & -3 & 0 & 0 & 0 & 0 \\ -1 & \sqrt{3} & 2 & 0 & -1 & -\sqrt{3} & 0 & 0 \\ \sqrt{3} & -3 & 0 & 10 & -\sqrt{3} & -3 & 0 & -4 \\ 0 & 0 & -1 & -\sqrt{3} & 1 & \sqrt{3} & 0 & 0 \\ 0 & 0 & -\sqrt{3} & -3 & \sqrt{3} & 3 & 0 & 0 \\ 0 & 0 & 0 & 0 & 0 & 0 & 0 & 0 \\ 0 & 0 & 0 & -4 & 0 & 0 & 0 & 4 \end{bmatrix}\begin{bmatrix} u_1 = 0 \\ v_1 = 0 \\ u_2 \\ v_2 \\ u_3 = 0 \\ v_3 = 0 \\ u_4 = 0 \\ v_4 = 0 \end{bmatrix} = \begin{bmatrix} f_1 \\ g_1 \\ f_2 = 0 \\ g_2 = -P \\ f_3 \\ g_3 \\ f_4 \\ g_4 \end{bmatrix} \tag{4}$$

式(4)から節点2の変位は次の関係式を満たす．

$$\frac{AE}{4l}\begin{bmatrix} 2 & 0 \\ 0 & 10 \end{bmatrix}\begin{bmatrix} u_2 \\ v_2 \end{bmatrix} = \begin{bmatrix} 0 \\ -P \end{bmatrix} \tag{5}$$

式(5)をu_2とv_2とについて解くと次式が得られる．

$$\begin{bmatrix} u_2 \\ v_2 \end{bmatrix} = \frac{4l}{AE}\begin{bmatrix} 2 & 0 \\ 0 & 10 \end{bmatrix}^{-1}\begin{bmatrix} 0 \\ -P \end{bmatrix} = -\frac{2Pl}{5AE}\begin{bmatrix} 0 \\ 1 \end{bmatrix} \tag{6}$$

式(6)を式(4)に代入して未知の支点反力について解くと次式が得られる．

$$\begin{bmatrix} f_1 \\ g_1 \\ f_3 \\ g_3 \\ f_4 \\ g_4 \end{bmatrix} = -\frac{P}{10}\begin{bmatrix} \sqrt{3} \\ -3 \\ -\sqrt{3} \\ -3 \\ 0 \\ -4 \end{bmatrix} \tag{7}$$

有限要素法

コンピュータの進歩はすさまじく，最近ではパーソナルコンピュータで実行できる有限要素法のソフトウェアが市販されている．そのおかげで以前は大型計算機に依存していたような問題を手軽に解析できるようになってきた．有名な有限要素法のコードにNASTRAN，ABAQUS，ANSYSなどがあり，これらの解析モジュールを**ソルバー**という．有限要素法による解析では入力データを作成する作業のために多くの時間がかかる．この作業を行なうモジュールを**プリプロセッサ**，計算結果を表示する部分を**ポストプロセッサ**という．プリ・ポストプロセッサは一体のソフトウェアであり，ソルバーと組み合わせて利用する．現在では，CAD（計算機援用設計）による形状データと一体として利用でき，有限要素法は設計には必須のツールとなっている．

演習問題

1 図1のようなトラスにおいて各部材に生じる軸力を求めよ．また，点Aの垂直方向の変位を求めよ．ただし，各部材の断面積を2cm^2，縦弾性係数を200GPaとする．

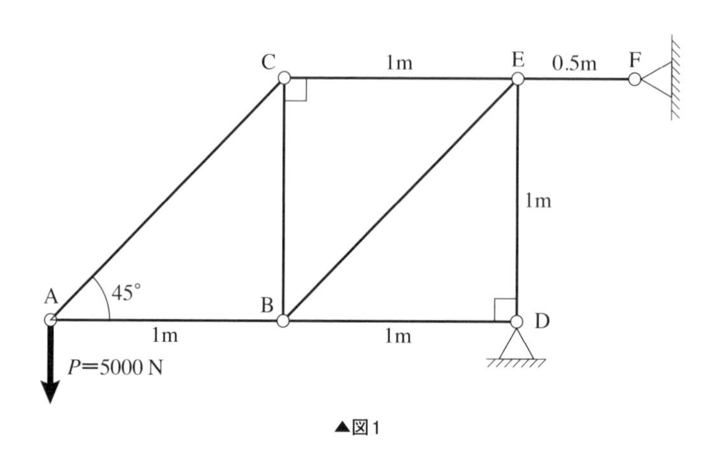

▲図1

2 図2のような不静定トラスにおいて，マトリックス法を用いて支点1，2における反力と節点3，4における変位を求めよ．ただし，各部材の断面積をA，縦弾性係数をEとする．

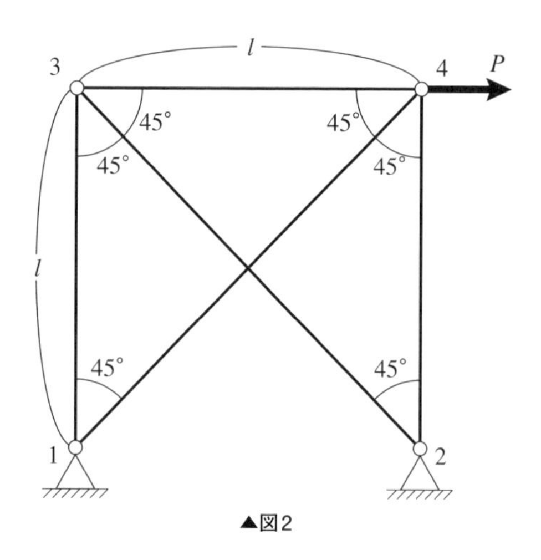

▲図2

演習問題解答

第1章

1 表1-2（p.23）より，

$E = 73\text{GPa}$，$\nu = 0.34$

式(1.1)より，

$$\sigma = \frac{N}{A} = \frac{100 \times 9.8}{\frac{\pi}{4} \times (1 \times 10^{-2})^2} = 12.5(\text{MPa})$$

$$\lambda = \frac{Nl}{AE} = \frac{100 \times 9.8 \times 2}{\frac{\pi}{4} \times (1 \times 10^{-2})^2 \times 73 \times 10^9} = 0.342\,(\text{mm})$$

式(1.4)，(1.13)より，

$$\Delta d = d_0 \nu \varepsilon = 10 \times 10^{-3} \times 0.34 \times \frac{0.342 \times 10^{-3}}{2} = 0.581 \times 10^{-6}\,(\text{m})\ \text{（縮む）}$$

2 式(1.2)より，

$$P = \tau A = (103 \times 10^6) \times (2 \times 10^{-3}) \times (10\pi \times 10^{-3}) = 6.47 \times 10^3\,(\text{N})$$

3 ① $A = \dfrac{Nl}{E\lambda} = \dfrac{5 \times 10^4 \times 0.8}{95 \times 10^9 \times 1 \times 10^{-3}} = 421 \times 10^{-6}\,(\text{m}^2) = 421\,(\text{mm}^2)$

② 式(1.20)より，

$$\sigma_a = \frac{5 \times 10^4}{A} \leq \frac{343 \times 10^6}{2},\ A \geq 292 \times 10^{-6}\,(\text{m}^2) = 292(\text{mm}^2)$$

4 棒の断面積：A_1

$$\sigma_a = \frac{P}{A_1} = \frac{9.8 \times 8000}{A_1} \leq 65 \times 10^6\,(\text{Pa}),\quad A_1 = \frac{\pi D^2}{4} \geq 1.21 \times 10^{-3}\,(\text{m}^2),\quad D \geq 39.2\,(\text{mm})$$

ピンの断面積：A_2

$$\tau_a = \frac{P}{2A_2} = \frac{9.8 \times 8000}{2A_2} \leq 50 \times 10^6\,(\text{Pa}),\quad A_2 = \frac{\pi d^2}{4} \geq 7.84 \times 10^{-4}\,(\text{m}^2),\quad d = 31.6\,(\text{mm})$$

5 縦弾性係数：$E = \dfrac{\sigma}{\varepsilon} = \dfrac{(75 \times 10^3) \times 4}{\pi(14 \times 10^{-3})^2} \times \dfrac{50 \times 10^{-3}}{0.11 \times 10^{-3}} = 221\,(\text{GPa})$

降伏応力：$\sigma_Y = \dfrac{(80 \times 10^3) \times 4}{\pi(14 \times 10^{-3})^2} = 520\,(\text{MPa})$

引張り強さ：$\sigma_T = \dfrac{(106 \times 10^3) \times 4}{\pi(14 \times 10^{-3})^2} = 689\,(\text{MPa})$

式(1.18)より， $\varphi = \dfrac{62 - 50}{50} \times 100 = 24\ (\%)$

式(1.19)より， $\psi = \dfrac{14^2 - 11.5^2}{14^2} \times 100 = 32.5\ (\%)$

第2章

1 図2-問1参照

$$\sigma(x) = \frac{1}{A}\left\{\int_0^x \rho A(l-x)\omega^2 dx + ml\omega^2\right\} = \left\{\frac{\gamma}{g}(lx - \frac{x^2}{2}) + \frac{ml}{A}\right\}\omega^2$$

$x = 3$のとき最大値,

$$\sigma_{\max} = \left\{\frac{78.6 \times 10^{-6}}{9.8 \times (10^{-3})^3}(3^2 - \frac{3^2}{2}) + \frac{0.1 \times 3}{10 \times (10^{-3})^2}\right\}\left(\frac{2\pi \times 300}{60}\right)^2 = 65.2\ (\text{MPa})$$

$$\lambda = \int_0^l \frac{\sigma(x)}{E}dx = \left\{\frac{\gamma}{Eg}\left[\frac{lx^2}{2} - \frac{x^3}{6}\right]_0^l + \frac{ml^2}{AE}\right\}\omega^2$$

$$= \left(\frac{78.6 \times 10^{-6} \times 3^3}{3 \times 9.8 \times 10^{-9}} + \frac{0.1 \times 3^2}{10 \times 10^{-6}}\right) \times \frac{(10\pi)^2}{193 \times 10^9}$$

$$= 8.29 \times 10^{-4}\ (\text{m})$$

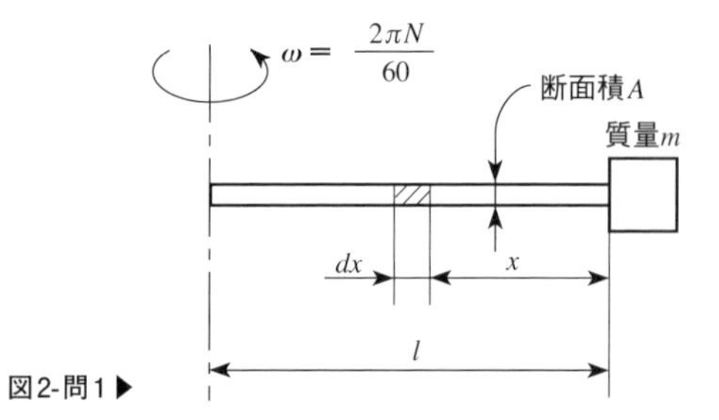

図2-問1

2 力のつりあいより， $\sigma_1 A_1 = \sigma_2 A_2$

各部材の変位量の和がゼロであるので， $\dfrac{\sigma_1}{E_1}l_1 + \dfrac{\sigma_2}{E_2}l_2 + \alpha_1 t l_1 + \alpha_2 t l_2 = 0$

部材1の応力： $\sigma_1 = \dfrac{-A_2 t(\alpha_1 l_1 + \alpha_2 l_2)}{\dfrac{l_1}{E_1}A_2 + \dfrac{l_2}{E_2}A_1}$

部材2の応力： $\sigma_2 = \dfrac{-A_1 t(\alpha_1 l_1 + \alpha_2 l_2)}{\dfrac{l_1}{E_1}A_2 + \dfrac{l_2}{E_2}A_1}$

点CにおけるB方向への変位： $\lambda_C = \alpha_1 t l_1 + \dfrac{\sigma_1}{E_1}l_1 = \left\{\alpha_1 - \dfrac{E_1 A_2(\alpha_1 l_1 + \alpha_2 l_2)}{l_1 E_2 A_2 + l_2 E_1 A_1}\right\} t l_1$

3 図2-問3参照，材料の密度を ρ とすると，$\sigma_0 A(x) = P + \rho g \int_0^x A(\xi) d\xi$

両辺を x で微分すると，$\dfrac{dA(x)}{dx} = \dfrac{\rho g}{\sigma_0} A(x) \cdots (1)$

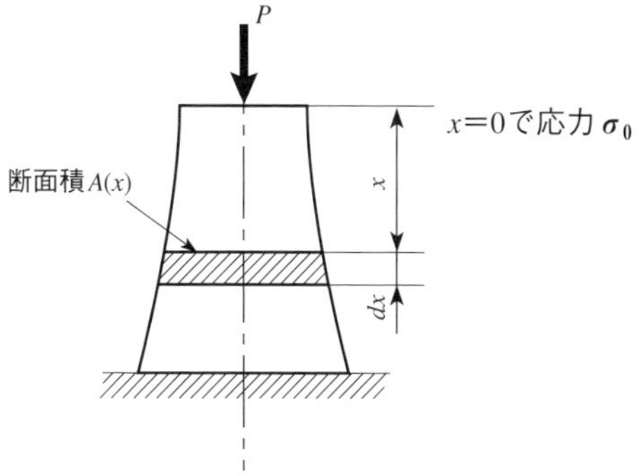

図2-問3▶

微分方程式(1)の一般解：$A(x) = C \exp\left(\dfrac{\rho g}{\sigma_0} x\right)$

境界条件から定数 C を決める.

$x = 0$ で $A(0) = \dfrac{P}{\sigma_0}$ より，$A(x) = \dfrac{P}{\sigma_0} \exp\left(\dfrac{\rho g}{\sigma_0} x\right)$

4 力のつりあいより，$\sigma_s A_s + \sigma_b A_b = 0$

ボルトの伸びと中空円筒の縮みとの和がボルトの締めつけ量であるので，

$\dfrac{\sigma_s}{E_s} l - \dfrac{\sigma_b}{E_b} l = \dfrac{p}{3}$，$A_s = 25\pi \times 10^{-6}\ (\mathrm{m}^2)$，$A_b = 57\pi \times 10^{-6}\ (\mathrm{m}^2)$

$$\sigma_s = \frac{E_s E_b A_b}{(A_s E_s + A_b E_b) l} \frac{p}{3} = \frac{206 \times 10^9 \times 100 \times 10^9 \times 57\pi \times 10^{-6}}{(25\pi \times 206 + 57\pi \times 100) \times 10^3 \times 0.3} \frac{1.5 \times 10^{-3}}{3} = 180\ (\mathrm{MPa})$$

$$\sigma_b = \frac{-E_s E_b A_s}{(A_s E_s + A_b E_b) l} \frac{p}{3} = \frac{-206 \times 10^9 \times 100 \times 10^9 \times 25\pi \times 10^{-6}}{(25\pi \times 206 + 57\pi \times 100) \times 10^3 \times 0.3} \frac{1.5 \times 10^{-3}}{3} = -79.1\ (\mathrm{MPa})$$

5 図2-問5参照

水平方向の力のつりあいより，$\dfrac{\sqrt{2}}{2} N_{AC} + N_{BC} = 0$

垂直方向の力のつりあいより，

$\dfrac{\sqrt{2}}{2} N_{AC} - P = 0$，$N_{AC} = \sqrt{2} P = \sqrt{2} \times 9.8 \times 10^3\ (\mathrm{N}) = 13.9\ (\mathrm{kN})$ (引張り)

$N_{BC} = -P = -9.8 \times 10^3\ (\mathrm{N}) = -9.8\ (\mathrm{kN})$ (圧縮)

$$\lambda_{AC} = \frac{N_{AC} \times l_{AC}}{A_m E_m} = \frac{13.9 \times 10^3 \times \sqrt{2}}{\dfrac{\pi(10 \times 10^{-3})^2}{4} \times 206 \times 10^9} = 1.21 \times 10^{-3}\ \text{(m)}\ (\text{伸び})$$

$$\lambda_{BC} = \frac{N_{BC} \times l_{BC}}{A_c E_c} = \frac{-9.8 \times 10^3 \times 1}{\dfrac{\pi(20 \times 10^{-3})^2}{4} \times 157 \times 10^9} = -0.20 \times 10^{-3}\ \text{(m)}\ (\text{縮み})$$

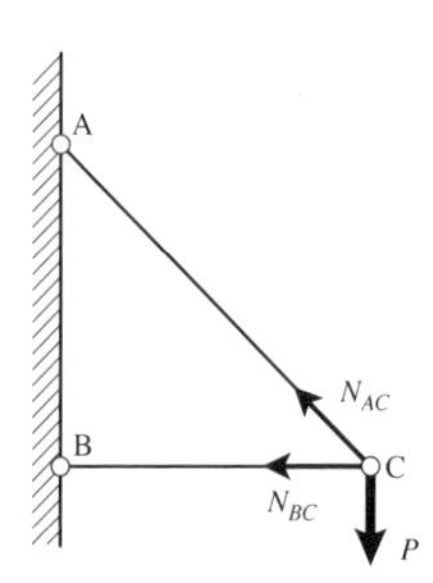

図2-問5▶

6 棒1と2とが剛体棒に作用する力をそれぞれ P_1 と P_2 とする．モーメントのつりあい（点A回り）：$P_1a + P_2b - Pc = 0$ (1)，棒1と2との伸びが a と b とに比例することより，

$$\left(\frac{P_1 l_1}{A_1 E_1}\right) \Big/ \left(\frac{P_2 l_2}{A_2 E_2}\right) = \frac{a}{b}, \quad \therefore P_1 = \frac{a l_2 E_1 A_1}{b l_1 E_2 A_2} P_2,$$

$$\sigma_1 = \frac{P_1}{A_1} = \frac{a c l_2 E_1 P}{a^2 l_2 E_1 A_1 + b^2 l_1 E_2 A_2}, \quad \sigma_2 = \frac{P_2}{A_2} = \frac{b c l_1 E_2 P}{a^2 l_2 E_1 A_1 + b^2 l_1 E_2 A_2}$$

7 力のつりあい：$P_1 + P_2 + P_3 + P_4 - P = 0 \cdots (1)$

モーメントのつりあい（①-④軸回り）：$aP_2 + aP_3 - bP = 0 \cdots (2)$

（①-②軸回り）：$aP_4 + aP_3 - cP = 0 \cdots (3)$

対角線①-③と②-④との中点の変位は等しいので $\frac{1}{2}(\lambda_1 + \lambda_3) = \frac{1}{2}(\lambda_2 + \lambda_4)$，

つまり

$$\frac{1}{2}\left(\frac{P_1 l}{AE} + \frac{P_3 l}{AE}\right) = \frac{1}{2}\left(\frac{P_2 l}{AE} + \frac{P_4 l}{AE}\right) \cdots (4)$$

式(1)～(4)を連立させて解くと $P_1 = \dfrac{3a - 2b - 2c}{4a} P = 0.4P$，

$$P_2 = \frac{2b - 2c + a}{4a} P = 0.3P, \quad P_3 = \frac{2b + 2c - a}{4a} P = 0.1P,$$

$$P_4 = \frac{2c - 2b + a}{4a} = 0.2P,$$ （P_1～P_4 は l に無関係）

第3章

1 断面積が等しいので，$\frac{\pi}{4}D^2 = \frac{\pi}{4}(D_2^2 - D_1^2)$，$n = \frac{D_1}{D_2}$，$\frac{D}{D_2} = \sqrt{1 - n^2}$

中実丸棒の断面二次極モーメントと加えうるトルクを，それぞれ I_{p1} と T_1 とする．
中空丸棒の断面二次極モーメントと加えうるトルクを，それぞれ I_{p2} と T_2 とする．

式(3.8)より，$\tau_a = \frac{T_1}{I_{p1}}\frac{D}{2} = \frac{T_2}{I_{p2}}\frac{D_2}{2}$，$\therefore \frac{T_1}{T_2} = \frac{\sqrt{1 - n^2}}{1 + n^2}$

中実丸棒の比ねじれ角を θ_1，中空丸棒の比ねじれ角を θ_2 とする．

式(3.4)より，$\tau_a = G\theta_1\frac{D}{2} = G\theta_2\frac{D_2}{2}$，$\therefore \frac{\theta_1}{\theta_2} = \frac{D_2}{D} = \frac{1}{\sqrt{1 - n^2}}$

2 長さ dx の微小要素のねじれ角：$d\phi = \theta dx$

位置 x での直径：$d(x) = d_1 + \frac{(d_2 - d_1)}{l}x$

式(3.6)より，$d\phi = \frac{32T}{\pi G}\left(d_1 + \frac{(d_2 - d_1)}{l}x\right)^{-4} dx$

$$\phi = \int d\phi = \frac{32T}{\pi G}\int_0^l \left(d_1 + \frac{d_2 - d_1}{l}x\right)^{-4} dx = \frac{32Tl(d_1^2 + d_1 d_2 + d_2^2)}{3\pi G d_1^3 d_2^3}$$

3 式(3.34)より，$H = T\omega = T\frac{2\pi \times 300}{60} = 150 \times 10^3$ (W)，$\therefore T = 4775$ (Nm)，

式(3.39)より，$D \geq \sqrt[4]{\frac{32T}{\pi G\theta_a}} = \sqrt[4]{\frac{32 \times 4775}{\pi \times 82 \times 10^9 \times \frac{1}{4}\frac{\pi}{180}}} = 108 \times 10^{-3}$ (m)

式(3.10)より，$\tau = \frac{16T}{\pi D^3} = \frac{16 \times 4775}{\pi \times (108 \times 10^{-3})^3} = 19.3$ (MPa)，

4 ねじりモーメントのつりあいより，$T_A + T_B - T = 0$

点Cでねじれ角が等しいので，

$$\phi = \frac{T_A l_1}{GI_{p1}} = \frac{T_B l_2}{GI_{p2}}, \ I_{p1} = \frac{\pi d_1^4}{32}, \ I_{p2} = \frac{\pi d_2^4}{32}$$

$$\therefore T_A = \frac{l_2 d_1^4}{l_2 d_1^4 + l_1 d_2^4}T, \ T_B = \frac{l_1 d_2^4}{l_1 d_2^4 + l_2 d_1^4}T, \ \phi = \frac{32 l_1 l_2}{\pi G(l_2 d_1^4 + l_1 d_2^4)}T$$

5 閉断面の場合加え得るモーメントを T_c，ねじれ角を θ_c とし，開断面の場合加え得るモーメント T_o，ねじれ角 θ_o とする．

式(3.32)より，$\tau_a = \frac{T_c}{2(a + t)^2 t}$

演習問題解答

式(3.31)より，$\tau_a = \dfrac{3T_o t}{4\times(a+t)t^3}$，$\dfrac{T_c}{T_o} = \dfrac{\tau_a \times 2(a+t)^2 t \times 3}{\tau_a \times 4(a+t)t^2} = \dfrac{3(a+t)}{2t}$

式(3.33)より，$\theta_c = \dfrac{4(a+t)T}{4(a+t)^4 tG}$

式(3.30)より，$\theta_o = \dfrac{3T}{4G(a+t)t^3}$，$\dfrac{\theta_c}{\theta_o} = \dfrac{T\times 4G(a+t)t^3}{(a+t)^3 tG \times 3T} = \dfrac{4t^2}{3(a+t)^2}$

6

$$\phi = \phi_{AB} + \phi_{BC} = \frac{Tl_1}{GI_{pAB}} + \frac{Tl_2}{GI_{pBC}} = \frac{32T}{\pi G}\left(\frac{l_1}{d_1^4} + \frac{l_2}{d_2^4}\right) = \frac{32\times1000}{\pi\times80\times10^9}\left(\frac{2.5\times10^{-1}}{\left(3\times10^{-2}\right)^4} + \frac{3\times10^{-1}}{\left(5\times10^{-2}\right)^4}\right)$$

$$= 4.5\times10^{-2}\,(\mathrm{rad})$$

7 ねじりモーメントのつりあいより，$T_1 + T_2 - T_A - T_B = 0$，

区間AC，CD，DBでのねじれ角：，$\phi_{AC} = \dfrac{T_A a}{GI_p}$，$\phi_{CD} = \dfrac{(T_A - T_1)b}{GI_p}$，

$$\phi_{DB} = \frac{(T_A - T_1 - T_2)c}{GI_p}$$

両端を固定しているためねじれ角ゼロ：$\phi_{AC} + \phi_{CD} + \phi_{DB} = 0$

$$\therefore T_A = \frac{T_1 b + (T_1 + T_2)c}{a+b+c},\quad T_B = \frac{(T_1+T_2)a + T_2 b}{a+b+c}$$

第4章

1

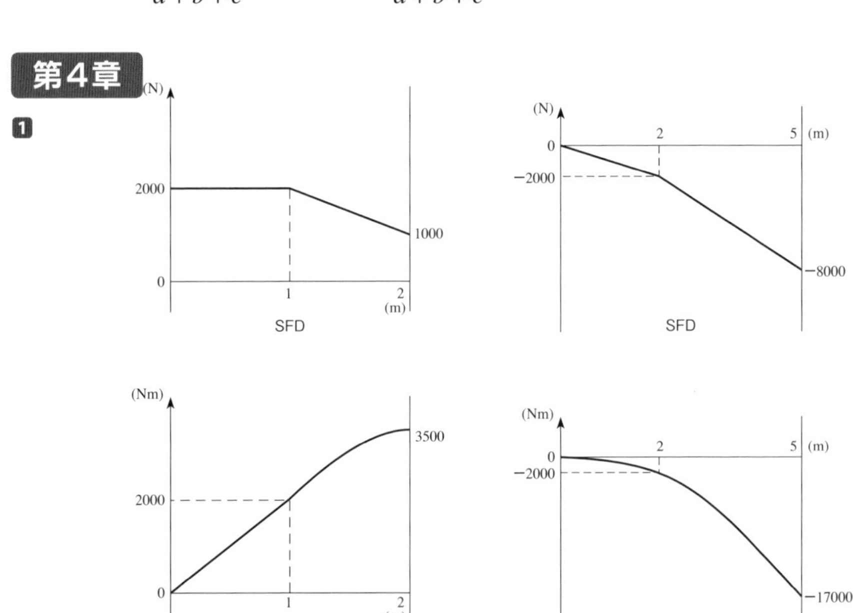

▶図4-問1 (a)　▶図4-問1 (b)

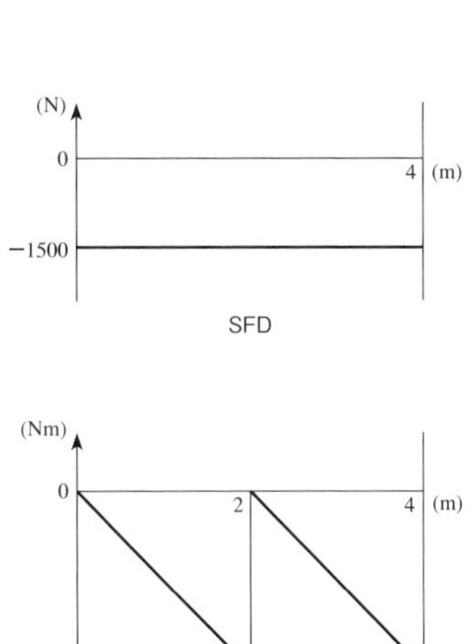

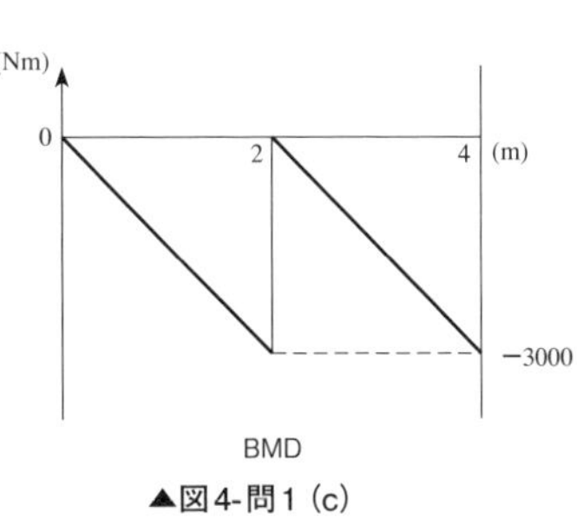

▲図4-問1 (c)

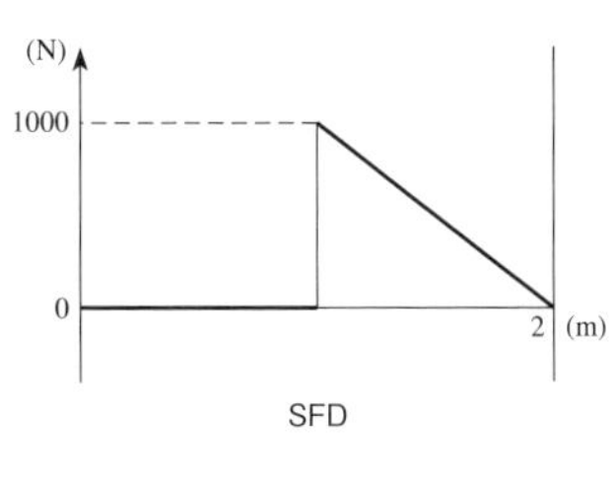

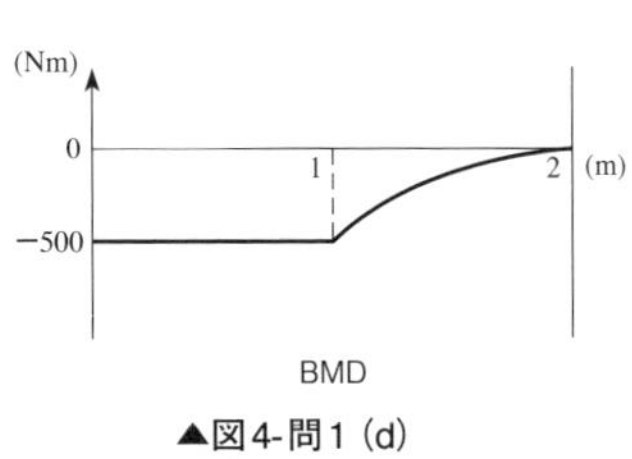

▲図4-問1 (d)

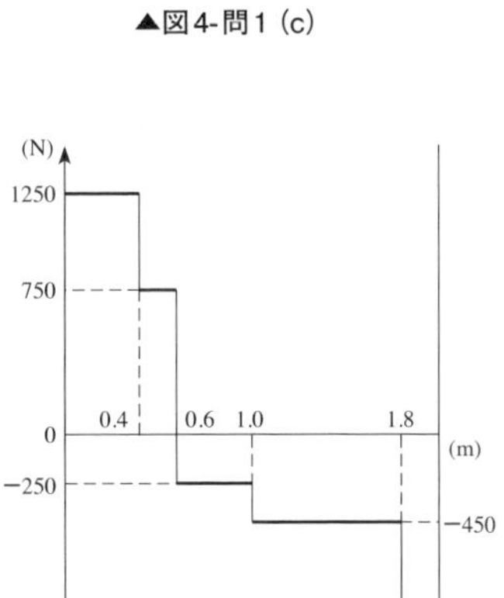

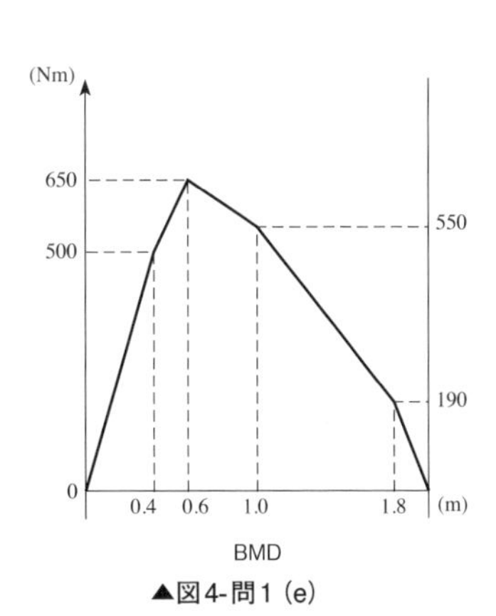

▲図4-問1 (e)

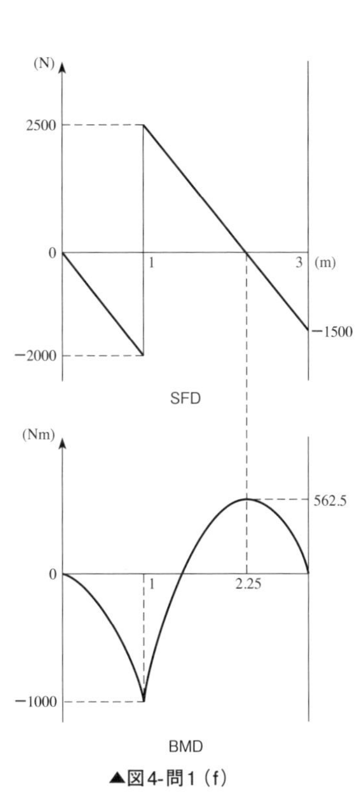

▲図4-問1 (f)

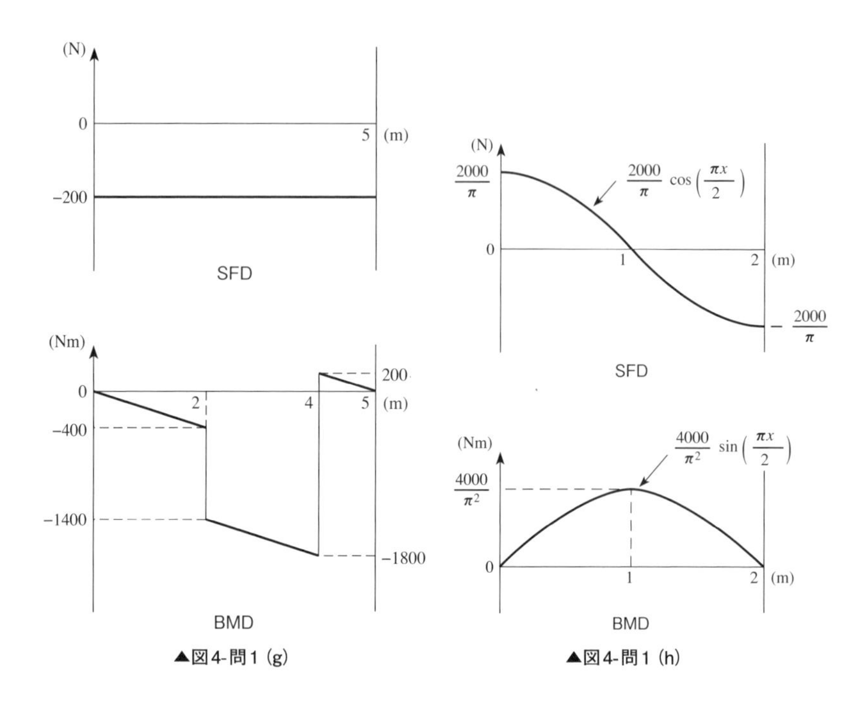

▲図4-問1 (g)　▲図4-問1 (h)

2 分布荷重：$w(x)=\rho gax$の片持はりと考える．

曲げモーメントの大きさ：$|M(x)|=\dfrac{w(x)}{2}x\times\dfrac{x}{3}=\dfrac{\rho gax^3}{6}$,

$x=h$のとき最大値：$|M_{\max}|=\dfrac{\rho gah^3}{6}=\dfrac{10^3\times 9.8\times 0.5\times 3^3}{6}=22.05\times 10^3\ (\text{Nm})$

3

250N
$w=500$N/m
A　C　D　B
$M_D=3000$Nm
1000N
2m　2m　2m

▲図4-問3

4

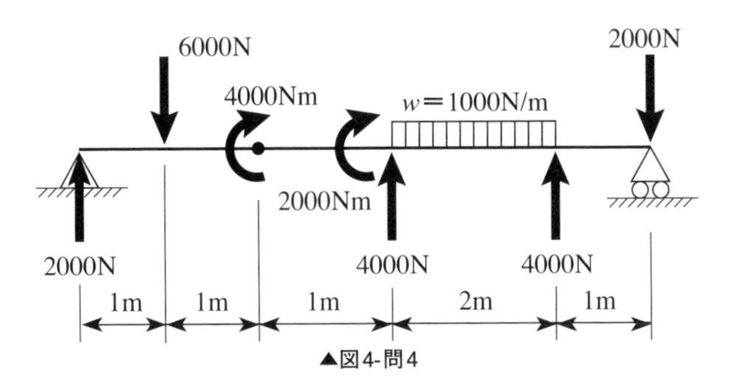

▲図4-問4

第5章

1 ① 底面から中立軸までの距離 e_1

$$\text{式}(5.14)\text{より } e_1 = \frac{\int_A ydA}{A} = \frac{\int_0^5 y \times 60dy + \int_5^{30} y \times 10dy}{60 \times 5 + 2 \times 5 \times 25} = 9.32\,(\text{mm})$$

式(5.8)より,

$$I_z = \int_{-9.32}^{-4.32} y^2 60dy + \int_{-4.32}^{20.68} y^2 10dy = 4.433 \times 10^4\,(\text{mm}^4)$$

② $e_1 < e_2 = 20.65\,(\text{mm})$

式(5.11)より,

$$\sigma_a = \frac{M}{I_z} e_2 = 100 \times 10^6,\quad M = \frac{100 \times 10^6 \times 4.433 \times 10^4 \times (10^{-3})^4}{20.68 \times 10^{-3}} = 2.14 \times 10^2\,(\text{Nm})$$

2 図2(a)（p.116）の場合：$I_{(a)} = 2\int_0^{\frac{\sqrt{2}}{2}a} y^2 2\left(\frac{\sqrt{2}}{2}a - y\right)dy = \frac{a^4}{12}$

図2(b)（p.116）の場合：$I_{(b)} = \int_{-\frac{a}{2}}^{\frac{a}{2}} y^2 ady = \frac{a^4}{12}$，$\therefore I_{(a)} = I_{(b)}$

3 ① z 軸に関する断面二次モーメント：

$$I_z = \frac{120 \times (100)^3 - 110 \times (80)^3}{12} = 5.31 \times 10^6\,(\text{mm}^4)$$

y 軸に関する断面二次モーメント：

$$I_y = 2 \times \frac{10 \times 120^3}{12} + \frac{80 \times 10^3}{12} = 2.89 \times 10^6\,(\text{mm}^4),\quad \frac{I_z}{I_y} = 1.84$$

② $\sigma_a = \frac{M_z}{I_z} \times 50 = \frac{M_y}{I_y} \times 60$, $\frac{M_z}{M_y} = \frac{5.31 \times 10^6 \times 60}{2.89 \times 10^6 \times 50} = 2.20$

4 $0 \le x \le \frac{l}{2}$では, $M = \frac{P}{2}x$, $\sigma_a = \frac{M}{Z} = \frac{Px}{2}\frac{6}{b_0 h^2}$,

$h(x) = \sqrt{\frac{3P}{b_0 \sigma_a}x}$, $x = \frac{l}{2}$ で対称

第6章

1 曲げモーメント：$M = -\frac{w}{2}x^2 + Px$, たわみの基礎式：$EI\frac{d^2y}{dx^2} = \frac{w}{2}x^2 - Px$,

$EI\frac{dy}{dx} = \frac{w}{6}x^3 - \frac{P}{2}x^2 + c_1$, $EIy = \frac{w}{24}x^4 - \frac{P}{6}x^3 + c_1 x + c_2 \cdots (1)$,

境界条件：$x = l$ で $\frac{dy}{dx} = 0$ より, $c_1 = \frac{P}{2}l^2 - \frac{w}{6}l^3$,

$x = l$ で $y = 0$ より, $c_2 = \frac{w}{8}l^4 - \frac{P}{3}l^3$,

① $x = 0$を式(1)に代入すると, $y = \frac{1}{EI}\left(\frac{w}{8}l^4 - \frac{P}{3}l^3\right) \cdots (2)$,

② 式(2)より $P = \frac{3}{8}wl$ のとき点Aのたわみがゼロ.

2 ① 力のつりあいより, $R_A + R_B = 0 \cdots (1)$

モーメントのつりあい（点B回り）より, $R_A l + M_B - M_C = 0 \cdots (2)$

$0 \le x \le a$ のとき, たわみの基礎式：$EI\frac{d^2y_1}{dx^2} = -R_A x$

$EI\frac{dy_1}{dx} = -\frac{R_A}{2}x^2 + c_1$, $EIy_1 = -\frac{R_A}{6}x^3 + c_1 x + c_2$

$a \le x \le l$ のとき, たわみの基礎式：$EI\frac{d^2y_2}{dx^2} = -R_A x + M_C$

$EI\frac{dy_2}{dx} = -\frac{R_A}{2}x^2 + M_C x + c_3$, $EIy_2 = -\frac{R_A}{6}x^3 + \frac{M_C}{2}x^2 + c_3 x + c_4$

境界条件：$x = 0$ で $y_1 = 0$ より $c_2 = 0 \cdots (3)$

$x = a$ で $\frac{dy_1}{dx} = \frac{dy_2}{dx}$ より, $c_1 = M_c a + c_3 \cdots (4)$

$x = a$ で $y_1 = y_2$ より, $c_1 a = \frac{M_c}{2}a^2 + c_3 a + c_4 \cdots (5)$

$x=l$ で $\dfrac{dy_2}{dx}=0$ より，$-\dfrac{R_A}{2}l^2+M_Cl+c_3=0$ ⋯ (6)

$x=l$ で $y_2=0$ より，$-\dfrac{R_A}{6}l^3+\dfrac{M_C}{2}l^2+c_3l+c_4=0$ ⋯ (7)

式(1)～(7)を連立させて解くと，

$$R_A=-R_B=\frac{3M_C}{l^3}\left(ab+\frac{b^2}{2}\right),\ M_B=\frac{a^2-ab-\dfrac{b^2}{2}}{l^2}M_C$$

② $R_A=-R_B=252$ (N)，$M_B=-52$ (Nm)，図6-問2参照

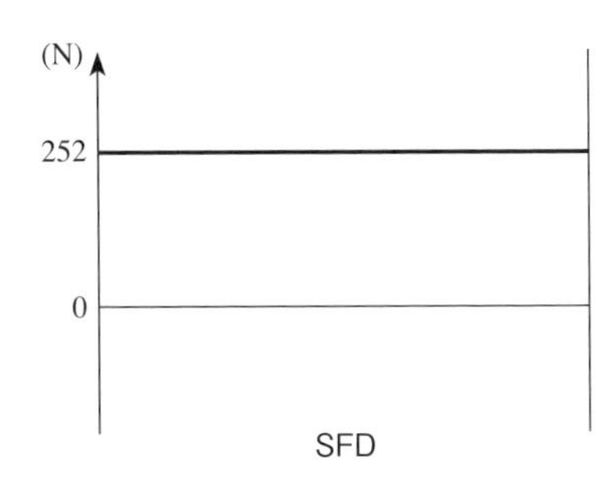

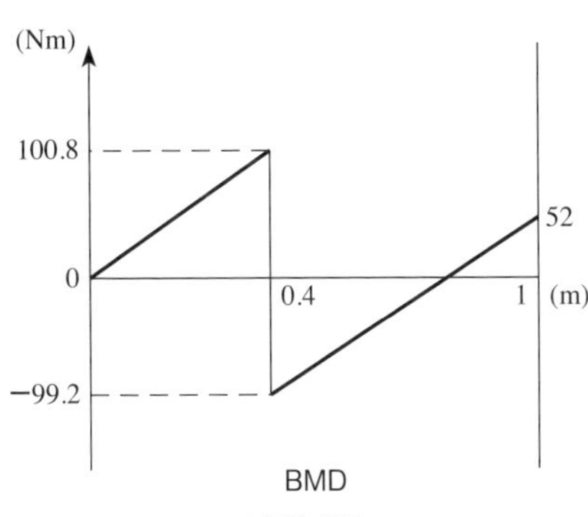

▲図6-問2

3 力のつりあいより $R_A+R_B=0$ ⋯ (1)

モーメントのつりあいより，$M_A-M_B+R_Bl=0$⋯(2)

たわみの基礎式：$EI\dfrac{d^2y}{dx^2}=M_A-R_Ax$，$EI\dfrac{dy}{dx}=M_Ax-\dfrac{R_A}{2}x^2+c_1$，

$EIy=-\dfrac{R_A}{6}x^3+\dfrac{M_A}{2}x^2+c_1x+c_2$

境界条件：$x=0$ で $\dfrac{dy}{dx}=0$ より，$c_1=0$ ⋯(3)

$x=0$ で $y=-\delta_0$ より，$c_2=-\delta_0 \cdots (4)$

$x=l$ で $\dfrac{dy}{dx}=0$ より，$-\dfrac{R_A}{2}l^2+M_A l=0 \cdots (5)$

$x=l$ で $y=0$ より，$-\dfrac{R_A}{6}l^3+\dfrac{M_A}{2}l^2+c_1 l+c_2=0 \cdots (6)$

式(1)～(6)を連立させて解くと，

$$R_A=-R_B=\frac{-12EI\delta_0}{l^3},\quad M_A=-M_B=\frac{-6EI\delta_0}{l^2}$$

4 ① 左側のはりにおける力のつりあいとモーメントのつりあいより，

$$R_A+R_C-wl=0,\ M_A-\frac{wl^2}{2}+R_C l=0$$

右側のはりにおける力のつりあいとモーメントのつりあいより，$-R_C+R_D=0$，$R_C l-M_D=0$，$0\leq x\leq l$ でのたわみの基礎式：

$$EI\frac{d^2y_1}{dx^2}=M_A-R_A x+\frac{wx^2}{2},\ EI\frac{dy_1}{dx}=\frac{wx^3}{6}-\frac{R_A}{2}x^2+\frac{M_A}{2}x+c_1$$

$$EIy_1=\frac{w}{24}x^4-\frac{R_A}{6}x^3+\frac{M_A}{2}x^2+c_1x+c_2 \cdots (1),$$

$l\leq x\leq 2l$ でのたわみの基礎式：

$$EI\frac{d^2y_2}{dx^2}=R_C(x-l),\ EI\frac{dy_2}{dx}=\frac{R_C}{2}(x-l)^2+c_3$$

$$EIy_2=\frac{R_C}{6}(x-l)^3+c_3(x-l)+c_4$$

境界条件：$x=0$ で $\dfrac{dy_1}{dx}=0$ より $c_1=0$，$x=0$ で $y_1=0$ より $c_2=0$，

$x=l$ で $y_1=y_2$ より，$\dfrac{w}{24}l^4-\dfrac{R_A}{6}l^3+\dfrac{M_A}{2}l^2+c_1 l+c_2=c_4$

$x=2l$ で $\dfrac{dy_2}{dx}=0$ より，$\dfrac{R_C}{2}l^2+c_3=0$

$x=2l$ で $y_2=0$ より，$\dfrac{R_C}{6}l^3+c_3 l+c_4=0$

$$R_C=\frac{3wl}{16},\ R_A=\frac{13wl}{16},\ R_D=\frac{3wl}{16},\ M_A=\frac{5wl^2}{16},\ M_D=\frac{3wl^2}{16}$$

② 式(1)に $x=l$ を代入すると，

$$y_C=\frac{1}{EI}\left(\frac{w}{24}l^4-\frac{13wl}{16}\times\frac{l^3}{6}+\frac{5wl^2}{16}\times\frac{l^2}{2}\right)=\frac{wl^4}{16EI}$$

5 問題の対称性より，$R_A = R_B = \dfrac{P}{2}$，$M_A = M_B$，$0 \le x \le l$ のとき，

たわみの基礎式：$EI_1 \dfrac{d^2 y_1}{dx^2} = -(R_A x + M_A)$，$EI_1 \dfrac{dy_1}{dx} = -\left(\dfrac{R_A}{2} x^2 + M_A x + c_1\right)$，

$EI_1 y_1 = -\left(\dfrac{R_A}{6} x^3 + \dfrac{M_A}{2} x^2 + c_1 x + c_2\right)$，

境界条件：$x = 0$ で $\dfrac{dy_1}{dx} = 0$，$y_1 = 0$ より，$c_1 = 0$，$c_2 = 0$，$l \le x \le 2l$ のとき

たわみの基礎式：$EI_2 \dfrac{d^2 y_2}{dx^2} = -(R_A x + M_A)$，$EI_2 \dfrac{dy_2}{dx} = -\left(\dfrac{R_A}{2} x^2 + M_A x + c_3\right)$，

$EI_2 y_2 = -\left(\dfrac{R_A}{6} x^3 + \dfrac{M_A}{2} x^2 + c_3 x + c_4\right)$，

境界条件：$x = 2l$ で $\dfrac{dy_2}{dx} = 0$ より $c_3 = -2R_A l^2 - 2M_A l$，$x = l$ で $\dfrac{dy_1}{dx} = \dfrac{dy_2}{dx}$ より

$\dfrac{1}{EI_1}\left(\dfrac{R_A l^2}{2} + M_A l\right) = \dfrac{1}{EI_2}\left(\dfrac{R_A l^2}{2} + M_A l - 2R_A l^2 - 2M_A l\right)$，$\therefore M_A = -\dfrac{Pl(3I_1 + I_2)}{4(I_1 + I_2)}$

6 はりの幅：$b(x) = \dfrac{b_0 x}{l}$，断面二次モーメント：$I(x) = \dfrac{h^3 b_0 x}{12l}$，

たわみの基礎式：$\dfrac{d^2 y}{dx^2} = -\dfrac{M(x)}{EI(x)} = \dfrac{12Pl}{Eb_0 h^3}$，$\dfrac{dy}{dx} = \dfrac{12Pl}{Eb_0 h^3}(x - l) + c_1$，

$y = \dfrac{6Pl}{Eb_0 h^3}(x - l)^2 + c_1(x - l) + c_2$，

境界条件：$x = l$ で $\dfrac{dy}{dx} = 0$，$y = 0$ より，$c_1 = 0$，$c_2 = 0$，

$\therefore i_A = -\dfrac{12Pl^2}{Eb_0 h^3}$，$y_A = \dfrac{6Pl^3}{Eb_0 h^3}$

第7章

1 式(7.28)，(7.29)より，$\varepsilon_x = \dfrac{1}{E}\left\{\sigma_x - \nu(\sigma_y + \sigma_z)\right\} = 0 \cdots (1)$

$\varepsilon_y = \dfrac{1}{E}\left\{\sigma_y - \nu(\sigma_z + \sigma_x)\right\} = 0 \cdots (2)$

式(1)，(2)より，$\sigma_x = \sigma_y = \dfrac{\nu}{1 - \nu}\sigma_z$

式(7.30)に代入すると，$\varepsilon_z = \dfrac{1}{E}\left\{\sigma_z - \nu(\sigma_x + \sigma_y)\right\} = \dfrac{(1 + \nu)(1 - 2\nu)}{E(1 - \nu)}\sigma_z = \dfrac{1}{E'}\sigma_z$

見かけの弾性係数 E' は，$E' = \dfrac{E(1-\nu)}{(1+\nu)(1-2\nu)}$

2 図7-問2参照

① $\tau_1 = 75$ MPa（σ_1 の作用面から時計回りに45°），$\tau_2 = -75$ MPa（σ_1 の作用面から反時計回りに45°）

② $\tau = \pm 70.7$ MPa $\left(\cos^{-1}2\theta = -\dfrac{25}{75},\ \theta = 54.7°\right)$

③ $\sigma = 62.5$ MPa, $\tau = \dfrac{75\sqrt{3}}{2} = 65.0$ MPa

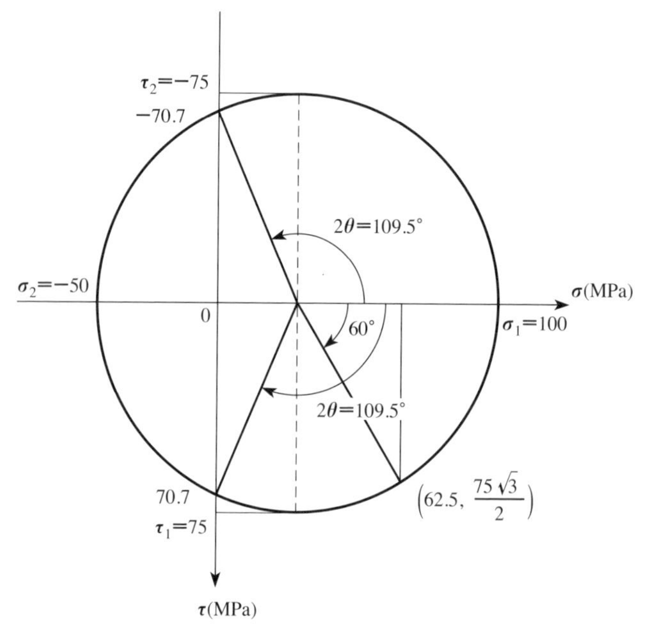

▲図7-問2

3 左端から0.6mの位置で最大曲げモーメント $M_{max} = 200 \times 0.6 = 120$ (Nm)

式(5.11)より，曲げ応力：$\sigma = \dfrac{M_{max}}{Z} = \dfrac{120}{\dfrac{\pi \times (50 \times 10^{-3})^3}{32}} = 9.78$ (MPa)

式(3.10)より，ねじり応力：$\tau = \dfrac{T}{Z_p} = \dfrac{200}{\dfrac{\pi \times (50 \times 10^{-3})^3}{16}} = 8.15$ (MPa)

図7-問3より，$\sigma_1 = 14.4$ (MPa)， $\tau_{max} = \pm 9.50$ (MPa)

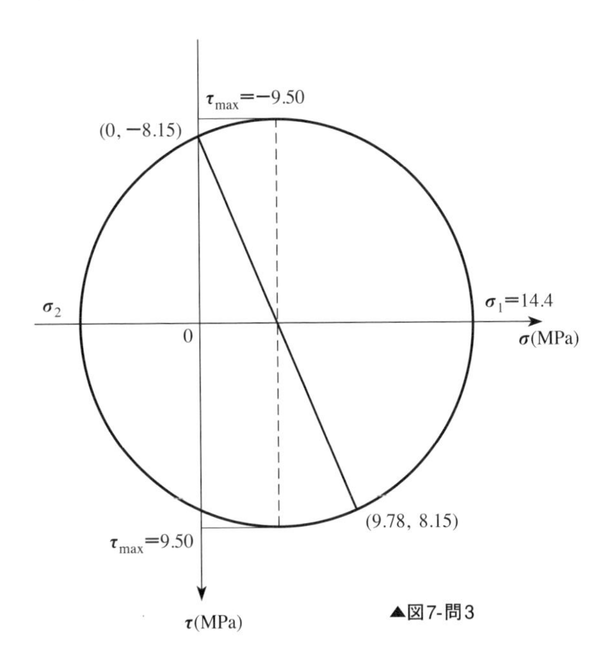

▲図7-問3

4 表7-1 (p.162) より， $\nu = \dfrac{E - 2G}{2G} = \dfrac{206 \times 10^9 - 2 \times 82 \times 10^9}{2 \times 82 \times 10^9} = 0.256$

5 式(7.57)より， $\varepsilon_1 + \varepsilon_2 = \varepsilon' + \varepsilon''' = 2.98 \times 10^{-4}$

式(7.58)より， $\varepsilon_1 - \varepsilon_2 = \sqrt{2(\varepsilon' - \varepsilon'')^2 + 2(\varepsilon'' - \varepsilon''')^2} = 6.02 \times 10^{-4}$

$\varepsilon_1 = 4.5 \times 10^{-4}$， $\varepsilon_2 = -1.52 \times 10^{-4}$

表1-2より，$E = 206$GPa，$\nu = 0.3$とすると，式(7.38)より，

$$\sigma_1 = \frac{E}{1-\nu^2}(\varepsilon_1 + \nu\varepsilon_2) = \frac{206 \times 10^9}{1 - 0.3^2}(4.5 - 0.3 \times 1.52) \times 10^{-4} = 91.5 \text{ (MPa)}$$

$$\sigma_2 = \frac{E}{1 - \nu^2}(\varepsilon_2 + \nu\varepsilon_1) = \frac{206 \times 10^9}{1 - 0.3^2}(-1.52 + 0.3 \times 4.5) \times 10^{-4} = -3.85 \text{ (MPa)}$$

式(7.59)より，$\tan 2\theta = \dfrac{\varepsilon' + \varepsilon''' - 2\varepsilon''}{\varepsilon' - \varepsilon'''} = -1$，$\therefore\ \theta = -22.5°$

第8章

1 点Aにおけるたわみと荷重の関係は，式(6.14)より，$\delta = \dfrac{Wl^3}{3EI}$

式(8.17)より，

はりに蓄えられるひずみエネルギ：$U = \displaystyle\int_0^l \frac{(-Wx)^2}{2EI}dx = \frac{W^2 l^3}{6EI} = \delta^2 \frac{3EI}{2l^3}$

エネルギ保存則より，$W(h+\delta) = \delta^2 \dfrac{3EI}{2l^3}$，$3EI\delta^2 - 2l^3 W\delta - 2l^3 Wh = 0$

$$\delta = \frac{1}{3EI}\left(Wl^3 \pm \sqrt{W^2 l^6 + 6Wl^3 hEI}\right)$$

$$= \frac{Wl^3}{3EI} \pm \sqrt{\left(\frac{Wl^3}{3EI}\right)^2 + 2h\left(\frac{Wl^3}{3EI}\right)} = \delta_{st}\left(1 \pm \sqrt{1 + \frac{2h}{\delta_{st}}}\right)$$

2 図8-問2参照

$$U = \int_0^a \frac{M_1^2}{2EI}dx + \int_a^l \frac{M_2^2}{2EI}dx$$

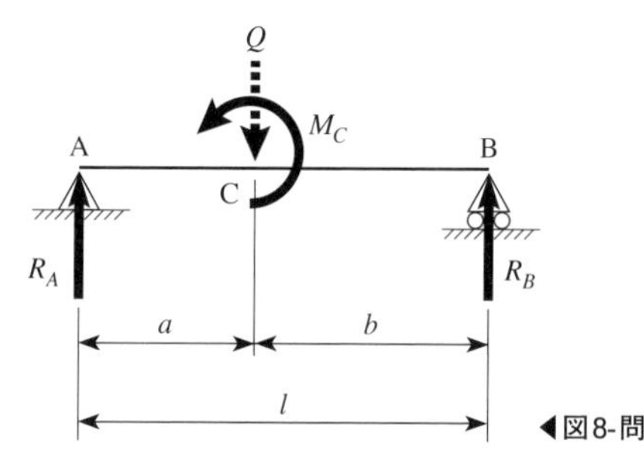

◀図8-問2

点Cに作用する仮想荷重をQとすると，$M_1 = \dfrac{M_C}{l}x + \dfrac{b}{l}Qx$，

$M_2 = \dfrac{M_C}{l}(x-l) + \dfrac{b}{l}Qx - Q(x-a)$，$\dfrac{\partial M_1}{\partial M_C} = \dfrac{x}{l}$，$\dfrac{\partial M_2}{\partial M_C} = \dfrac{x-l}{l}$，

$\dfrac{\partial M_1}{\partial Q} = \dfrac{b}{l}x$，$\dfrac{\partial M_2}{\partial Q} = a - \dfrac{a}{l}x$，

カスティリアノの定理より，点Cにおけるたわみ角i_C，たわみδ_Cは，

$$i_C = \left.\frac{\partial U}{\partial M_C}\right|_{Q=0} = \frac{1}{EI}\left(\int_0^a M_1 \frac{\partial M_1}{\partial M_C}dx + \int_a^l M_2 \frac{\partial M_2}{\partial M_C}dx\right)$$

$$= \frac{1}{EI}\left(\frac{M_C}{l^2}\frac{a^3}{3} - \frac{M_C}{l^2}\frac{(a-l)^3}{3}\right) = \frac{M_C}{3EIl}(a^2 - ab + b^2)$$

$$\delta_C = \frac{\partial U}{\partial Q}\bigg|_{Q=0} = \frac{1}{EI}\left(\int_0^a M_1\frac{\partial M_1}{\partial Q}dx + \int_a^l M_2\frac{\partial M_2}{\partial Q}dx\right)$$

$$= \frac{1}{EI}\left(\frac{M_C b}{l^2}\frac{a^3}{3} + \frac{M_C a}{l^2}\frac{(a-l)^3}{3}\right) = \frac{M_C}{3EIl}ab(a-b)$$

3 図8-問3参照

力のつりあいより，$2 \times R_A \cos\alpha + R_D - P = 0 \cdots (1)$

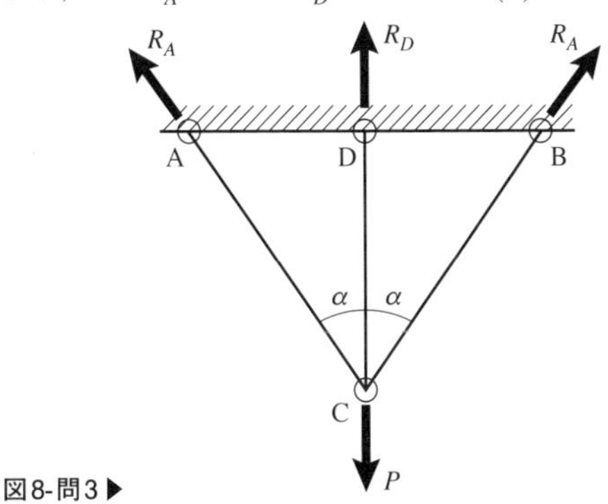

図8-問3▶

系全体のひずみエネルギ：

$$U = 2 \times \frac{R_A^2 \times l}{2EA} + \frac{R_D^2 \times l\cos\alpha}{2EA} = \frac{2R_A^2 l + (P - 2R_A\cos\alpha)^2 l\cos\alpha}{2EA}$$

カスティリアノの定理より点Aにおけるたわみは

$$\frac{\partial U}{\partial R_A} = \frac{2R_A l - (P - 2R_A\cos\alpha) \times 2\cos\alpha \times l\cos\alpha}{EA} = 0 \cdots (2)$$

式(1)と(2)とから $R_A = \dfrac{P\cos^2\alpha}{1 + 2\cos^3\alpha}$，$R_D = \dfrac{P}{1 + 2\cos^3\alpha}$．$\delta_C = \dfrac{\partial U}{\partial P} = \dfrac{Pl}{EA}\dfrac{\cos\alpha}{1+2\cos^3\alpha}$

4 $0 \le x \le l_1$ のとき $M_1 = R_A x$，$l_1 \le x \le l_1 + l_2 = l$ のとき $M_2 = R_A x - P(x - l_1)$，カスティリアノの定理より点Aにおけるたわみは，

$$y_A = \frac{\partial U}{\partial R_A} = \frac{1}{EI}\left(\int_0^{l_1} M_1\frac{\partial M_1}{\partial R_A}dx + \int_{l_1}^{l} M_2\frac{\partial M_2}{\partial R_A}dx\right)$$

$$= \frac{1}{EI}\left[\int_0^{l_1} R_A x^2 dx + \int_{l_1}^{l}\left\{(R_A - P)x^2 + Pl_1 x\right\}dx\right] = \frac{1}{EI}\left\{\frac{(R_A - P)l^3}{3} + \frac{Pl_1 l^2}{2} - \frac{Pl_1^3}{6}\right\} = 0$$

演習問題解答

$R_A = \dfrac{l_2^2(3l_1 + 2l_2)}{2l^3}P$，点 A に作用する仮想モーメントを M_A とすると，

$M'_1 = R_A x + M_A$， $M'_2 = R_A x - P(x - l_1) + M_A$

カスティリアノの定理より点 A におけるたわみ角は，

$$i_A = \left.\frac{\partial U}{\partial M_A}\right|_{M_A=0} = \frac{1}{EI}\left.\left(\int_0^{l_1} M'_1 \frac{\partial M'_1}{\partial M_A}dx + \int_{l_1}^{l} M'_2 \frac{\partial M'_2}{\partial M_A}dx\right)\right|_{M_A=0}$$

$$= \frac{1}{2EI}(R_A l^2 - Pl_2^2) = \frac{l_1 l_2^2 P}{4EIl}$$

5 マックスウェルの相反定理より求める点 C でのたわみ y_C は，荷重 P が点 C に作用したときの点 D でのたわみ y_D に等しい．したがって，

$$y_C = y_D = -l_2 i_A = -\frac{l_1^2 l_2}{32EI}P$$ （上向き）

第9章

1 はりの上面から中立軸までの距離 $\overline{y}$ は，式(9.2)より，

$$\overline{y} = \frac{\sum_{i=1}^{n} E_i \int_A ydA}{\sum_{i=1}^{n}(E_i A_i)} = \frac{206 \times 10^9 \times \int_{100}^{110} 100ydy + 10 \times 10^9 \times \int_0^{100} 100ydy}{(206 \times 10^9 \times 1000 \times 10^{-6}) + (10 \times 10^9 \times 10000 \times 10^{-6})} \times (10^{-3})^3$$

$$= 87.0 \times 10^{-3}\ \text{(m)}$$

$$\sum E_i I_i = \left(\frac{100 \times 100^3}{12} + 100 \times 100 \times 37^2\right) \times 10^{-12} \times 10 \times 10^9$$
$$+ \left(\frac{100 \times 10^3}{12} + 100 \times 10 \times 18^2\right) \times 10^{-12} \times 206 \times 10^9 = 2.887 \times 10^5\ (\text{Nm}^2)$$

最大曲げモーメントは，はりの中央で，$M_{max} = 500$ (Nm)

鋼に生じる最大曲げ応力は，式(9.3)より，($y_i = 23 \times 10^{-3}$m)

$$\sigma_s = \frac{206 \times 10^9 \times 23 \times 10^{-3}}{2.887 \times 10^5} \times 500 = 8.21\ \text{(MPa)}$$

木材に生じる最大曲げ応力は，($y_i = -87 \times 10^{-3}$m)

$$\sigma_w = \frac{10 \times 10^9 \times (-87) \times 10^{-3}}{2.887 \times 10^5} \times 500 = -1.51\ \text{(MPa)}$$

2 図9-問2参照

$$I_X = \frac{60 \times 80^3}{12} \times 10^{-12} = 2.56 \times 10^{-6}\ (\mathrm{m}^4)$$

$$I_Y = \frac{80 \times 60^3}{12} \times 10^{-12} = 1.44 \times 10^{-6}\ (\mathrm{m}^4)$$

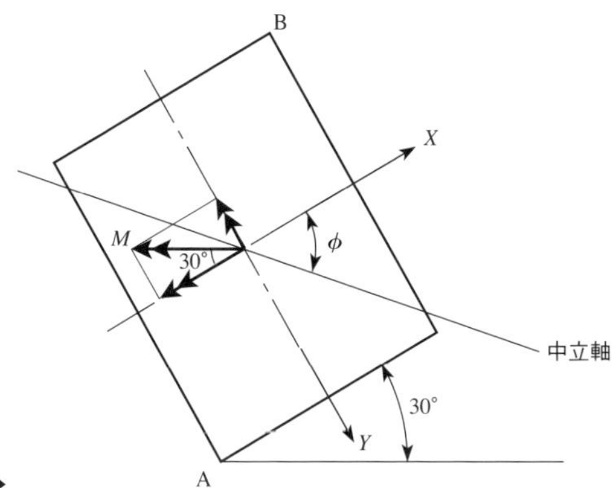

図9-問2▶

式(9.16)より $\sigma = M\left(\dfrac{Y\cos 30^\circ}{2.56 \times 10^{-6}} - \dfrac{X\sin 30^\circ}{1.44 \times 10^{-6}}\right)$

中立軸は$\sigma = 0$とおくと，$\dfrac{\sqrt{3}}{2.56 \times 2}Y - \dfrac{1}{1.44 \times 2}X = 0$

$\therefore\ Y = \dfrac{2.56}{1.44 \times \sqrt{3}}X$, $\tan\phi = 1.0264$，点A$(-30 \times 10^{-3},\ 40 \times 10^{-3})$で最大引張り応力，

点Bで最大圧縮応力となる．

式(9.16)より，$M\left(\dfrac{\sqrt{3} \times 40 \times 10^{-3}}{2.56 \times 2} - \dfrac{1 \times (-30) \times 10^{-3}}{1.44 \times 2}\right) \times 10^6 \leq 100 \times 10^6$

$M_{\max} = 4.18 \times 10^3\ (\mathrm{Nm}) = \dfrac{wl^2}{8}$，$w = \dfrac{8 \times 4.18 \times 10^3}{2^2} = 8.36 \times 10^3\ (\mathrm{N/m})$

演習問題解答

3 図9-問3参照,

$0 \leq \phi \leq \frac{\pi}{2}$ のとき，$M_1 = (1 - \cos\phi)RP$

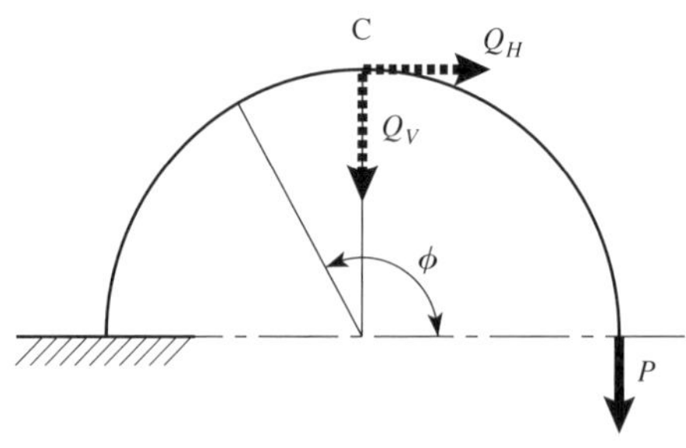

▲図9-問3

$\frac{\pi}{2} \leq \phi \leq \pi$ のとき,

$$M_2 = (1 - \cos\phi)RP + Q_V R\cos(\pi - \phi) + Q_H R(1 - \sin(\pi - \phi))\ ,\ \frac{\partial M_1}{\partial Q_V} = \frac{\partial M_1}{\partial Q_H} = 0\ ,$$

$$\lambda_V = \left.\frac{\partial U}{\partial Q_V}\right|_{Q_V=0,\,Q_H=0} = \frac{R}{EI}\int_{\frac{\pi}{2}}^{\pi} M_2 \frac{\partial M_2}{\partial Q_V} d\phi = \frac{PR^3}{EI}\left(1 + \frac{\pi}{4}\right)\ \text{下向き}$$

$$\lambda_H = \left.\frac{\partial U}{\partial Q_H}\right|_{Q_V=0,\,Q_H=0} = \frac{R}{EI}\int_{\frac{\pi}{2}}^{\pi} M_2 \frac{\partial M_2}{\partial Q_H} d\phi = \frac{PR^3}{2EI}(\pi - 1)\ \text{右向き}$$

4 図9-問4(b)参照

曲げモーメント：$M = M_A - \frac{P}{2} r \sin\phi$，軸力：$N = \frac{P}{2}\sin\phi$

式(9.23)より，1/4円環のひずみエネルギ（図9-問4(a)参照）：

$$U_{1/4} = \int_0^s \frac{N^2}{2EA} ds + \int_0^s \frac{M^2}{2EAr^2} \frac{1 + \kappa}{\kappa} ds + \int_0^s \frac{MN}{EAr} ds$$

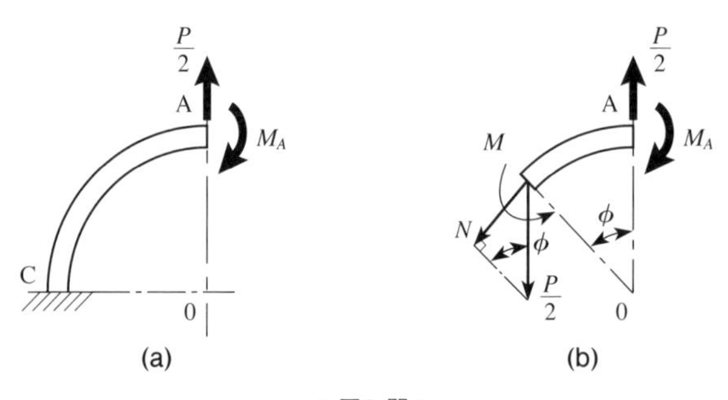

▲図9-問4

点Aのたわみ角：

$$i_A = \frac{\partial U_{1/4}}{\partial M_A} = \frac{1}{EA}\int_0^s N\frac{\partial N}{\partial M_A}ds + \frac{1}{EAr^2}\frac{1+\kappa}{\kappa}\int_0^s M\frac{\partial M}{\partial M_A}ds + \frac{1}{EAr}\left(\int_0^s M\frac{\partial N}{\partial M_A}ds + \int_0^s N\frac{\partial M}{\partial M_A}ds\right)$$

$\dfrac{\partial M}{\partial M_A} = 1$，　$\dfrac{\partial N}{\partial M_A} = 0$，　$ds = rd\phi$ より

$$i_A = \frac{1}{EAr^2}\frac{1+\kappa}{\kappa}\int_0^{\frac{\pi}{2}} Mrd\phi + \frac{1}{EAr}\int_0^s Nrd\phi = \frac{1}{EAr}\frac{1+\kappa}{\kappa}\int_0^{\frac{\pi}{2}}\left(M_A - \frac{P}{2}r\sin\phi\right)d\phi + \frac{1}{EA}\int_0^{\frac{\pi}{2}}\frac{P}{2}\sin\phi d\phi$$

$i_A = 0$ より $M_A = \dfrac{Pr}{\pi(1+\kappa)}$

円環のひずみエネルギ：$U = 4U_{1/4}$，点Cを固定して点Aの変位を求める．

$$\delta_{AB} = \frac{\partial U}{\partial P} = \frac{4}{EA}\int_0^s N\frac{\partial N}{\partial P}ds + \frac{4}{EAr^2}\frac{1+\kappa}{\kappa}\int_0^s M\frac{\partial M}{\partial P}ds + \frac{4}{EAr}\left(\int_0^s M\frac{\partial N}{\partial P}ds + \int_0^s N\frac{\partial M}{\partial P}ds\right)$$

$$= \frac{4}{EA}\int_0^{\frac{\pi}{2}}\left(\frac{P\sin\phi}{2}\frac{\sin\phi}{2}\right)rd\phi + \frac{4}{EAr^2}\frac{1+\kappa}{\kappa}\int_0^{\frac{\pi}{2}}\left(\frac{Pr}{\pi(1+\kappa)} - \frac{Pr\sin\phi}{2}\right)\left(\frac{r}{\pi(1+\kappa)} - \frac{r\sin\phi}{2}\right)rd\phi$$

$$+ \frac{4}{EAr}\left(\int_0^{\frac{\pi}{2}}\left(\frac{Pr}{\pi(1+\kappa)} - \frac{Pr\sin\phi}{2}\right)\frac{\sin\phi}{2}rd\phi + \int_0^{\frac{\pi}{2}}\frac{P\sin\phi}{2}\left(\frac{r}{\pi(1+\kappa)} - \frac{r\sin\phi}{2}\right)rd\phi\right)$$

$$= \frac{4Pr}{EA}\left[\frac{1}{4}\left(\frac{1}{2}\phi - \frac{1}{4}\sin 2\phi\right) + \frac{1+\kappa}{\kappa}\left(\frac{\phi}{\pi^2(1+\kappa)^2} + \frac{\cos\phi}{\pi(1+\kappa)} + \frac{1}{4}\left(\frac{1}{2}\phi - \frac{1}{4}\sin 2\phi\right)\right)\right.$$

$$\left. + \left(\frac{1}{2}\frac{-\cos\phi}{\pi(1+\kappa)} - \frac{1}{4}\left(\frac{1}{2}\phi - \frac{1}{4}\sin 2\phi\right)\right) + \left(\frac{1}{2}\frac{-\cos\phi}{\pi(1+\kappa)} - \frac{1}{4}\left(\frac{1}{2}\phi - \frac{1}{4}\sin 2\phi\right)\right)\right]_0^{\frac{\pi}{2}}$$

$$= \frac{Pr}{EA\kappa}\left(\frac{\pi}{4} - \frac{2}{\pi(1+\kappa)}\right)$$

演習問題解答

第10章

1 ①断面積：$A=a^2$，断面二次モーメント：$I=\dfrac{a^4}{12}$

断面二次半径：$k=\sqrt{\dfrac{I}{A}}=\dfrac{a}{\sqrt{12}}$，　細長さ比：$\lambda=\dfrac{l}{k}=\dfrac{\sqrt{12}l}{a}$

②断面積：$A=bh$，最小断面二次モーメント：$I_{\min}=\dfrac{b^3h}{12}$

最小断面二次半径：$k_{\min}=\sqrt{\dfrac{I_{\min}}{A}}=\dfrac{b}{\sqrt{12}}$，細長さ比：$\lambda=\dfrac{l}{k_{\min}}=\dfrac{\sqrt{12}l}{b}$

2 図10-問2のように柱の全長を4等分して考えると，一端固定支持の柱が4つつながっていると考えられる．

式(10.27)に $l=l/4$ を代入すると $P_{cr}=\dfrac{4\pi^2EI}{l^2}$ を得る．

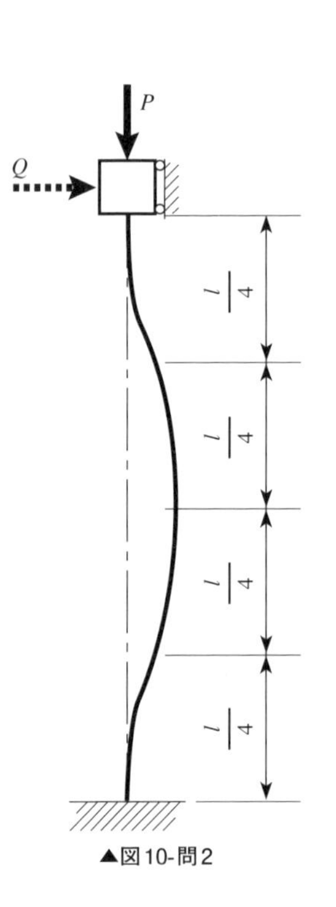

▲図10-問2

別解

微分方程式：$EI\dfrac{d^2y}{dx^2}=-Py-Q(l-x)$ の一般解：

$y=A\cos\alpha x+B\sin\alpha x+Cx+D$，　$\alpha^2=\dfrac{P}{EI}$

境界条件：$x=0$ で $y=0$ より，$A+D=0\cdots(1)$

$x=0$ で $\dfrac{dy}{dx}=0$ より，$\alpha B+C=0\cdots(2)$

$x=l$ で $y=0$ より，

$A\cos\alpha l+B\sin\alpha l+Cl+D=0\cdots(3)$

$x=l$ で $\dfrac{dy}{dx}=0$ より，

$-\alpha A\sin\alpha l+\alpha B\cos\alpha l+C=0\cdots(4)$

式(1)～(4)より，$\sin\dfrac{\alpha l}{2}\left(\sin\dfrac{\alpha l}{2}-\dfrac{\alpha l}{2}\cos\dfrac{\alpha l}{2}\right)=0$，

$\therefore\ \sin\dfrac{\alpha l}{2}=0\cdots(5)$

$\tan\dfrac{\alpha l}{2}=\dfrac{\alpha l}{2}\cdots(6)$

最小解は式(5)より，$\alpha l=2\pi$，$\therefore\ P_{cr}=\dfrac{4\pi^2EI}{l^2}$

3 式(5.28)より，$k=\sqrt{\dfrac{I}{A}}=\sqrt{\dfrac{\pi(D_2^4-D_1^4)}{64}\dfrac{4}{\pi(D_2^2-D_1^2)}}=\dfrac{D_2\sqrt{1+n^2}}{4}$，

$\sigma_Y=240\times10^6\,(\mathrm{Pa})$，$E=206\times10^9\,(\mathrm{Pa})$

両端回転支持であるので，式(10.40)と表10-1より，$\lambda_r = \dfrac{1 \times 4}{D_2\sqrt{1+0.9^2}}$

ジョンソンの式（式(10.44)）より，

$$\frac{40 \times 10^3 \times 1.5}{\pi D_2^2(1-0.9^2)/4} = 240 \times 10^6\left(1 - \frac{240 \times 10^6}{4\pi^2 \times 206 \times 10^9}\left(\frac{1 \times 4}{D_2\sqrt{1+0.9^2}}\right)^2\right),\ D_2 = 44.0\ (\mathrm{mm})$$

円管の断面積：$A = \frac{\pi}{4}D_2^2(1-0.9^2) = 288.9\ (\mathrm{mm}^2)$，$\sigma = \dfrac{40 \times 10^3}{288.9} = 138.5\ (\mathrm{MPa})$，

$\sigma \geq \dfrac{\sigma_Y}{2}$ であるので，ジョンソンの式の適用範囲にある．

4 図2(a)（p.236）の場合（図10-問4参照）：点Aでの水平方向の力のつりあい：

$2T_1\cos 45^\circ - P = 0$，$T_1 = \dfrac{P}{\sqrt{2}}$，

点Bでの垂直方向の力のつりあい：$2T_1\cos 45^\circ + T_2 = 0$, $T_2 = -P$，

部材BDのみ圧縮力 P を受ける，式(10.15)より座屈荷重 $P_{cr} = \dfrac{\pi^2 EI}{\left(\sqrt{2}l\right)^2} = \dfrac{\pi^2 EI}{2l^2}$，

図2(b)(p.236)の場合：$T_1 = -\dfrac{P}{\sqrt{2}}$，$T_2 = P$，部材AB, BC, CD, DAが圧縮力 $-\dfrac{P}{\sqrt{2}}$

を受ける，$\dfrac{P_{cr}}{\sqrt{2}} = \dfrac{\pi^2 EI}{l^2}$，$P_{cr} = \dfrac{\sqrt{2}\pi^2 EI}{l^2}$

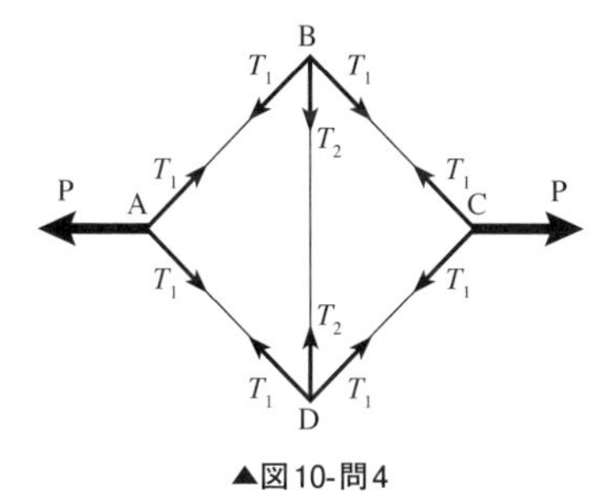

▲図10-問4

第11章

1 $N_{AB} = -5000\ (\mathrm{N})$，$N_{AC} = 5000\sqrt{2}\ (\mathrm{N})$，$N_{BC} = -5000\ (\mathrm{N})$，$N_{BD} = -10000\ (\mathrm{N})$，

$N_{BE} = 5000\sqrt{2}\ (\mathrm{N})$，$N_{CE} = 5000\ (\mathrm{N})$，$N_{DE} = -5000\ (\mathrm{N})$，$N_{EF} = 10000\ (\mathrm{N})$，

$$U = 4 \times \frac{P^2 l}{2AE} + 2 \times \frac{(\sqrt{2}P)^2\sqrt{2}l}{2AE} + \frac{(2P)^2 l}{2AE} + \frac{(2P)^2 l/2}{2AE},$$

カスティリアノの定理より，

$$\delta_A = \frac{\partial U}{\partial P} = \frac{5000 \times 1 \times (4 + 4\sqrt{2} + 4 + 2)}{2 \times 10^{-4} \times 200 \times 10^{9}} = 1.96 \times 10^{-3}\ (\mathrm{m})$$

2 全体剛性方程式は,

$$\frac{AE}{l}\begin{bmatrix} 1+\frac{\sqrt{2}}{4} & \frac{\sqrt{2}}{4} & -1 & 0 & 0 & 0 & -\frac{\sqrt{2}}{4} & -\frac{\sqrt{2}}{4} \\ \frac{\sqrt{2}}{4} & 1+\frac{\sqrt{2}}{4} & 0 & 0 & 0 & -1 & -\frac{\sqrt{2}}{4} & -\frac{\sqrt{2}}{4} \\ -1 & 0 & 1+\frac{\sqrt{2}}{4} & -\frac{\sqrt{2}}{4} & -\frac{\sqrt{2}}{4} & \frac{\sqrt{2}}{4} & 0 & 0 \\ 0 & 0 & -\frac{\sqrt{2}}{4} & 1+\frac{\sqrt{2}}{4} & \frac{\sqrt{2}}{4} & -\frac{\sqrt{2}}{4} & 0 & -1 \\ 0 & 0 & -\frac{\sqrt{2}}{4} & \frac{\sqrt{2}}{4} & 1+\frac{\sqrt{2}}{4} & -\frac{\sqrt{2}}{4} & -1 & 0 \\ 0 & -1 & \frac{\sqrt{2}}{4} & -\frac{\sqrt{2}}{4} & -\frac{\sqrt{2}}{4} & 1+\frac{\sqrt{2}}{4} & 0 & 0 \\ -\frac{\sqrt{2}}{4} & -\frac{\sqrt{2}}{4} & 0 & 0 & -1 & 0 & 1+\frac{\sqrt{2}}{4} & \frac{\sqrt{2}}{4} \\ -\frac{\sqrt{2}}{4} & -\frac{\sqrt{2}}{4} & 0 & -1 & 0 & 0 & \frac{\sqrt{2}}{4} & 1+\frac{\sqrt{2}}{4} \end{bmatrix}\begin{bmatrix} 0 \\ 0 \\ 0 \\ 0 \\ u_3 \\ v_3 \\ u_4 \\ v_4 \end{bmatrix} = \begin{bmatrix} f_1 \\ g_1 \\ f_2 \\ g_2 \\ 0 \\ 0 \\ P \\ 0 \end{bmatrix}$$

節点3と4とでの変位ベクトルは,

$$\begin{bmatrix} u_3 \\ v_3 \\ u_4 \\ v_4 \end{bmatrix} = \frac{l}{AE(3+4\sqrt{2})}\begin{bmatrix} 2(5+3\sqrt{2}) & 2(1+\sqrt{2}) & 9+4\sqrt{2} & -2(1+\sqrt{2}) \\ 2(1+\sqrt{2}) & 2(1+2\sqrt{2}) & 1+2\sqrt{2} & -1 \\ 9+4\sqrt{2} & 1+2\sqrt{2} & 2(5+3\sqrt{2}) & -2(1+\sqrt{2}) \\ -2(1+\sqrt{2}) & -1 & -2(1+\sqrt{2}) & 2(1+2\sqrt{2}) \end{bmatrix}\begin{bmatrix} 0 \\ 0 \\ P \\ 0 \end{bmatrix}$$

$$= \frac{Pl}{AE(3+4\sqrt{2})}\begin{bmatrix} 9+4\sqrt{2} \\ 1+2\sqrt{2} \\ 2(5+3\sqrt{2}) \\ -2(1+\sqrt{2}) \end{bmatrix}$$

節点1と2とでの外力ベクトルは,

$$\begin{bmatrix} f_1 \\ g_1 \\ f_2 \\ g_2 \end{bmatrix} = \frac{P}{3+4\sqrt{2}}\begin{bmatrix} -2-2\sqrt{2} \\ -3-4\sqrt{2} \\ -1-2\sqrt{2} \\ 3+4\sqrt{2} \end{bmatrix}$$

付録

▼表1 補助単位

	接頭語	記号
10^{18}	エクサ	E
10^{15}	ペタ	P
10^{12}	テラ	T
10^{9}	ギガ	G
10^{6}	メガ	M
10^{3}	キロ	k
10^{2}	ヘクタ	h
10^{1}	デカ	da

	接頭語	記号
10^{-1}	デシ	d
10^{-2}	センチ	c
10^{-3}	ミリ	m
10^{-6}	マイクロ	μ
10^{-9}	ナノ	n
10^{-12}	ピコ	p
10^{-15}	フェムト	f
10^{-18}	アト	a

▼表2 SI単位とその他の単位

	SI単位	その他の単位	
角度	rad（ラジアン）	°（度）	
	1 0.0174533	57.296 1	
長さ	m（メートル）	in（インチ）	ft（フィート）
	1 0.0254 0.3048	39.370 1 12	3.2808 0.083333 1
力	N（ニュートン）	kgf（重量キログラム）	lbf（重量ポンド）
	1 9.80665 4.44822	0.10197 1 0.45359	0.22481 2.20462 1
応力 圧力	Pa（パスカル）	kgf/cm^2（重量キログラム毎平方センチメートル）	kgf/mm^2（重量キログラム毎平方ミリメートル）
	1 9.80665×10^4 9.80665×10^6	1.0197×10^{-5} 1 100	1.0197×10^{-7} 0.01 1
トルク	N m（ニュートンメートル）	kgf m（重量キログラムメートル）	lbf ft（重量ポンドフィート）
	1 9.80665 1.35582	0.10972 1 0.138255	0.737561 7.233003 1
エネルギ 仕事	J（ジュール）	Wh（ワット時）	cal（カロリー）
	1 3600 4.18605	0.00027778 1 0.001163	0.2388886 859.8452 1
動力 仕事率	W（ワット）	kgf m/s（重量キログラムメートル毎秒）	PS（仏馬力）
	1 9.80665 735.49875	0.10197162 1 75	0.00135962 0.01333333 1

▼表3 断面二次モーメント，断面係数，断面二次半径

図形	面積A	断面二次モーメントI	断面係数Z	断面二次半径k
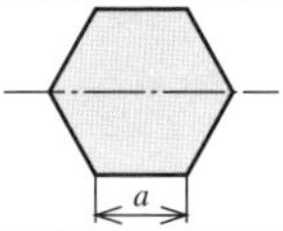	$\frac{3\sqrt{3}}{2}a^2$ $=2.598a^2$	$\frac{5\sqrt{3}}{16}a^4$ $0.5413a^4$	$e=\frac{\sqrt{3}}{16}a=0.866a$ $Z=\frac{5}{8}a^3=0.625a^3$	$\frac{\sqrt{30}}{12}a=0.4564a$
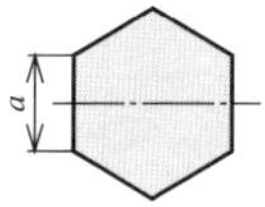	$\frac{3\sqrt{3}}{2}a^2$ $=2.598a^2$	$\frac{5\sqrt{3}}{16}a^4$ $=0.5413a^4$	$e=a$ $Z=\frac{5\sqrt{3}}{16}a^3$	$\frac{\sqrt{30}}{12}a=0.4564a$
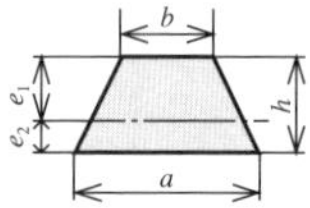	$\frac{(a+b)h}{2}$	$\frac{h^3(a^2+4ab+b^2)}{36\,(a+b)}$	$e_1=\frac{h(a+2b)}{3(a+b)}$ $e_2=\frac{h(2a+b)}{3(a+b)}$ $Z_1=\frac{h^2(a^2+4ab+b^2)}{12(a+2b)}$ $Z_2=\frac{h^2(a^2+4ab+b^2)}{12(2a+b)}$	$\frac{h\sqrt{a^2+4ab+b^2}}{\sqrt{18}(a+b)}$
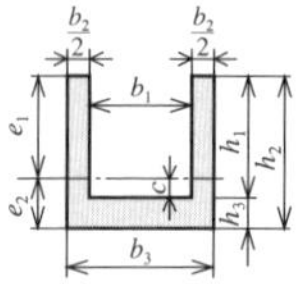 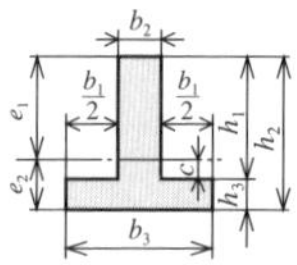 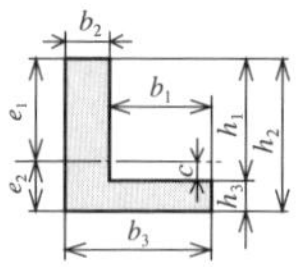	$b_3h_2-b_1h_1$	$\frac{1}{3}\left\{b_3e_2^3-b_1c^3+b_2e_1^3\right\}$ ここで $c=e_2-h_3$	$e_2=\frac{b_2h_2^2+b_1h_3^2}{2(b_2h_2+b_1h_3)}$ $e_1=h_2-e_2$ $Z_1=\frac{I}{e_1}$, $Z_2=\frac{I}{e_2}$	$\sqrt{\frac{b_3e_2^3-b_1c^3+b_2e_1^3}{3(b_3h_2-b_1h_1)}}$
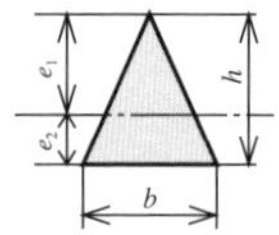	$\frac{bh}{2}$	$\frac{bh^3}{36}$	$e_1=\frac{2h}{3}$, $e_2=\frac{h}{3}$ $Z_1=\frac{bh^2}{24}$, $Z_2=\frac{bh^2}{12}$	$\frac{\sqrt{2}}{6}h=0.2357h$

図形	面積 A	断面二次モーメント I	断面係数 Z	断面二次半径 k
	$\dfrac{\pi r^2}{2}$	$\left(\dfrac{\pi}{8}-\dfrac{8}{9\pi}\right)r^4$ $=0.1098r^4$	$e_1=0.5756r$ $e_2=0.4244r$ $Z_1=0.1908r^3$ $Z_2=0.2587r^3$	$\dfrac{\sqrt{9\pi^2-64}}{6\pi}r=0.264r$
	$\dfrac{\pi r^2}{4}$ $=0.7854r^2$	$0.0549r^4$	$e_1=r-e_2=0.5756r$ $e_2=\dfrac{4}{3\pi}r=0.4244r$ $Z_1=0.0954r^3$ $Z_2=0.1294r^3$	$0.264r$
放物線	$\dfrac{4bh}{3}$	$\dfrac{16}{175}bh^3=0.0914bh^3$	$e_1=\dfrac{2}{5}h,\quad e_2=\dfrac{3}{5}h$ $Z_1=\dfrac{8bh^2}{35}=0.2286bh^2$ $Z_2=\dfrac{16bh^2}{105}=0.1524bh^2$	$\sqrt{\dfrac{12}{175}}h=0.262h$

索引

英文索引

和文索引

き

く

け

こ

さ

し

す

せ

そ

た

ち

て

と

な

ね

の

は

■著者略歴

有光　隆（ありみつ　ゆたか）

1980　徳島大学大学院工学研究科修士課程精密機械工学専攻修了
1980　京都セラミック（現京セラ）株式会社入社
1982　高知工業高等専門学校
1990　工学博士（大阪大学）
1991　愛媛大学工学部
2021　定年退職

カバーデザイン●トップスタジオデザイン室（嶋 健夫）
本文デザイン・DTP ●株式会社トップスタジオ

〔改訂新版〕
図解でわかる
はじめての材料力学

1999年 3月10日　初　版　第1刷発行
2021年 5月22日　第2版　第1刷発行
2024年 5月15日　第2版　第3刷発行

著　者　有光　隆
発行者　片岡　巌
発行所　株式会社技術評論社
　　　　東京都新宿区市谷左内町 21-13
　　　　電話　03-3513-6150　販売促進部
　　　　　　　03-3267-2270　書籍編集部
印刷／製本　株式会社加藤文明社

定価はカバーに表示してあります.

本書の一部または全部を著作権法の定める範囲を超え，無断で複写，複製，転載，テープ化，ファイルに落とすことを禁じます.

©2021　有光　隆

造本には細心の注意を払っておりますが，万一，乱丁（ページの乱れ）や落丁（ページの抜け）がございましたら，小社販売促進部までお送りください．送料小社負担にてお取り替えいたします.

ISBN978-4-297-12115-0 C3053
Printed in Japan

■お願い

本書に関するご質問については，本書に記載されている内容に関するもののみとさせていただきます．本書の内容と関係のないご質問につきましては，一切お答えできませんので，あらかじめご了承ください．また，電話でのご質問は受け付けておりませんので，FAX か書面にて下記までお送りください.

なお，ご質問の際には，書名と該当ページ，返信先を明記してくださいますよう，お願いいたします.

宛先：〒 162-0846
東京都新宿区市谷左内町 21-13
株式会社技術評論社
書籍編集部
「改訂新版 図解でわかる はじめての
材料力学」係
FAX：03-3267-2271

ご質問の際に記載いただいた個人情報は，質問の返答以外の目的には使用いたしません．また，質問の返答後は速やかに削除させていただきます.